文
景

———

Horizon

社 科 新 知　文 艺 新 潮

Oxford
History of Art

牛津艺术史

丛书中文版主编 ｜ 易英

现代建筑

Modern Architecture

Alan Colquhoun

［英］艾伦·科洪 著 ｜ 姚俊 译

上海人民出版社

丛书中文版序言

易英

艺术史，是对于人的审美创造物的解释和历史的分析，它一方面和哲学、美学、艺术批评和鉴赏学相对应，另一方面与纯粹的文物研究相对应。艺术史作为人文学科的一部分，它的建立虽然可以追溯到意大利文艺复兴时期，但是真正得到确立和发展是在德国，就像美国学者形容的那样："艺术史的母语是德语。"德国哲学家温克尔曼在 1764 年出版了第一本以"艺术史"命名的书。

早期的艺术史研究主要是以艺术史家（大部分是艺术家和收藏家）直接经历的事件和直接接触的材料为记述对象，随着历史的积累和资料的丰富，艺术史研究的基本行为逐渐由记述转变为考据，艺术史家也和历史学家一样，不再是艺术家附带的兴趣，而成为一项专门的工作和职业。换句话说，在原始资料和文献以超量的形式呈现在人们面前的时候，考据几乎成了艺术史研究最基本的特征。艺术史方法作为一个问题的提出，就在于考据与材料的特定关系，即有限的考据和材料的无限积累和增长。人类历史上的艺术活动本来都只是个别的个体和群体的现象，在空间和时间上往往是相互隔绝和脱离的，在不同的地域和文化，一些艺术家诞生又去世，一些艺术现象发生又消失，它怎么会成为一种按照时间顺序整齐排列的历史呢？究竟是按照什么样的原则来构筑这样一部艺术编年史呢？就像历史学研究有"什么是历史？"这样一个终极命题一样，艺术史研究也同样存在着这样一个谜："什么是艺术史？"这个问题的内在含义应该是"每一部艺术史都只是一个艺术史家或一种方法的历史"。也可以说，自从艺术史成为一门学科以来，就不断有艺术史家对编史的方法进行研究，并且从一个独特的视角将方法的概念直接用于自身的艺术史研究。

艺术史方法的思想也催生了编年史的变革，编年史不再是艺术家与作品在时间顺序上的排列，而是在一定的思想框架内涌现在历史的长河，如"作为风格史的艺术史"或"作为思想史的艺术史"，这一点在断代史的书写中体现得更加明显，如巴克桑德尔的作为艺术社会史的《15世纪意大利的绘画与经验》和赫伊津哈的作为文化史的《中世纪的秋天》。"牛津艺术史"（第二辑）中的《拜占庭艺术》同样是这样的情况。拜占庭艺术从传统的中世纪艺术的编年史分离出来，具有自身独立的品格。原来在西方艺术史的序列中，拜占庭艺术不是古典主义的延续和更改，就是古典主义的断裂。拜占庭人是否有一种故意的、积极的行动来反对和摆脱古典的"幻觉主义"，走向一种可能更好地传播和象征基督教永恒价值和超越尘世的另一个世界的更加优越的艺术？传统的编年史和风格史关注艺术的表征，以古典主义为中心，视拜占庭艺术为他者与另类，从而得出首尾两端的极端差异的结论。完整的拜占庭艺术史也就是拜占庭的文化史，拜占庭艺术史的书写要打破材料的边界、艺术的边界，以及意识形态的偏见，充分意识到拜占庭人自己是如何建构其思维过程的，探究在寻找东方和西方的过程中，思想、精神、行为和生活方式所发生的巨大变化。这样，拜占庭艺术就不是一个他者的艺术史，而是立足于拜占庭自身的历史、文化、宗教和地缘政治并从中生发出来的历史。

《印度艺术》也有相似的情况。按照西方艺术的类别划分，绘画、雕塑和建筑属于高级艺术，其他的都是次要艺术。自瓦萨里以来，艺术史的写作都是以高级艺术为中心，次要艺术则不入主流。以往关于印度美术的写作，也是如此。伟大的艺术家创造伟大的艺术，而且艺术也是始于原始和低级，依照进步和发展的观念，朝向高级艺术的最终目的。但事实并不是这样，印度的文化不是西方的模式，所谓高级艺术的概念并不适用于印度。印度发展出了一个装饰器具的伟大传统，不存在"高级艺术"和装饰艺术的区别。按照西方古典主义的标准，古印度艺术也是始于简单和朴素，即早期的佛教雕塑和纪念性建筑，在 5 世纪的笈多时期达到古典的完美，然后是一段持续的衰退时期，这种衰退就是以建筑的装饰性为代表。事实恰好相反，如果从装饰性的角度来看，5 世纪的笈多时期并不是古印度艺术的巅峰，在 10 世纪及以后的很长一段时间里，寺庙建筑的装饰和雕塑都达到了前所未有的辉煌。印度古代艺术不是从朴素到古典的线性发展，而是作为一系列范式的转变，不同时期和地区都有不同的艺术目的和目标。佛教、印度教、伊斯兰教和殖民时代，都横向地冲击着那个假想的线性结构。古代印度人有他们自己追求的艺术，有他们所热爱的艺术，印度艺术家和赞助人的审美条件是书写印度艺术史的基本出发点。

　　现代主义之后的艺术我们称为"后现代艺术"。这是一段很难把握的历史，从 1945 年"二战"结束到 21 世纪初，现代主义逐渐消退，后现代异军突起。前半段似乎还是传统的写作，仍然以艺术流派和艺术家为中心，艺术形式和艺术风格如影随形。度过了现代主义的尾声，艺术的形态发生根本的变化，摄影、表演、装置艺术、观念方案、电影、视频和挪用等，取代了传统的绘画和雕塑，艺术不再显现于运动和风格，而是各种各样的主题，文化政治、意识形态、性别认同和后殖民主义等。虽然艺术家的个人创造仍然重要，但却受到主题的束缚，艺术家的人格与意志消融在艺术市场、大众文化、文化战争、后现代状况和全球化进程之中。更为重要的是，当代社会与历史的重大事件，如冷战、五月风暴和柏林墙，甚至到"9·11"，都对当代艺术发生指导性的影响。如果从艺术史写作的角度来看，现当代史就是处于综合研究之中，历史学、社会学、文化学，甚至政治学和政治经济学，都要调动起来，才能实现当代艺术的解读。

Contents

目　录

Introduction

导　言

　　"现代建筑"这一术语具有歧义。它可以用来指现代时期的所有建筑，不论这些建筑背后的意识形态基础为何；它也可以用来专指某类有意识地追求其自身的现代性与变革的建筑。在当代建筑史中，一般根据后一语义来对其定义。本书也遵循这一惯例。大量文献表明，早在19世纪初，建筑师、历史学家与批评家就已对折衷主义普遍不满，这种不满说明，现代建筑的历史主要是一段关于改革、"先锋派"潮流的历史，而非一段试图中立地、不带意识形态色彩地去解决整个建筑生产问题的历史。

　　本书正是力图在历史先锋派的理想乌托邦与资本主义文化的阻力、复杂性和多元性之间来寻求自身定位。尽管并不试图成为百科全书，本书叙事线索仍遵循完整的时间序列，与已有的大部分现代主义历史叙述相比，本书对现代主义的结果更少定论，也更少有现代主义胜利者的写作姿态。本书由许多篇短文组成，每篇都有独立叙事，可单独阅读，也可作为更大整体中的部分加以阅读。每篇都处理一系列相关主题，来反映建筑与现代性外部条件冲突的重要时刻。如果本书呈现的现代建筑史仍然是一部有关大师的历史，其原因在于现代主义的本质特征就是如此，尽管有许多人声称匿名。

关于术语，我使用"现代建筑"（modern architecture）、"现代主义"（Modernism）和"先锋派"（the avant-garde）来指代20世纪头20年中作为一个整体的进步运动，这些术语多少可以互换。我还偶尔使用"历史先锋派"（historical avant-garde）这一术语，以将此运动历史化，并与当代实践相区别。

我并没有追随彼得·比格尔（Peter Bürger）及其《先锋派理论》（*Theory of the Avant-garde*, 1984），如他在达达主义照相蒙太奇的语境下，将先锋派与现代主义进行区分。在比格尔看来，先锋派力求改变艺术在其所处生产关系中的位置，而现代主义则仅仅寻求艺术形式上的改变。不可否认，这种区分也适用于建筑领域。只是两者的边界很难界定，在我看来，即便如汉斯·迈耶（Hannes Meyer, 1889—1954）这样的左派构成主义者（Left Constructivist）与马克思主义者（Marxist）的作品，也没有逃离唯美主义。这一点也不奇怪，因为在从古典艺术理论分离出来前，美学已首先成为一个自治范畴。

除了上面提到的一般术语——正是语义的模糊，使得它们反而非常有用，其他术语也被使用，或用来定义已被充分证实的次一级运动，如未来主义（Futurism）、构成主义（Constructivism）、风格派（De Stijl）、新精神（L'Esprit Nouveau）和新客观主义（Neue Sachlichkeit），或用来定义现代主义中的变化趋势，比如有机主义（Organicism）、新古典主义（Neoclassicism）、表现主义（Expressionism）、功能主义（Functionalism）和理性主义（Rationalism）。我将在适当的章节对这些具有歧义的术语进行解释。

从某种角度看，"现代主义"这类一般性术语也能应用于新艺术运动（Art Nouveau）——事实上，本书的时间跨度就暗示了这一点。只是要试图避免这种模糊性，逻辑上的一贯性就难以保证。

新艺术运动既是一个时代的结束，又是一个时代的开始，其成就与其局限都是这种雅努斯式[1]视角的结果。

时至今日，现代主义理论的许多方面仍然有效。但是其中也有很多已属神话，不可能以其表面价值去接受。现在，这些神话本身也已成为历史，需要批判性的解释。启发现代主义运动倡导者的主要思想之一是黑格尔的观念，即历史研究使人们有能力预测未来发展。但是，现代主义建筑师认为建筑师是一种先知，具有独特才华去洞察时代精神及其象征形式的看法，在今天已经很难令人相信。这种信念需要条件，即需要相信将过去投射到今天是可能的。对于19世纪思想进步的建筑师及其20世纪的后继者而言，最为关键的是创造出一种统一的建筑风格来反映他们所处的时代，就如前人创造了过去的风格来反映过去的时代一样。这种想法与追求意味着对已经退化为折衷主义的学院传统的拒斥，这一传统被已经走向终结的历史所禁锢，其形式陷入无休止的循环。但是，这并不意味着拒斥传统本身。未来的建筑将回归真正的传统，人们相信，在此传统中存在着一个和谐、有机的统一体，它跨越了每个时代的各种文化现象。在伟大的历史时期，艺术家们没有选择创作风格的自由。他们的精神与创作视野被其周遭世界的一系列形式所局限。他们没法脱离已有的历史条件。历史研究表明各个历史时期构成了不可分割的整体。一方面，每个时期有其独特要素；另一方面，由这些要素构成的有机整体本身具有某种普遍性。一个新的时代必须表现出所有历史时期的文化整体特征。

根据上述定义，一种取决于无意识的集体意志的文化整体性，如何能由许多个体自觉地去实现呢？这个问题从来没有人追问过。

---

[1] 雅努斯式（Janus-like），指两面性，雅努斯是古罗马门神，具有两副面孔。
　　——译注

持这种文化整体性观点的人似乎也没有考虑，正因这种有机整体的缺失，我们才可能区别过去与现在。按照文化有机整体的模型，建筑师的任务就是发现并创造出这个时代独特的建筑形式。但是，这种建筑的可能性取决于现代性的定义，而这种现代性的定义滤除了将其与之前的传统区别开来的最主要因素：资本主义与工业化。工艺美术运动（Arts and Crafts movement）的创始人威廉·莫里斯（William Morris，1834—1896）曾拒绝资本主义和机器生产，其立场至少具有一致性。然而，德意志制造联盟（Deutscher Werkbund）的理论家们在拒绝资本主义的同时，却希望保持工业化。他们谴责马克思主义和西方自由民主的物质主义价值观，试图寻求其他能将现代技术的好处与正被资本主义摧毁的前工业社会价值观结合起来的可能性。现代运动既反抗社会现代性，又热情接受开放的技术未来。它一方面渴求稳定的疆域与社会，另一方面又拥抱不断流动变化的经济与技术，这两者难以兼容。现代运动与20世纪30年代的法西斯运动有相同的信念，它们都相信在资本主义与共产主义之间存在一条神秘的"第三道路"。尽管我们不能因此给它贴上法西斯的罪恶标签，但现代运动这种信念的最盛期与反民主的极权主义运动出现的时期吻合绝非偶然，这也是20世纪上半叶的主要特征。

现代运动的结局似乎不可避免，它一开始就要求文化整体性与共同的艺术标准——无论来自民间还是贵族传统，这一要求越来越不符合20世纪的政治和经济现实。以理想主义与目的论的历史观为基础，现代主义理论似乎彻底误读了它曾援引的"时代精神"（Zeitgeist）这一概念，同时，它也忽视了现代资本主义随着权力分散与不断变化的运动而出现的复杂性和不确定性。

现代主义的革命——部分是自发的，部分是非自发的——已经不可逆转地改变了建筑史的进程。但在此过程中，它自身也发生了改变。其追求整体性的雄心难以为继。然而，现代运动的冒险仍然能够为今天那些理想尚不明确的人们提供启示。本书的目的就在于让我们对这份冒险的印象更为清晰。

第一章
新艺术 1890—1910

1892 年，短暂却充满活力的新艺术运动在比利时发端，并迅速传播开来，首先传到法国，然后传到欧洲其他地区。其灵感来自英国工艺美术运动与锻铁技术的发展，尤其法国建筑师和理论家欧仁·维奥莱-勒-迪克（Eugène Viollet-le-Duc，1814—1879）所解释的锻铁技术。新艺术运动一方面与新兴工业资产阶级的兴起密切相关，另一方面与 19 世纪末欧洲出现的许多政治独立运动密切相关。它通过如《工作室》（*The Studio*）一类的杂志快速传播，这些杂志包含高质量、批量印刷的图像——这得益于胶版和照相平版等新印刷技术在 19 世纪 80 年代至 90 年代开始被投入商业使用。

新艺术运动首次系统性尝试了取代古典建筑和装饰艺术体系。这个体系从 17 世纪开始流传，并进入巴黎美术学院[1]教学中。新艺术运动放弃了文艺复兴之后的写实传统，从古典标准之外的风格如日本、中世纪甚至洛可可风格中汲取灵感。尽管新艺术运动仅持续了 15 年，但其许多准则被后来的先锋派运动吸收。

与 19 世纪末 20 世纪初所有进步运动一样，新艺术也身陷困境——如何在工业资本主义的条件下保留艺术的历史价值。工业革命彻底改变了个人与集体进行艺术生产的条件。面对这种局面，

图 1（左页）
维克多·霍塔（Victor Horta，1861—1947）

范艾特维尔德公馆（Hôtel Van Eetvelde），1895 年，布鲁塞尔，八角形楼梯大厅

真正的结构被一层铁和彩色玻璃组成的薄膜掩盖，这个空间从屋顶采光

---

[1] 法语为 École des Beaux-Arts。因此前述体系通常被称为"布扎体系"，来自 Beaux-Arts 的音译。——译注

新艺术运动的艺术家与建筑师们选择以下方式来应对：他们越过离自身较近的历史，到更久远和理想化的过去，寻找一种能够被历史确证，但又绝对崭新的艺术。这种应对方式被后来的先锋派采用，并成为他们的典型方式。

尽管新艺术运动发生在工艺美术运动之后，并深受后者的影响，但它们后来平行发展，又相互影响。在奥地利，这两个运动融合在一起，在英国，它们也有一定程度的融合。在德国，工艺美术运动比新艺术运动影响更大，从而促成德意志制造联盟的成立，以及工业与装饰艺术的联合。

渊源

工业艺术的改革

19 世纪初，英国和法国最先发起工业艺术或装饰艺术的变革，新艺术运动便是这场变革的产物。早在 1835 年，英国就成立了一个议会委员会，来研究机器制品的艺术质量下降问题及其对出口市场的影响。1851 年，伦敦举办万国工业博览会（The Great Exhibition of the Works of Industry of all Nations），在此之前，法国也曾尝试举办类似的国际博览会，但以失败告终（法国在举办工业博览会方面曾处于领先地位，但它以前办的博览会仅限于全国性质）。英国万国工业博览会在商业和政治上都取得巨大成功，不过，该博览会也向人们证实，与东方国家相比，不仅英国，所有工业化国家的装饰产品的质量都比较差。这种认知促成英国和法国推出了一系列举措。在英国，维多利亚与艾尔伯特博物馆（Victoria and Albert Museum）和实用艺术部门（Department of Practical Art）于 1852 年成立，有关装饰艺术的书籍也在此时大量出现，包括欧文·琼斯（Owen Jones，1809—1874）那本影响广泛的《装饰的法则》（*Grammar of Ornament*，1856）。在法国，工业应用美术中心委员会（Comité Central des Beaux-Arts Appliqués à l'Industrie）也于1852年成立，在随后的1864年，工业应用美术中心协会（Union Centrale des Beaux-Arts Appliqués à l'Industrie）成立，后者后来发展为装饰艺术中心协会（Union Centrale des Arts Décoratifs）。

尽管这些制度上的举措有着相同初衷，但它们带给每个国家的发展都不相同。在19世纪30年代政府提出倡议之后，英国的艺术改革成为私人事务，由个人——艺术家和诗人威廉·莫里斯主导。与哲学家及批评家约翰·罗斯金（John Ruskin，1819—1900）一样，莫里斯也认为，在当时的工业资本主义状况下，工业艺术的改革是不可能的，因为艺术家与其劳动产品是相分离的。1861年，莫里斯创建了莫里斯、马歇尔与福克纳公司（Morris, Marshall, Faulkner & Co.），以便为艺术家营造一个环境，提供尽可能接近中世纪行会的条件，使其重新学习各种手工艺。莫里斯的倡议得到其他人的追随，促成了后来众人皆知的工艺美术运动。

法国与英国的情形不同。首先，它有一个具有政治影响力的艺术机构，以学院为基础，而且基本是保守的，但也意识到改革的需要，渴望促进其改革。[1] 其次，法国大革命时期，行会的废除并没有完全摧毁法国手工艺传统，没有像工业革命对英国手工艺的破坏那么彻底。当从事装饰艺术的艺术家与手工艺者，如欧仁·鲁索（Eugène Rousseau，1827—1891）、费利克斯·布拉克蒙（Felix Bracquemond，1833—1914）和埃米尔·加莱（Emile Gallé，1846—1904）等，在19世纪70年代开始试验新的技术与形式时，他们都能够立足于现存的手工艺传统进行发展。英国和法国艺术

---

[1]　Debora L.Silverman, *Art Nouveau in Fin-de-Siècle France: Politics, Psychology and Style* (Berkeley and Los Angeles, 1989), pp. 172–185.

家的根本典范都是中世纪行会，但是对法国艺术家而言，其典范还结合了洛可可传统。

维奥莱-勒-迪克与结构理性主义

工艺美术运动及其衍生出来的英国"自由式"住宅，都对新艺术运动的发展产生了重要影响。不过，新艺术运动还受到另一种影响——将铁作为一种具有表现力的建筑媒材来使用。铁在建筑中的作用成为整个 19 世纪法国传统主义与进步-实证主义（Progressive-positivist）建筑师争论的核心。这场争论由圣西门主义（Saint-Simonian）的工程师和企业家的诸多项目所引发，他们主导了法国 19 世纪四五十年代的技术基础设施建设。这场争论还在当时由塞萨尔-丹尼斯·达利（César-Denis Daly，1811—1893）主编的进步杂志《建筑评论》（Revue de l'Architecture）中展开，引发大家的讨论。但是，铁与装饰艺术能被联系在一起，这场理想主义的装饰运动能被嫁接到实证主义的结构传统之中，主要还是得益于维奥莱-勒-迪克的理论与设计。

维奥莱-勒-迪克曾投身于哥特式建筑的研究，从中提取出理性与活力两个要点，并视其为现代建筑的唯一真实基础。维奥莱-勒-迪克馈赠给新艺术运动的主要原则包括：暴露建筑支撑体系，以此作为可见的逻辑系统；根据功能而不是对称或比例原则来组织空间；重视材料，并根据材料的特性来生成形式；源自浪漫主义运动的有机形式的概念；对本土民居建筑的研究。

维奥莱-勒-迪克出版了许多著作，凭借其中两本，即《建筑学讲义》（Entretiens sur l'Architecture，1863）与《法国建筑词典》（Dictionnaire Raisonné de l'Architecture Française，1858），他成为反对布扎体系的核心人物，在所有反对者中享有很强的号召力，这不仅在建立过"另类工作室"（alternative ateliers）的法国如此（尽管它们很快被布扎体系吸收）[1]，在欧洲的其他地区和北美也如此。维奥莱-勒-迪克的理论与设计实践两方面都对新艺术运动产生了影响。

象征主义

在大多数历史学家[2]看来，19世纪最后20年，西欧的知识氛围发生了重要变化。19世纪，占主导地位的信念是相信科学与技术能够带来进步，奥古斯特·孔德（Auguste Comte，1798—1857）创建的实证主义（Positivism）就是这一信念在哲学上的反映。在文学和艺术领域，与当时盛行的实证主义思想最为接近是自然主义（Naturalism）。但是，到19世纪80年代，伴随着曾给予实证主义支持的自由政治信念的衰落，实证主义也开始衰落。毫无疑问，这种现象的出现受到当时若干政治事件的影响，包括1873年开始席卷欧洲的经济大萧条。

这一时期，实证主义发源地法国的知识氛围的变化尤其显著，其中一个变化就是德国哲学的影响显著增强。文学界率先掀起了象征主义运动。象征主义者认为艺术不应模仿事物的表象，而应揭示背后的真实。这种观点被夏尔·波德莱尔（Charles Baudelaire）预先实践，尽管还可能在无意中混合了伊曼纽·斯威登堡（Emanuel Swedenborg）的通感理论，但他在诗歌《应和》（*Correspondances*）中表达了这样的观点，艺术各个门类在更深的

---

[1] François Loyer, "France: Viollet-le-Duc to Tony Garnier", in Frank Russell (ed.), *Art Nouveau Architecture* (London, 1979), p. 103.

[2] 比如 Eugènia W. Herbert, *The Artist and Social Reform: France and Belgium 1885–1898* (New Haven, 1961), pp. 74–78; H. Stuart Hughes, *Consciousness and Society: The Reorientation of European Social Thought 1890–1930* (New York, 1961, 1977), pp. 33–66; David Lindenfeld, *The Transformation of Positivism: Alexis Meinong and European Thought 1880–1920* (Berkeley and Los Angeles, 1980), pp. 7–8。

层面有着紧密关联："如同悠长的回声遥遥地汇合……芳香、颜色和声音在互相应和。"[1] 在对象征主义运动的叙述中，比利时象征主义诗人埃米尔·维尔哈伦（Émile Verhaeren）将德国思想和法国思想进行比较，反而有损于后者："在自然主义中，我们可以看到孔德与利特雷（Émile Littré）的法国哲学；在象征主义中，我们可以看到康德（Immanuel Kant）和费希特（Johann Gottlieb Fichte）的德国哲学……对于后者，事实和世界仅仅是思想的托词；它们被当作一种表象，注定要不断变化，从根本上讲，它们就如我们脑海中的梦。"[2] 象征主义者并不排斥自然科学，但视科学为主观思想状态的一种验证。正如象征主义杂志《现代艺术》（L'Art Moderne）的一位撰稿人（可能是维尔哈伦）所说："当原来本能的方法变成科学的……艺术家的个性发生了变化。"[3]

比利时与法国的新艺术

潜在的形式原则

新艺术运动的特色主题是流动的植物形纹饰，它最早出现于 19 世纪 70 年代至 80 年代英国的书籍插图和法国的陶瓷作品中 [图 2]。[4] 这些新艺术运动的原始作品有一个共同特征，就是模仿自然的装饰必然从属于其表面组织。1885 年，陶瓷艺术家布拉克

---

[1] 波德莱尔，《恶之花》，郭宏安译，桂林：广西师范大学出版社，2002 年，第 207 页。——译注

[2] Herbert, *The Artist and Social Reform*, p. 75.

[3] Ibid., p. 77.

[4] Jean-Paul Bouillon, *Art Nouveau 1870–1914* (New York, 1985), pp. 11–31.

图 2
欧仁·鲁索

花盆（Jardinière），1887 年

装饰似乎是从盆体长出来的，而
不是加上去的；自然主义的表现
服从整体的形式概念

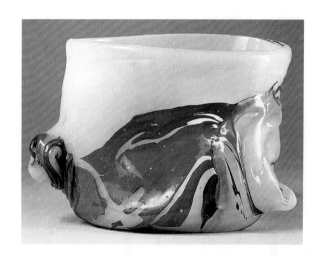

蒙出版《绘画与色彩》（*Du Dessin et de la Couleur*）一书，他在此书中对此新观念进行了如下定义："装饰即便借用了自然，也不一定要复制自然……它不忠实于自然……是因为装饰仅仅关乎修饰表面，它取决于所需装饰的材料，取决于它所需遵循的形式而不是去改变这些形式。"[1]

　　在新艺术运动中，装饰的这种"功能性"依赖导致了一种自相矛盾的转变。装饰不再只是服从于装饰对象的形式，而开始与装饰对象融合，赋予它新的生命。这产生了两方面影响：首先，就如在古典传统中，装饰对象被视为一个有机整体，而不是各部分的集合；其次，装饰不再被视为"空间填充"（space filling），并且在装饰和空白空间这两个积极因素之间建立起了对话。这个发现可被称为"空间静默"（可能主要来自日本版画），是新艺术运动对现代西方审美的主要贡献之一。

　　在这种新的定义中，装饰与形式的已有边界变得模糊。根据传统看法，装饰是一种美的补充形式。德国考古学家卡尔·波提舍

----

[1]　　Bouillon, *Art Nouveau 1870–1914*, p. 26.

图 3
亨利·范德维尔德

椅子，1896 年

这把椅子展示了范德维尔德的装
饰与结构相结合的理念。拉紧的
曲线和对角线占主导，表明一种
动态平衡的结构。椅子的不同部
位相互衔接

（Karl Bötticher，1806—1889）最先指出装饰与装饰对象的基础
物质存在有机联系，给予内在的机械结构以有机生命的外观——
这个观点后来被戈特弗里德·森佩尔（Gottfried Semper，1803—
1879）用在其《风格论》（Der Stil，1860）一书中。[1] 尽管新艺术
运动明显不是这种理论的直接结果，这种理论形成于古希腊，但
它似乎源于同样的观念联系。在亨利·范德维尔德（Henry van de
Velde，1863—1957）设计的某一款椅子［图 3］中，装饰不仅仅
完成了其结构，而且与结构变得不可分离，成为竭力追求总体象
征表达的艺术意志的产物。在其 1917 年的著作《现代建筑美的原
则》（Formules de la Beauté Architectonique Moderne）中，范德维
尔德用如下表述，描述了这种主观与客观、装饰与结构的融合：

---

[1]　Wolfgang Herrmann, Gottfried Semper: In Search of Architecture (Cambridge,
　　　Mass., 1984), pp. 139–152.

图4
亨利·范德维尔德

哈瓦那雪茄店（Havana Cigar Shop），
1899年，柏林

尽管这个房间形式沉重、臃肿，
功能性一般，但它只能是范德维
尔德的作品，而且确实表现出
新艺术运动室内装饰的一个特
征——单个物体被吸纳到一个占
主导的、可塑的总体中

装饰完成了形式，是形式的延伸，我们在使用功能
中认识到装饰的意义与合理性。这种功能在于"构成"
形式，而不在于装饰它……"结构和动态"的装饰，与
形式或表面的关系，必须非常密切，以至于看上去是装
饰决定了形式。[1]

新艺术运动的设计者们试图将这些原则运用于单个物体之外，
他们开始关注整个室内设计。在许多房间和家具整体中，单个家
具失去其个性，被吸纳进一个更大的空间和造型整体之中［图4］。

布鲁塞尔
新艺术运动首先出现于比利时。当时的比利时处于一种象征

---

[1]　　Bouillon, *Art Nouveau 1870–1914*, p. 223.

主义运动的氛围中，这种运动具有政治化与无政府主义倾向，且与比利时工人党（Belgian Labour Party，成立于 1885 年）有密切联系。比利时工人党的领导者，比如律师埃米尔·王德威尔得（Emile Vandervelde）和朱尔·德斯特雷（Jules Destrée），与文学和艺术的先锋派有密切联系。比利时工人党的艺术部门"人民之家"（Maison du Peuple），组织了包含文化活动的教育项目，比如在1897 年首演了埃米尔·维尔哈伦的戏剧《黎明》（Les Aubes）。受威廉·莫里斯的影响，1885 年奥克塔夫·莫斯（Octave Maus）和埃德蒙·皮卡尔（Edmond Picard）创办了比利时象征主义杂志《现代艺术》，倡导将艺术应用于日常生活。

1892 年，画家小组"二十人小组"（Les XX）成员威利·芬奇（Willy Finch，1854—1930）与亨利·范德维尔德发动了一场以英国工艺美术协会（Arts and Crafts Society）为基础的装饰艺术运动。一年以后，"二十人小组"的沙龙将两间房专门用于陈列装饰艺术作品，因此使得装饰艺术与美术的关系，比与工业艺术更密切。1894 年，"二十人小组"更名"自由美学社"（Libre Esthétique）。在该组织第一个沙龙活动中，范德维尔德做了系列演讲，这些演讲经过整理，以《艺术的纯化》（Déblaiement d'Art）为题被出版，这使得范德维尔德成为这场运动的理论家。在这些演讲中，范德维尔德追随莫里斯，将艺术定义为对劳作欢愉的表达，但是与莫里斯不同，他意识到机器生产的必要——这中间存在矛盾，这个矛盾他一直没能解决。

范德维尔德的演讲影响了装饰艺术运动的传播，并为其提供了理论基础，而另两位人物对其形式语言的建立起了更为重要的作用。其中第一位是来自比利时列日市的建筑师和家具设计师古斯塔夫·塞吕里耶–博斐（Gustave Serrurier-Bovy，1858—1910），他最早将工艺美术运动的作品介绍到比利时。在 1894 年和 1895 年的自由美学社沙龙中，他展示了一个"工作间"（Cabinet de Travail）和一个"手工艺室"（Chambre d'Artisan），两者都具有与工艺美术运动类似的简洁与节制。塞吕里耶-博斐的工作代表了比利时新艺术运动的独特脉络，将地方建筑理想化，并提倡一种简朴的乡村生活方式。[1]

第二个人物是维克多·霍塔，其背景与范德维尔德和塞吕里耶-博斐都不同。霍塔在接受学院建筑训练之后，花了十年时间从事新古典主义风格的建筑设计，这种新古典主义风格是受维奥莱-勒-迪克结构理性主义影响后稍稍改进了的。尽管如此，1893年（霍塔三十多岁），他为埃米尔·塔塞尔（Emile Tassel）设计了一栋非常具有原创性的私人住宅，塔塞尔是布鲁塞尔自由大学的画法几何学教授，共济会成员。这栋住宅是他为比利时专业精英设计的系列住宅中的第一座，在这栋住宅中，他将维奥莱-勒-迪克暴露金属结构的原则与源自法国和英国装饰艺术的装饰图案结合起来。

塔塞尔住宅、索尔维公馆（Solvay）、范艾特维尔德公馆［见图1、图5］都设计于1892年至1895年之间，它们为这种典型的布鲁塞尔式的狭窄地基提供了一系列独创性的解决方案。在每一栋住宅中，平面从前到后被分为三个部分，中间部分包括顶部采光的楼梯间，成为房子的视觉与社交中心。在每一栋住宅中，主楼层由一套接待室和玻璃温室组成，它们的空间流动性因大量使用玻璃和镜子而得到加强，让人想起19世纪80年代阿尔邦·尚邦（Alban Chambon，1847—1928）在布鲁塞尔设计的剧院门厅。[2] 这些房子本来是为了社交展示而设计的。霍塔在其回忆录中描写了索尔维公

[1]   Amy Fumiko Ogata, *Cottages and Crafts in Fin-de-Siècle Belgium* (PhD dissertation, Princeton University, 1996).

[2]   Maurice Culot, "Belgium, Red Steel and Blue Aesthetic", in Russell (ed.), *Art Nouveau Architecture*, p. 79, 96.

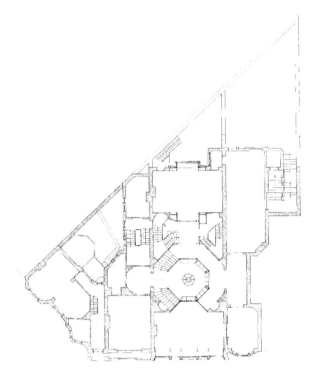

图 5
维克多·霍塔

范艾特维尔德公馆，1895 年，布
鲁塞尔，一层平面图
大卫·德尼（David Dernie）绘

这一层由八角形楼梯大厅主导，
居住者从一个接待厅进入另一个
接待厅时，必须经过这里

馆"类似其他任何住宅……但其室内有特色，暴露的金属结构和一
系列玻璃内饰，提供了一个延展的透视效果……以便晚宴招待"[1]，
但是这种描述并没有使用更感性和个人化的语言来反映社会功能，
使得"建筑真实"蒙上了一层面纱，结构消失于装饰中。一个虚构
的世界——一半是矿物，一半是植物——被创造出来，永恒的光
透过屋顶洒下来，增加了虚幻的气氛。

霍塔最重要的公共建筑是 1896 年至 1899 年在布鲁塞尔新建
的"人民之家"（1965 年被拆除）。他通过其国内客户获得这一委
托，他们有共同的出身背景与社会主义理想。与其住宅一样，平
面中的布扎式对称被不对称的功能元素小心地破坏。其立面尽管

---

[1] Culot, *Art Nouveau Architecture*, p. 99.

看起来像一张光滑的、起伏的表皮，伴随着不规则的场地边界，但实际是一个围绕着比较浅的半圆形景观入口（exedra）组织的古典构图。由于其连续的玻璃窗（尽管它暗示了在布鲁塞尔出现的有大量玻璃装饰的佛兰德文艺复兴建筑），它在建成时一定产生了令人震惊的效果。

如果说，对于霍塔而言，建筑是一种激情，对范德维尔德（他受的是画家训练）而言，则更像是"艺术之家"（这个短语来自鲁莫尔[1]）的逻辑顶点。从1896年开始，受到塞吕里耶-博斐展示的房间的影响，范德维尔德在自由美学社沙龙展出了一系列室内设计。1895年，他在布鲁塞尔郊区乌克勒（Uccle）为家人修建了一座房子，命名为勃洛梅沃夫（Bloemenwerf）公馆。他着手设计了家居环境，在其中可以将艺术注入日常生活——他甚至还给妻子设计了衣服。这个房子是1900年左右兴起的乌托邦艺术家聚居地（主要在德语地区）别墅的原型。它代表的是一种郊区的波希米亚之风，与霍塔所服务的高雅城市生活方式截然不同。

巴黎与南锡

法国的新艺术运动与比利时的有紧密联系，尽管它缺乏比利时新艺术运动的社会主义内涵。从1870年开始，"新艺术"这一术语就已经在比利时传播，当1895年德国鉴赏家与艺术品交易商西格弗里德·宾（Siegfried Bing）在巴黎开了一家名为"新艺术"（L'Art Nouveau）的画廊之后，"新艺术"一词重新焕发生机，范德维尔德为这家画廊设计了三间房间。

在法国，是埃克托·吉马尔（Héctor Guimard，1867—1942）将新的装饰原则融入连贯的建筑风格，就如霍塔在比利时所为。

---

[1]　德国美术史家卡尔·弗里德里希·冯·鲁莫尔（Carl Friedrich von Rumohr，1785—1843）。

图 6
埃克托·吉马尔

科约公寓，1897 年，里尔

这所住宅是以维奥莱-勒-迪克的
《法国建筑词典》中的一幅插图为
基础设计的

吉马尔与西格弗里德·宾以及巴黎的装饰艺术协会都没有密切的
联系，但是他比霍塔更加忠实于维奥莱-勒-迪克。两个早期作品，
巴黎的圣心学校（Sacred Heart School，1895）和里尔的科约公寓
（Maison Coilliot，1897）[图 6]，都是参照维奥莱-勒-迪克《建筑

图 7
卢西恩·魏森伯格（Lucien Weis-
senburger，1860—1929）

里昂奈街 24 号，1903 年，南锡

尽管该建筑明显归于中世纪风格，
但其对哥特式的参考也异常明晰

© Patrick

学讲义》和《法国建筑词典》中的插图设计的。在参观了霍塔在
布鲁塞尔的房子后，吉马尔印象深刻，以至于修改了他接手的
第一个大型建筑——巴黎贝朗热公寓（Castel Béranger，1894—
1898）的图纸，用曲线和可塑形式对石头造型与金属细节进行改
进。在宏伯·罗曼斯音乐厅（Humbert de Romans Concert Hall，1898
年修建，1905 年被毁）室内，以及著名的巴黎地铁入口设计中，
吉马尔用金属结构模拟植物形态，在这一点上，这两件作品比霍
塔的任何作品都走得更远。

　　南锡学派（the School of Nancy）的领导者是玻璃工人和陶艺
家埃米尔·加莱，其作品以手工艺传统为基础，根植于法国洛可可

风格；其父亲也是一个陶艺家，重新发现了18世纪法国洛林地区工匠使用的陶瓷模具。加莱的作品很有创造性，刻意利用了象征主义传统中"颓废"的方面。

南锡学派的建筑有明显的"文学"韵味。有两个建筑修建于1903年，其中一个由埃米尔·安德烈（Emile André，1871—1933）修建，另外一个由卢西恩·魏森伯格修建，令人联想到中世纪传奇中的城堡［图7］。另有稍微早一点的建筑，由亨利·索瓦奇（Henri Sauvage，1873—1932）为家具设计师路易·马若雷勒（Louis Majorelle）设计，较少依赖文学联想，更加抽象和形式化，下层坚固的石头墙逐渐演变为轻盈、透明的上层结构。

荷兰新艺术运动与亨德里克·贝尔拉赫

荷兰新艺术运动被分裂为两个相对的群体，第一个群体受到曲线风格的比利时运动的启发，第二个群体则与彼得·约瑟夫斯·胡贝图斯·克伊珀斯（Petrus Josephus Hubertus Cuijpers，即 Pierre Cuypers，1827—1921）的理性主义圈子和阿姆斯特丹群体"建筑与友谊"（Architectura et Amicitia）有关。这个群体的成员包括亨德里克·贝尔拉赫（Hendrik Petrus Berlage，1856—1934）、卡雷尔·巴泽（Karel de Bazel，1869—1923）、W. 克罗姆豪特（W. Kromhout，1864—1940）和 J. L. M. 劳瓦里克（J. L. M. Lauweriks，1864—1932），与比利时和法国新艺术运动相比，他们与维奥莱-勒-迪克和工艺美术运动的关系更为密切，他们对比利时和法国新艺术运动持批判态度。[1]

在1890年之后，结构和理性主义的倾向在贝尔拉赫的作品中

---

[1]　Richard Padovan, "Holland", in Russell (ed.), *Art Nouveau Architecture*, p. 138.

图 8
亨德里克·贝尔拉赫

亨尼别墅（Villa Henny），1898年，
海牙，顶部采光的底层楼梯大厅

坚固的裸露砖结构与霍塔的范艾
特维尔德公馆楼梯大厅的明亮和
轻盈形成鲜明对比

变得明显。在阿姆斯特丹的钻石工人工会大楼（Diamond Workers'
Union Building，1899—1900）和证券交易所（Amsterdam Stock
Exchange，1897—1903）中，贝尔拉赫将其早期的折衷主义简化
为一种无柱式的新罗马式风格，在这种风格中，基本体积被清晰
地组织起来，结构材料被暴露出来，并用少量新艺术风格装饰来
强调结构的交接处。与同样是重要公共建筑的霍塔"人民之家"
相比，证券交易所以其平静、宽阔的砖砌表面强化而非颠覆了带
有坚实市民价值的传统阿姆斯特丹建筑。

在贝尔拉赫的私人住宅中，我们发现了相同的品质。海牙的

亨尼别墅（1898）就如许多工艺美术运动和新艺术运动风格的房子一样，围绕一个中央有顶灯的大厅组织。但是，与霍塔的范艾特维尔德公馆用易锈蚀的金属结构围绕中央大厅不同，贝尔拉赫的大厅由砖拱廊来界定［图 8］，其棱拱（groin vault）具有维奥莱-勒-迪克的精神。其中结构严谨的家具，预示着未来的风格派和构成主义。

加泰罗尼亚现代主义

加泰罗尼亚现代主义的最初出现（在加泰罗尼亚语中，新艺术被称为现代主义）似乎比比利时新艺术运动还早几年，并且似乎单独受到维奥莱-勒-迪克的出版物和工艺美术运动的影响。与法国和比利时的新艺术运动相比，加泰罗尼亚现代主义与 19 世纪折衷主义传统关系更密切。在 1888 年，早期加泰罗尼亚现代主义最重要的建筑师路易·多梅内奇·蒙塔内尔（Lluís Domènech i Montaner，1850—1923），发表了一篇题为《寻找民族建筑》（"En busca de una arquitectura nacional"）的文章，显示出这一运动的折衷意图："让我们公开运用最近的经验和需求强加给我们的形式，丰富它们，并通过大自然给我们的灵感，以及不同时期的建筑提供给我们的丰富装饰，使它们更有表现力。" [1]

19 世纪下半叶，巴塞罗那的发展速度超过了布鲁塞尔。与比利时新艺术运动的赞助人一样，加泰罗尼亚的新兴工业资产阶级，比如欧塞维奥·古埃尔（Eusebio Güell）和科米利亚斯侯爵

---

[1] Timothy Benton, "Spain: Modernismo in Catalonia", in Russell (ed.), *Art Nouveau Architecture*, p. 56.

（Marqués de Comillas），将现代主义视为国家进步的城市象征。不过，在比利时，新艺术运动还与反天主教的国际社会主义有关，而在加泰罗尼亚，它从属于天主教、民族主义者和政治上的保守派。

加泰罗尼亚现代主义运动的早期作品常使用摩尔式样来暗示地域身份，比如安东尼·高迪（Antoni Gaudí i Cornet，1852—1926）的文森之家（Casa Vicens，1878—1885），以及弗兰塞斯克·贝伦格尔（Francesc Berenguer，1866—1914）的古埃尔酒窖（Bodegas Güell，1888）。这两座建筑都将历史主义的"发明"与新的结构思想相结合，比如使用裸露的铁梁和悬链拱——高迪在圣家族教堂（Sagrada Familia）中也使用过。[1]

加泰罗尼亚现代主义由高迪主导。高迪的作品尽管看上去多变，但主要基于两个简单的前提：第一个源自维奥莱-勒-迪克，即建筑研究必须从其力学状况开始；第二个是建筑师的想象力应该不受任何风格的限制。高迪的作品通常表现为形式的自由组合，这些形式常常暗示着动物、植物或地质构造。比如，巴塞罗那古埃尔领地教堂（Chapel of the Colonia Güell，1898—1914）的地下室［图 9］，其结构模仿了树或蜘蛛网的不规则形式，与它们一样在不知不觉中达到合理的终点。同在巴塞罗那，未完工的圣家族教堂（始建于 1883 年），其内部看上去好像被侵蚀了上千年或被酸浸泡过，只留下像用某些被遗忘的语言所写的难以理解的痕迹。高迪的建筑背后似乎隐藏着很深的文化上的和个人的焦虑，这一点在 20 世纪 30 年代令超现实主义者着迷。只有在这一时期，带有暗示的、主观的建筑能够成为一个民族身份的通俗象征。

---

[1] 法国和英国早在 18 世纪末就已经对悬链进行了研究；在德国，海因里希·许布施（Heinrich Hübsch，1795—1863）提出了将悬链作为确定拱形建筑物中的力的方法。参见 Georg Germann, *Gothic Revival in Europe and Britain: Sources, Influences and Ideas* (London, 1972), pp. 175–176。

图 9

安东尼·高迪

古埃尔领地教堂，1898—1914年，巴塞罗那

地下室是教堂唯一要建的部分。这是高迪极其神秘、超现实的建筑之一。哥特式结构重新表现为一种生物结构，这种生物结构随其环境变化而逐渐生长

奥地利与德国：从新艺术到古典主义

维也纳

正如我们所看到的，象征主义和新艺术运动的概念受到德国浪漫主义和哲学中唯心主义的强烈影响。这种倾向最有力的表现是在维也纳艺术史家阿洛伊斯·李格尔（Alois Riegl，1858—1905）的文章中。[1]在李格尔看来，装饰艺术是所有艺术表现的起源。艺术根植于本地文化，并不源自普遍的自然法则。这个观点与罗斯金和莫里斯的思想，以及费利克斯·布拉克蒙和范德维尔德

---

[1] Alois Riegl, *Die Spätrömische Kunstindustrie* (Vienna, 1901)，英译版为 *Late Roman Art Industry* (Rome, 1985)；*Stilfragen* (Berlin, 1893)，英译版为 *Problems of Style: Foundations of a History of Ornament* (Princeton, 1992)。

的美学理论密切相关，并且同建筑应该与进步、科学和笛卡尔精神保持一致的理念（源自启蒙运动）形成鲜明对比。

在奥匈帝国的背景下，推行自由主义和理性主义理念的大都市居民与寻求维护自身身份的少数民族之间的政治斗争，加剧了这些截然相反的概念之间的冲突。对于帝国讲斯拉夫语和芬兰-乌戈尔语的省份而言，新艺术运动的自由和独立风格成为政治和文化自由的象征，[1] 就如在加泰罗尼亚、芬兰和波罗的海诸国一样。

在奥地利，自由、理性主义的精神在奥托·瓦格纳（Otto Wagner，1841—1918）的作品中有集中体现。瓦格纳是当时最著名的建筑师，他与城市主义者卡米洛·西特（Camillo Sitte，1843—1903）之间存在意识形态的分歧。1889年，西特出版了一本具有国际影响的著作《遵循艺术原则的城市设计》（Der Städtebau nach seinen Künstlerischen Grundstätzen），他在书中提倡基于中世纪城市的不规则、封闭空间构成的城市模型。与之相反，瓦格纳认为现代城市应该保持规则、开放的街道网格，其中包含新的建筑类型，比如公寓大楼和百货公司。[2] 在他的建筑中，维也纳的邮政储蓄银行（1904—1906）是其理性主义顶峰的体现。尽管如此，这种理性主义并没有放弃古典主义的讽喻性语言，反而延展了它。在这个设计中，我们可以发现带有寓意的象征性装饰，但是也有更抽象的隐喻，比如立面上大量的螺栓头（薄薄的大理石覆盖层是用砂浆砌筑在砖墙上的）。这些与功能性的玻璃和金属的银行大厅一样，都是现代性的象征和表现［图10、图11］。

1893年，瓦格纳被聘请为维也纳美术学院（Vienna Academy

---

[1]　Akos Moravánszky, *Competing Visions: Aesthetic Invention and Social Imagination in Central European Architecture 1867–1918* (Cambridge, Mass., 1998), chapter 4, "Art Nouveau".

[2]　Ibid., chapter 2, "The City as Political Monument".

© Jorge Royan

图 10
奥托·瓦格纳

邮政储蓄银行，1904—1906 年，
维也纳

银行大厅使用工业图案作为现代
资本主义中金钱的抽象化隐喻。
在这个建筑的公共立面上，瓦格
纳使用了符合理想主义规范的传
统寓言人物形象

of Fine Arts）的建筑学院院长，在那里，他与更年轻的设计师们
有密切的接触。他有两位非常杰出的学生：约瑟夫·玛丽亚·奥
尔布里希（Joseph Maria Olbrich，1867—1908）和约瑟夫·霍夫
曼（Josef Hoffmann，1870—1956）。瓦格纳在 1894 年至 1898 年
雇用奥尔布里希作为其城铁项目的首席绘图员。由于奥尔布里希
的影响，源自"青年风格"（Jugendstil，德国新艺术运动）的装饰
主题开始取代瓦格纳作品中的传统装饰，不过，正如维也纳珐琅
屋（Majolica House，1898）公寓楼所示，这并未影响其内部的理
性结构。

　　奥尔布里希与霍夫曼的早期职业生涯有着几乎相同的轨迹。
他们都属于维也纳分离派（Vienna Secession，该团体在 1897 年从
学院分离出来），在建筑和装饰艺术设计上有着同等的才能。奥
尔布里希曾受委托设计分离派总部，1899 年，他受黑森大公恩斯
特·路德维希（Grand Duke Ernst Ludwig of Hesse）聘请成为达姆
施塔特（Darmstadt）艺术家聚居区的建筑师。1903 年，霍夫曼和
设计师科洛曼·莫泽（Koloman Moser，1868—1918）成立了维也
纳工坊（Wiener Werkstätte），这是一个模仿伦敦查尔斯·R. 阿什

图 11
奥托·瓦格纳

邮政储蓄银行，1904—1906 年，
维也纳，局部

灯具的这一细节表明其工业隐喻

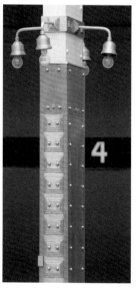

© Till Niermann

图 12

约瑟夫·玛丽亚·奥尔布里希

带装饰的小箱子，1901 年

小箱子带有新古典主义风格，呈
截断的金字塔形，雕刻精美，嵌
有风格化的装饰；看不见的空间
起着积极的作用

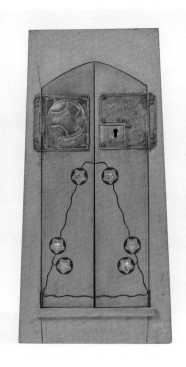

比手工艺协会（Charles R. Ashbee's Guild of Handicraft）的家具工
场，它被视为一个家庭作坊。

  分离派的出现标志着新艺术运动传入奥地利。但是，在尝试
了三年盛期新艺术运动的曲线风格以后，奥尔布里希和霍夫曼放弃
了范德维尔德式结构与装饰的动态融合，回到对平面与几何装饰的
更为直线化组织［图 12］。在这方面，他们表现出对奥托·瓦格纳
的古典主义和工艺美术运动后期设计师的作品，尤其如查尔斯·伦
尼·麦金托什（Charles Rennie Mackintosh，1868—1928）、贝利·斯
科特（Baillie Scott，1865—1945）、C. F. A. 沃伊齐（C. F. A. Voysey，
1857—1941），以及查尔斯·R. 阿什比（1863—1942）等设计师的作
品的偏爱。奥尔布里希在达姆施塔特修建的艺术家住宅［图 13、图
14］是英国"自由风格"（free-style）房屋主题的变体，让人想到斯
科特的作品。霍夫曼在布鲁塞尔设计的斯托克莱宫（Palais Stoclet，

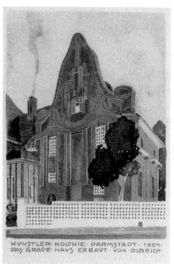

图 13 与图 14

约瑟夫·玛丽亚·奥尔布里希

这两张明信片是在 1904 年达姆施塔特艺术家聚居区的一次展览上发行的，上面印了奥尔布里希在1901 年至 1904 年为该聚居区设计的一组住宅——由郊区的折衷主义上升到艺术的狂热

1905—1911）［图 15、图 16］，与麦金托什的希尔住宅（Hill House，1902—1903）和艺术爱好者之家（House for an Art Lover，1900）［图 17］类似，是一件真正的"总体艺术作品"［Gesamtkunstwerk，这个概念源自理查德·瓦格纳（Richard Wagner）的美学理论］。它的壁饰由古斯塔夫·克里姆特（Gustav Klimt）设计，家具和配件由建筑师本人设计。

在接下来的五年，这两位建筑师的作品又发生了变化，这次是向古典折衷主义的方向发展。奥尔布里希设计的最后一座房子（1908 年，他死于白血病，年仅 41 岁）采用了当时流行的"比德迈"（Biedermeier）复兴风格——带有多立克式柱廊和本土屋顶。霍夫曼的比德迈风格更加轻巧，结合了其作品的一般特点——倾向使用普通的建筑和装饰造型语言，并尽量减少构造上的重力效果。当时的一位批评家马克斯·艾斯勒（Max Eisler）指出，霍夫曼的晚期建筑是"将家具的构思运用于建筑的尺度"[1]。

---

[1]　Ezio Godoli, "Austria", in Russell (ed.), *Art Nouveau Architecture*, p. 248.

图 15
约瑟夫·霍夫曼

斯托克莱宫，1905—1911 年，
布鲁塞尔

这所住宅的设计方案——霍夫曼
的杰作（chef-d'œuvre），很明显
源自麦金托什的艺术爱好者之
家，但是霍夫曼重新设计了大
厅，使其将这座房子在中点一分
为二，赋予它一种学院派式的对
称。墙面如纸裁的样式和边缘的
金属装饰使墙壁看上去像纸一样
薄——这肯定是勒·柯布西耶（Le
Corbusier，1887—1965）对这座住
宅欣赏有加的原因

© Tram Bruxelles

图 16
约瑟夫·霍夫曼

斯托克莱宫，1905—1911 年，
布鲁塞尔，大厅

这个双层高的大厅是该时期自由
风格、新艺术和新古典主义住宅
的特点。细长、密排的柱子形成
屏幕，既划分又统一了空间

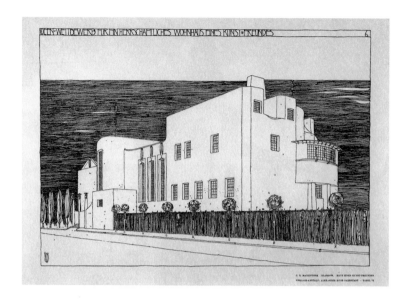

图 17

查尔斯·伦尼·麦金托什

艺术爱好者之家设计图，1900 年

这是为德国竞赛而做的设计，大约诞生于麦金托什在奥地利和德国最受欢迎的时期，非常有影响力。这种住宅比斯托克莱宫更有创造力。苏格兰地方风格的简朴（与沃伊齐或贝利·斯科特的柔和相反）预示了新兴的现代主义抽象

慕尼黑与柏林

德国新艺术运动的中心是慕尼黑，1896 年由《青年》（*Jugend*）杂志发起。最初与该运动相关的设计师和建筑师包括赫尔曼·奥布里斯特（Hermann Obrist，1862—1927），奥古斯特·恩德尔（August Endell，1871—1925），彼得·贝伦斯（Peter Behrens，1868—1940），理查德·里默施密德（Richard Riemerschmid，1868—1957），布鲁诺·保罗（Bruno Paul，1874—1968）。在 1897 年，与维也纳分离派类似，慕尼黑小组很快就放弃了范德维尔德的曲线风格，开始更加关注工艺美术运动。在里默施密德和保罗的领导下，1897 年成立的德国手工艺联合工坊（Vereinigten Werkstätten für Kunst im Handwerk）研发了一批半量产式的家具，这些家具于 1899 年在布鲁塞尔的自由美学社沙龙展出。从 1902 年开始，里默施密德展出了一些房间，其中的家具既简单又结实，带有工艺美术运动和日本风格的特点［图 18］。大约在 1905 年以后，里默施密德和保罗小组——尤其后者——变得更加古典。他们在 1908 年慕尼黑展览上展出的房间震惊了法国室内设计师，他们折服于这些作品的优雅和

图 18
理查德·里默施密德

柜子，1905 年

里默施密德在 20 世纪初设计了许多半量产式家具，这个柜子是其中的典型。它与阿道夫·路斯（Adolf Loos，1870—1933）的一些设计类似，同样简朴中透着优雅，显示出英国和日本的影响

统一——迄今为止，这都被认为是法国的特有品质。[1]

　　新艺术运动被经济和文化的发展所赶超。尽管它渴望成为一场大众运动，但其手工产品的费用只有少数富人才负担得起。并且，随着某种资产阶级和民族主义幻想的衰落，以及机器生产和大众社会的不可阻挡地崛起，新艺术运动逐渐瓦解。在维也纳分离派和德国里默施密德与保罗小组的作品中，我们见证了强调个性和原创性的新艺术运动，被转换成以本土和古典模式为基础的可重复的形式。

　　然而，盛期新艺术运动留下了一份尽管多少被埋没，但仍不失为永久的遗产——一个未经编码、充满活力、本能的艺术概念，它依托于对自然的理解，可以为其规定一些原则，但是无须死守任何不变的和标准的规则。这种未经编码的艺术概念可能受到挑战，事实上经常如此，但是它在现代世界里的生命力不容置疑。

-----

[1] Nancy Troy, *Modernism and the Decorative Arts in France: Art Nouveau to Le Corbusier* (New Haven, 1991), pp. 52–102.

第二章
有机主义与古典主义：芝加哥 1890—1910

1884 年 3 月 9 日，美国斯克内克塔迪（Schenectady）举办了一场名为"现代建筑"的讲座，在这场讲座中，纽约记者兼建筑评论家蒙哥马利·斯凯勒（Montgomery Schuyler）阐述了他所看到的美国建筑面临的问题。斯凯勒以正反对照的方式提出其观点。他认为需要一种普世性的建筑文化，就如欧洲的那样，美国缺乏这种建筑文化是因为缺乏好的实例。他说，如果不是因为未能产生适应现代生活的建筑这一事实，布扎体系也许能为这种文化提供基础，它能够灌输"节制、适量和谨慎"的品质。他认为建筑是艺术中最保守的："在文学中，人们利用古典原则，而在建筑中，人们复刻古典原则……只有在建筑中，考古研究才被认为是艺术作品……我所贬低的不是训练，而是训练中的静止不变，它不被看作一种准备，而被看作一种成就。"他接着论述了语言和建筑之间的混淆："一个词语就是一个约定俗成的符号，而真正的建筑形式是机械事实的直接表达。"

斯凯勒称赞了美国建筑师，尤其是芝加哥的建筑师，他们试图改进建筑，以适应电梯和钢铁框架等的技术，对风格纯粹性没有太多顾忌。然而，斯凯勒认为问题并没有完全解决："这些高耸的'芝加哥建筑'的实际结构，是钢和烧制黏土，寻找其建筑表达，是徒劳的。"这种清晰的结构，"作为结构安排的最终表达，没法被预见，并且其形式……令作者感到惊讶"。因此，斯凯勒支持直接而富有表现力的现代建筑。但是，他从没有明确拒绝过布

图 19（左页）
丹克马尔·阿德勒（Dankmar Adler, 1844—1900）与路易斯·沙利文（Louis Sullivan, 1856—1924）

礼堂大厦（Auditorium Building），1886—1889 年，芝加哥

将亨利·霍布森·理查森（Henry Hobson Richardson, 1838—1886）的垂直等级与丹尼尔·伯纳姆（Daniel Burnham, 1846—1912）和约翰·韦尔伯恩·鲁特（John Wellborn Root, 1850—1891）的去除墙壁相结合，阿德勒和沙利文在这座建筑中实现了古典纪念性和现代结构表达的某种平衡

扎传统。他真的认为"节制、适量和谨慎"应该牺牲在逼真的祭坛上吗？欧洲应该被拒绝吗？我们不得而知，尽管他偏向第二种选择，但给人的印象是，对第一种选择，他也没有完全放弃。

斯凯勒的写作使人注意到作为视觉语言操控者的建筑师（古典主义者）和作为不断变革的技术的倡导者（有机主义者）之间的冲突。这种冲突可以进一步分解为一系列的对立：集体主义与个人主义，同一性（国家）与差异性（地区），标准与独特，再现与表现，可识别的与出人意料的。

这些对立在 20 世纪初的建筑争论中不断出现。但是，在美国比在欧洲更明显，它们与重要的国家政策联系在一起。并且，这种趋势在芝加哥表现得最为明显。

芝加哥学派

在 1871 年大火及紧接着的经济萧条之后，芝加哥商业地产迎来爆发式繁荣。建筑师蜂拥而至，希望从中分一杯羹，这一情形也带给他们强烈的职业使命感。他们以创造一种新的建筑文化为己任，坚信建筑应该表达地域特征，应该以现代技术为基础。芝加哥当时的情形似乎为技术与美学的重新综合，为创造出一种象征中西部活力的建筑提供了可能。

1908 年，托马斯·塔尔梅奇（Thomas Tallmadge，1876—1940）最早使用了"芝加哥学派"一词，指代活跃于 1893 年至 1917 年的一批芝加哥本地建筑师，其中包括弗兰克·劳埃德·赖特（Frank Lloyd Wright，1867—1959）和他自己。直到 1929 年，建筑评论家亨利-罗素·希区柯克（Henry-Russell Hitchcock，1903—1987）在《现代建筑：浪漫主义和重组》（*Modern Architecture: Romanticism and Reintegration*）一书中也使用了这个词，用来指代 19 世纪 80 年代和 90 年代的商业建筑师。希区柯克将这些建筑师与像维克多·霍塔这样的前现代象征主义者关联在一起。到 20 世纪 40 年代，希区柯克将芝加哥学派划分为商业阶段和家用阶段。但是，在当今学界，"芝加哥学派"的用法发生了一个大逆转，它一般指 19 世纪 80 年代和 90 年代的商业建筑，而赖特及其同人的建筑作品则被归入"草原学派"（Prairie School）。这也是本书将采用的"芝加哥学派"的语义。

20 世纪 20 年代至 30 年代，芝加哥学派的重要性得到认可，此时期希区柯克、菲斯克·金博尔（Fiske Kimball，1888—1955）和刘易斯·芒福德（Lewis Mumford，1895—1990）出版的专著[1] 见证了这一点。不过，瑞士艺术史家希格弗莱德·吉迪恩（Sigfried Giedion，1888—1968）在《空间·时间·建筑》（*Space, Time and Architecture*，1941）一书中给予现代性以新的定义，他以黑格尔式的术语将芝加哥学派描述为历史前进中的一个阶段。

芝加哥建筑师们拒绝美国东海岸的布扎折衷主义，但他们并没有拒绝传统。只是他们青睐的传统是模糊的，柔韧的和能适用现代条件的。所谓现代条件包括经济和技术两个方面。在经济方面，芝加哥建筑地块大而规整，不受世袭永久产权模式的妨碍。在技术方面，新近发明的电梯和金属框架使房屋可以建到前所未有的高度，进而使给定地块的经济收益成倍增加。由于防火技术的发展，人们可以在钢结构上安装外墙与楼板，由此可以将厚厚的外墙减少到很薄的一层，如此一来，将楼建高的最后一层限制也

---

[1]　菲斯克·金博尔 1928 年出版《美国建筑》（*American Architecture*），刘易斯·芒福德 1931 年出版《棕色时代》（*The Brown Decades*）。

被排除了。[1]

自 18 世纪中期以来，如耶稣会修士和理论家洛吉耶（Abbé Marc-Antoine Laugier）等法国理性主义者就主张减轻建筑的质量，表达骨架结构。芝加哥的建筑师们从维奥莱－勒－迪克的著作中吸收了这一理论，他们开始设想，窗户必须扩大，横跨立柱与立柱，以最大限度地采光。不过，他们仍然认为应该保留 15 世纪意大利宫殿的古典立面的层级关系。这导致一种妥协，砖石外墙包层须采用两种形式之一：承载柱顶过梁的古典壁柱；或带半圆拱的支柱——人们称之为"圆拱样式"（Rundbogenstil），它起源于 19 世纪三四十年代的德意志，后由德国移民建筑师带到美国。[2] 在早期方案中，每三层为一组，相互叠加，这可以在丹尼尔·伯纳姆和约翰·韦尔伯恩·鲁特的卢克里大厦（Rookery Building，1885—1886）[图 20]，以及威廉·勒巴隆·詹尼（William Le Baron Jenney）的博览会商店（Fair Store，1890）中看到。亨利·霍布森·理查森在马歇尔·菲尔德百货商店（Marshall Field Wholesale Store，1885—1887）[图 21] 中，用坚固的砖石砌筑外墙，通过减小连续层中窗口的宽度来解决这些方案产生的堆叠效果，丹克马尔·阿德勒和路易斯·沙利文在芝加哥礼堂大厦（1886—1889）[见图 19] 中，将这个方案用在钢框架结构上。

芝加哥建筑师们在进行这些试验和借鉴时，也正在探索一种替代性的、更务实的方法。在威廉·霍拉伯德（William Holabird，1854—1923）和马丁·罗奇（Martin Roche，1853—1927）的塔科

---

[1] William H. Jordy, *American Buildings and their Architects Vol.4: Progressive and Academic Ideals at the Turn of the Twentieth Century* (New York, 1972), chapter 1, "Masonry Block and Metal Skeleton", pp. 28–52.

[2] Michael J. Lewis, "Rundbogenstil", in Jane Turner (ed.), *The Dictionary of Art* (London, 1996).

图 20
丹尼尔·伯纳姆与约翰·韦尔伯恩·鲁特

卢克里大厦，1885—1886 年，芝加哥

在这个芝加哥学派早期的办公楼建筑中，隐藏的骨架通过两个立柱间的窗户来表达，其突出的特征是古典传统的遗留

马大厦（Tacoma Building，1887—1889），伯纳姆和鲁特的蒙纳德诺克大楼（Monadnock Building，1884—1891，一个严格的砖石结构建筑，完全没有装饰），以及伯纳姆公司（Burnham & Co.）的信托大厦（Reliance Building，1891—1894）中，楼层没有按层级分组，而表现为一个统一序列。减弱的垂直耸立感从堆叠的凸窗得到弥补。信托大厦的外墙包层由赤陶板，而非石材制成，看上

图 21

亨利·霍布森·理查森

马歇尔·菲尔德百货商店，1885—1887 年，芝加哥（已拆除）

在这栋建筑中，通过减小连续层中窗口的宽度，减少了卢克里大厦令人不快的"堆叠"效果，但这栋建筑的外墙由坚固的砖石砌筑，表达骨架结构这一"芝加哥难题"并未出现

去非常轻盈［图 22］。

　　沙利文的成就是综合了这两种对立的类型。如果说以芝加哥礼堂大厦为代表的宫殿类型的弱点，是它并没有反映出这一规划：每一层其实都有完全相同的功能。那么，塔科马大厦所代表的类型则有相反的不足：楼层功能的相似性被表现出来，但是整个建筑仅仅是楼层的连续，缺少纪念性的表现力。在圣路易斯的温莱特大厦（Wainwright Building，1890—1892）［图 23］中，沙利文将楼板归入一个巨大的秩序，在被强调的基础和阁楼之间。同时，他忽略了"真实结构"的柱间距，将壁柱的间距减少到一扇窗户的宽度。在此过程中，他创作了一个垂直的方阵，几乎可以既作立柱又作窗棂，既作结构又作装饰，使得柱间距不再唤起人们对古典比例的联想。这个系统与确切的楼层数无关，尽管它在一个与温莱特大厦的比例关系完全不同的建筑中，并不能在视觉上起

图 22
伯纳姆公司

信托大厦，1891—1894 年，芝加哥

这座建筑由查尔斯·阿特伍德
（Charles B. Atwood，1849—1895）
设计，由于其轻盈和去等级化的
特点，一直被视为现代主义原型。
没有追求纪念性，阿特伍德通过
材料的使用（它的表面全是赤陶
板）和对最简单的构造元素（如
窗户比例与玻璃直棂尺寸等）的
处理，取得一种不同的和谐效果

到很好的作用。[1]

在《高层办公楼的艺术化思考》（"The Tall Office Building Art-
istically Considered"，1896）一文中，沙利文宣称，温莱特式建筑的
组织分为明确的三段，每一段都有对应的功能，这是对"有机"原
则的运用。为了判断此种说法的有效性，有必要简短讨论一下沙利
文的建筑理论，其理论在其《启蒙对话录》（*Kindergarten Chats*，
1901）和《一个观念的自传》（*The Autobiography of an Idea*，1924）
两书中可以看到。与其他芝加哥建筑师相比，沙利文更多地受到新
英格兰超验主义（Transcendentalism）哲学的影响。这种哲学源自
德国唯心主义，其主要代表人物是拉尔夫·沃尔多·爱默生（Ralph
Waldo Emerson），沙利文通过其朋友——无政府主义者约翰·H.
埃德尔曼（John H. Edelman），而接触到这一哲学。"有机"思想可
以追溯到 1800 年左右的浪漫主义运动，尤其可以追溯到 F. W. J. 谢
林（F. W. J. Schelling）和施莱格尔兄弟（the Schlegel brothers）这类

---

[1] 对芝加哥办公大楼外观形式的演变，参见 Heinrich Klotz, "The Chicago Multi-
storey as a Design Problem", in John Zukowsky (ed.), *Chicago Architecture*
(Chicago, 1987)。

图 23

丹克马尔·阿德勒与路易斯·沙利文

温莱特大厦，1890—1892 年，圣路易斯

沙利文非常出色地解决了建筑立面上的一个问题，即如何协调纪念性的古典立面和办公楼本身带有的"民主式"重复

思想家，他们相信艺术作品的外在形式应该像在植物和动物中的情形一样，是内在力量或本质的产物，而不是像他们认为的古典主义那样从外部机械地强加。[1]

---

[1] Donald Drew Egbert, "The Idea of Organic Expression in American Architecture", in Stow Persons, *Evolutionary Thought in America* (New Haven, 1950), pp. 336–397.

卡尔·弗里德里希·申克尔（Karl Friedrich Schinkel）、霍拉肖·格里诺（Horatio Greenough）和维奥莱-勒-迪克等建筑理论家以不同方式继承了这一思想以及与之相伴的构造表达观念，他们承认，当这一思想运用到人工制品时，"自然"的美学概念必将扩展至包括社会性的规范价值。[1]沙利文忽视了文化的因素，将其论点完全建立在建筑与自然的类比上。但在实践中，他依然接受习俗规范。温莱特大厦的立面源自他极力谴责的传统——在布扎体系中被奉为正宗的古典-巴洛克美学。事实上，在纠正芝加哥建筑师对这一传统的错误解释时，沙利文回到了他们所丢弃的古典原则：需要将立面分为三段式，以对应内部的功能布置。

温莱特大厦确实可被视为芝加哥办公楼立面问题的一个"解决方案"。但其高明也带来了一些问题。芝加哥学派的"不纯粹"的解决方案，包括沙利文自己的礼堂大厦，具有一种向街道展示复杂的、对位的纹理的优点，这可以被解读为连续城市肌理的一部分。而对垂直感的强调以及非常突出的拐角壁柱，使温莱特大厦与周围环境显得格格不入，成为一个自足的实体，突显了其所容纳和代表的企业的个性。正是在这方面，它预示着后来摩天大楼设计的发展。尽管如此，沙利文表明，他已经意识到这种解决方案给城市总体性带来的危害，在1891年为《图形》（The Graphic）杂志所绘的素描中，他勾勒出一条想象的街道，街道上有各种摩天大楼，它们由一种同样的檐口线来统一 [图 24]。

沙利文所有建筑都或多或少依赖装饰，在其理论著作中，他将装饰视为结构的延伸。在一系列精致的绘图中，他发展出一套类似霍塔风格的阿拉伯式花纹装饰系统，尽管其密度更大，流动性更少，更独立于结构。这些装饰被应用在大块赤陶土带上，与

---

[1]　H. W. Janson, *Form Follows Function—or Does It?* (Maasrssen, Netherlands, 1982).

图 24
路易斯·沙利文

《高层建筑问题》(*The High Building Question*),1891 年

在这幅素描中,沙利文尝试在房地产需求和城市美学的需求之间进行另一种调和。通过在建筑的八层到十层建立一个基准线,并允许在其上随意发展,人的尺度和秩序感得到保持

平坦、无装饰的表面形成对比,表明伊斯兰建筑的影响,也将其作品与欧洲新艺术运动联系起来。

　　最初,由于在立面设计和装饰上的突出能力,沙利文受阿德勒邀请与其合伙。沙利文相信建筑物的可见表达能使原本难以言喻的结构精神化,而阿德勒认为立面仅仅是对一个有组织和结构的概念做最后的修饰。无论这是否表明阿德勒是一个更好的有机主义者,或他只是更实际些,这种观点上的不同,似乎都预示着两人之间的冲突一触即发。两人合伙关系破裂(由于缺少委托)后,阿德勒发表的一份声明也间接反映了这点:"建筑师不应该等到被内心不可抗拒的冲动抓住,他应向世界展示其研究和沉思的结果。他既属于世界,又置身其中。"[1]

　　在结束与阿德勒合伙关系若干年后,沙利文的职业生涯遭遇巨大失败,毫无疑问,这是心理、思想和经济等多方面因素造成的结果。但是,在 19 世纪 90 年代,芝加哥的观念氛围也已发生

---

[1]　Narciso Menocal, *Architecture as Nature: The Transcendentalist Idea of Louis Sullivan* (Madison, 1981), p. 43.

变化。建筑师们不再倾听超验信息，尽管不久前，他们还很着迷于此，他们也不再对沙利文通过激发个人创造力来救赎物质社会的观点感兴趣。芝加哥的情况很快变得与欧洲一样，个人主义被民族主义和集体主义精神所取代。

芝加哥世界博览会

1893 年芝加哥世界博览会（哥伦布纪念博览会）开启了向古典主义的转变，这与美国当时一系列政治和经济事件有关。其中最重要的是，从自由放任资本主义向垄断资本主义的转变，"门户开放"（open-door）贸易政策的提出和集体主义政治的兴起。"门户开放"政策是为了在世界舞台占据一席之地，集体主义政治的兴起既是对工业和金融中新兴的社团主义的呼应，也是对其的挑战。在《一个观念的自传》一书中，沙利文回顾了这些发展："在这段时期（19 世纪 90 年代），工业界中的合并、大企业和托拉斯正进展顺利……投机日益猖獗，信贷正变得不再牢靠……垄断正在形成。"根据沙利文的说法，丹尼尔·伯纳姆是芝加哥唯一把握住这一趋势的建筑师，因为"在这种规模化、组织化、委托化和强烈商业主义化的趋势中，他感觉到了自己思想与之的互动"。个人主义哲学曾给芝加哥学派以灵感，也曾是沙利文理论的基础，而上述趋势为个人主义哲学敲响了丧钟。尽管沙利文自己也有概括和类型化的倾向，但他抵制集体主义、标准化和大众化这些新兴趋势，而伯纳姆对这些趋势是热烈欢迎的。

尽管芝加哥赢得世界博览会举办权是因为它代表了中西部的活力，但是博览会的筹办者对创造国家神话比创造地区神话更感兴趣。他们试图寻找一种现成的建筑语言来象征一个统一、文化成熟和具备帝国实力的美国。亨利·亚当斯（Henry Adams）曾说道："芝加哥是美国作为一个整体的首次表达：人们必须从那里开始。"[1]

芝加哥世界博览会的规划开始于 1890 年，由丹尼尔·伯纳姆（建筑）和弗雷德里克·劳·奥姆斯特德（Frederick Law Olmsted，1822—1903）（景观）共同负责。世博会场地选在奥姆斯特德设计的南方公园系统（South Park System）的未建成部分。它由两座公园构成——湖边的杰克逊公园（Jackson Park）和靠西的华盛顿公园（Washington Park），由一个名为大道乐园（Midway Plaisance）的狭长地带连接［图 25］。博览会的中心是杰克逊公园，所有美国馆都设置在这里。外国馆和娱乐设施在大道乐园，华盛顿公园则布置为景观。

杰克逊公园是按照布扎原则设计的。19 世纪 80 年代中期，布扎体系已经进入东海岸，而参加世博会展馆设计的建筑师，一半以上都来自美国东部。博览会筹备者以此表明，他们支持古典主义作为博览会的建筑风格。[2] 这种选择在两方面推翻了芝加哥学派的实践：首先，它建议建筑群必须有总体视觉控制；其次，它主张建筑是一门现成的语言，而不是在充满偶然和变化的世界中的个人创造。

伯纳姆适应这些观念没有困难。和沙利文不同，他能看到"功能主义"对非常注重成本的商业建筑是合理的，而古典主义对再现国家权力和世界文化的建筑是有效的。这种"角色"（character）理论得到哈佛毕业的出色年轻建筑师查尔斯·阿特伍

---

[1] Henry Adams, *The Education of Henry Adams: An Autobiography* (1907), quoted in Mario Manieri-Elia, "Toward the 'Imperial City': Daniel Burnham and the City Beautiful Movement", in Giorgio Ciucci, Francesco Dal Co, Mario Manieri-Elia and Manfredo Tafuri, *The American City: From the Civil War to the New Deal* (Cambridge, Mass., 1979), p. 39.

[2] 对世博会细节的评论参见 Manieri-Elia, *The American City*, pp. 8–46。

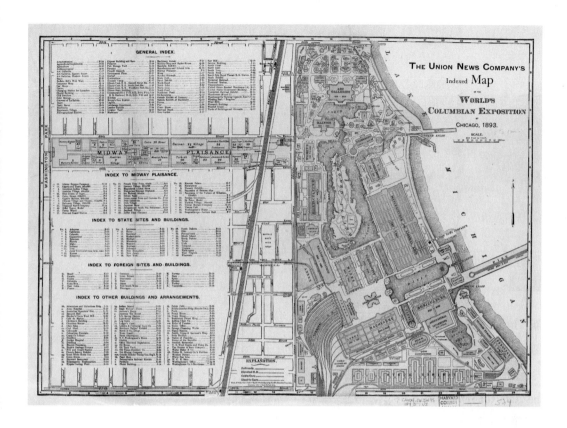

图 25
丹尼尔·伯纳姆与弗雷德里克·劳·奥姆斯特德

芝加哥世界博览会平面图，1893 年

在平面图中可见杰克逊公园和大道乐园，注意南面荣誉广场的古典规则与延伸至北面的湖泊的如画式不规则形成对比

德的认同。鲁特突然去世后，阿特伍德接替了他的位置。阿特伍德能设计外墙采用了轻质赤陶板的"哥特式"信托大厦和渔人大厦（Fisher Building，1895—1896），还能为博览会设计绚丽的巴洛克式凯旋门。

杰克逊公园内的场地规划由景观设计师和建筑设计师合作完成。坐船或坐火车来的参观者，立刻会被展现在眼前的优美壮丽的荣誉广场（Court of Honor）所吸引。"荣誉广场"是一个巨大的纪念性的盆地，周围布置了最重要的展馆［图 26］。第二组展馆，其轴线垂直于荣誉广场的轴线，展馆自由地布置在一个如画的湖泊周围。这些展馆是巨大的两层棚房，带有古典-巴洛克立面，用车床和石膏打造，并漆成白色（因此，世博会场地常被称为"白

图 26

丹尼尔·伯纳姆与弗雷德里克·劳·奥姆斯特德

荣誉广场，1893 年，芝加哥（已拆除）

对于芝加哥而言，荣誉广场的创新之处，除了其立面风格，还在于它作为一个具有总体感的建筑群体现出的巴洛克风格。在为芝加哥所做的规划中，伯纳姆将这一思想与附加的城市网格结合起来

城"）。这种严格的功能性"工厂"空间和表现性立面之间的对比，遵循了火车站设计的国际传统，并且在 20 世纪 60 年代，由路易斯·康（Louis Kahn，1901—1974）在索尔克生物研究所（Salk Institute for Biological Studies，1959—1965）中用现代手法复兴（见第 305 页）。直到 1889 年巴黎世博会，欧洲的国际展会才开始喜欢在其建筑中展示新技术。但是，1900 年的巴黎世博会又标志着一种变化，更加倾向于装饰和流行风格。虽然缺少巴黎世博会的新艺术特征，并保持着一贯的浮夸风格，芝加哥世博会仍然成为这种手法的先驱，唯一的不同是其无节制的媚俗表现（按最初的计划，会请真正的贡多拉船夫来在内湖盆地中行船）。

城市美化运动

芝加哥世博会在美国掀起一股古典建筑的潮流。如历史学家菲斯克·金博尔在1928年写道的："是功能决定形式，还是理想形式能从外部强加，对整整一代人而言，这一问题都是由形式观念的压倒性胜利所决定的。"[1]世博会导致的结果之一是，美国高层商业建筑在世纪之交后越来越显示出布扎派的影响。这一点可从伯纳姆作品的演变中看到。在芝加哥康韦大厦（Conway Building，1912）[图27]及许多其他例子中，伯纳姆仿效沙利文将立面明确分为三段式，但装饰采用古典语法，常将顶部阁楼处理为古典柱廊，减小中段立面的窗户大小，淡化结构表达。

世界博览会对"城市美化"运动有很大影响。这个运动由参议院公园委员会为华盛顿制定的规划触发。该计划在1902年展出，又称麦克米伦计划（McMillan Plan）。伯纳姆和查尔斯·麦金（Charles McKim，1847—1909）都在委员会中，他们负责设计，设想完成并延展18世纪90年代皮埃尔·查尔斯·朗方（Pierre Charles L'Enfant）的规划。在此之后，伯纳姆受邀准备了很多城市规划，只有少数一些被实施，比如，为克利夫兰市中心区做的规划。这之中最壮观的是他与E. H. 本内特（E. H. Bennett，1874—1954）合作为芝加哥做的规划[图28]。[2]这个规划由一群市民私人投资和管理，并且是一个精心策划的公共关系活动的主题。它最典型的特征是宽阔的对角线大道交织的网格，与现有的路网相重叠，就如华盛顿和豪斯曼[3]的巴黎一样。在这个网络的中心，有一个巨大的新市政厅。尽管没有被实施，这个规划在一定程度上指导了这座城市的未来发展。热心的批评家查尔斯·艾

---

[1]　Fiske Kimball, *American Architecture* (New York, 1928), p. 168; Manieri-Elia, *The American City*, pp. 8–46.

[2]　关于芝加哥城市规划参见 Manieri-Elia, ibid., pp. 46–104。

[3]　指乔治-欧仁·豪斯曼（Georges-Eugène Haussmann，1809—1891），法国城市规划师，主持了1852—1870年的巴黎城市规划，是巴黎辐射状街道网络形态的创造者。——译注

略特（Charles Eliot）认为，它表现了民主、开明的集体主义正开
始修复民主的个人主义带来的破坏。[1] 其他人则批评了这个规划，
因为它忽视了大众住房的问题，使这座城市大部分空间都由投机
者掌握。

　　尽管这两种不相容的城市规划概念之间存在明显冲突，一种
是美学的、象征的，另一种是社会的、实践的，许多社会改革者，
包括社会学家查尔斯·朱布林（Charles Zueblin），都支持城市美
化运动，声称世界博览会开创了"科学规划"，促进了高效的市政
管理，并抑制了老板们的权力。显然，"开明的集体主义"拒绝自
由放任，强调规范标准，兼有保守和进步的内涵。与此同时，在
欧洲也出现了规划活动的大爆发，人们有意识地尝试调和审美与

---

[1]　Charles W. Eliot, "The New Plan of Chicago", quoted in Manieri-Elia, *The Amer-*
　　ican City, p. 101.

社会。在 1910 年伦敦城镇规划大会中，德国规划家约瑟夫·施图本（Josef Stübben）宣称，他自己国家的规划师已经能够将"理性"的法国传统和"中世纪"的英国传统结合起来。无论是否合理，这种说法只有在欧洲传统城市的背景下才有可能成立。在美国，居住和工作，郊区和城市，在概念和物理上的分裂，使得这种调和不可能实现。

图 28
丹尼尔·伯纳姆与 E.H. 本内特

芝加哥城市规划图，1909 年

这幅规划图由朱尔·介朗（Jules Guérin）绘制，清晰展示了建筑师构想的空前规模。还应注意图中显示的技术上的创新，比如十字路口的地下通道

社会改革与家庭住房

19 世纪 80 年代美国知识分子对过度不可控的资本主义的反映体现在此时出版的两本乌托邦式的著作中，它们分别是：亨利·乔治（Henry George）的《进步与贫困》（*Progress and Poverty*，1879）和爱德华·贝拉米（Edward Bellamy）的小说《回顾》（*Looking Backward*，1888）。乔治在《进步与贫困》中提议没收所有土地增值带来的收益；贝拉米则在《回顾》中描述了一个以完美的工业系统为基础的未来社会，在这个社会里，自由和全面政治控制之间不再有任何余地（见第 269—270 页"系统理论"）。还有一本著作尤其有趣——索尔斯坦·凡勃仑（Thorstein Veblen）的《有闲阶级论》（*Theory of the Leisure Class*，1899）。凡勃仑曾在 19 世纪 90 年代执教于芝加哥大学，并且其著作发展了一个理论，即在资本主义社会中，货币生产与商品生产之间存在矛盾。[1]

芝加哥是一场激烈的社会改革运动的中心，这场运动反映了反对自由放任的情绪。超验论者拒绝接受这座城市，认为其具有腐败性，但芝加哥改革派人士将它看作工业化的重要工具，只是还要加以驯服。1892 年，芝加哥大学在阿尔比恩·斯莫尔（Albion Small）的带领下建立社会学与人类学系，该系成为城市社会学的重要中心，其广泛影响一直持续到 20 世纪 20 年

---

[1] Francesco Dal Co, "From Parks to the Region: Progressive Ideology and the Reform of the American City", *The American City*, pp. 200–204. 1900 年左右，维尔纳·桑巴特（Werner Sombart）等社会学家在德国提出了类似的理论，认为技术优先于市场资本主义，参见 Frederic J. Schwartz, *The Werkbund: Design Theory and Mass Culture before the First World War* (New Haven, 1996), 200 ff.。这一理论在魏玛共和国时期重新出现，参见 Jeffrey Herf, *Reactionary Modernism: Technology, Culture, and Politics in Weimar and the Third Reich* (Cambridge, 1984)。

代。与之有关的机构和部门，比如伊利诺伊大学的家庭科学系（Department of Household Science），将他们的关注点集中在核心家庭 [1] 和个人住房上，认为家庭环境的改革是整个社会改革必要的第一步。因此，住房的设计和设备成为激进而广泛的社会和政治议程中的重要元素。[2]

家庭住房问题涉及两个层面。1897 年，简·亚当斯（Jane Addams）建立赫尔之家（Hull House），随后，她又帮助建立了大量睦邻机构。这些机构都为草根阶层服务，同时为生活在贫民窟的移民工人提供家庭教育。这种家庭教育的基本组成部分之一是手工艺培训，由芝加哥工艺美术协会组织，在赫尔之家开设家具制造、书籍制作、编织和陶艺的课程，并举办展览。此外，还成立了一些小的工坊，不过大部分家具都由商业厂家来做，有时由外面的设计师监管，但并不经常如此。这些作品得到如《女士家庭》（Ladies' Home Journal）和《住宅美化》（The House Beautiful）等批量发行的杂志的推广，并通过邮购销售。家具的目标顾客是低收入群体，采取批量化生产。在设计上，这些家具比当时英国和德国的手工家具更笨重、更简洁，趋向霍夫曼和麦金托什家具的几何形式，但缺少那种精良的手工艺。

在理论层面上，社会学系和与之密切相关的家庭住房经济小组（Home Economics Group）对家庭住房问题进行了分析。这场全国性的运动以芝加哥为中心，其领导人物之一玛丽昂·塔尔博特（Marion Talbot）曾在社会学系任教。这场运动带有强烈的女性主义色彩，试图彻底改变女性在家庭和社会中的地位。在家庭住

---

[1] 家庭结构类型的一种，指由父母及其未婚子女组成的家庭。——译注

[2] Gwendolyn Wright, *Moralism and the Model Home: Domestic Architecture and Cultural Conflict in Chicago 1873–1913* (Chicago, 1980), p. 160; Manieri-Elia, *The American City*, p. 91.

房经济小组看来，在城市化快速发展，以及电话、电灯和新交通工具等被发明之后，有必要对住宅进行重新思考。家庭住房必须根据弗雷德里克·温斯洛·泰勒（Frederick Winslow Taylor）的科学管理原则来组织。该小组中更为激进的成员，如马克思主义者夏洛特·帕金斯·吉尔曼（Charlotte Perkins Gillman），反对核心家庭，主张饮食、清洁和娱乐的社会化，由服务式公寓提供，但是一般而言，该小组成员都接受核心住宅（nuclear house）。

在设计问题上，家庭住房经济小组遵循威廉·莫里斯的原则，认为除了有用的和美的物品，房子不应包含其他。但是，他们仍然主张大规模生产和使用新的、光滑的材料，主张以火车餐柜和实验室为厨房设计的典范，并强调日光、通风和清洁的重要性。他们自造了"环境优生学"（Euthenics）一词，来描述控制环境的科学，这个词明显是为了与优生学（Eugenics）保持押韵。他们呼吁对设计的各层面进行标准化，在城市层面，高度重视相同住宅的群组设计——秩序和重复被用来构成一个和谐和平等的社区。[1]在这一点上，他们的观点与城市美化运动类似，在统一的群组设计中偏爱古典的匿名性。

弗兰克·劳埃德·赖特与草原学派

草原学派是由一群年轻的芝加哥建筑师组成的联系密切的群体，他们一直在沙利文的有机主义思想指引下进行房屋设计，在1896年至1917年间很活跃。其成员包括：罗伯特·C. 斯宾塞

---

[1] Wright, *Moralism and the Model Home,* chapter 4, "The Homelike World"; Manieri-Elia, *The American City,* p.91.

（Robert C. Spencer）、德怀特·H. 帕金斯（Dwight H. Perkins）和迈伦·亨特（Myron Hunt）等。草原学派与赫尔之家和工艺美术协会密切相关。该学派最初的一些成员后来转向折衷主义，如著名的霍华德·范·多伦·肖（Howard Van Doren Shaw，1869—1926），其作品与英国建筑师埃德温·勒琴斯（Edwin Lutyens）的作品类似，同时忠于工艺美术运动和折衷的古典主义。[1]

　　草原学派最杰出的代表是弗兰克·劳埃德·赖特。与其他成员相比，他更能塑造一种体现学派共同抱负的个人风格。赖特的天赋受到"纯粹设计"（pure design）理论的激发和引导。"纯粹设计"是 1901 年美国建筑联盟（Architectural League）芝加哥分部演讲与讨论的主题。[2] 建筑师兼教师埃米尔·洛奇（Emil Lorch）将阿瑟·韦斯利·道（Arthur Wesley Dow）在波士顿美术馆讲授的绘画和设计中的几何原则转引到建筑中来，从而提出了"纯粹设计"理论。该理论认为，存在一些与历史无关的基本构图原则，并且建筑学院应当教授这些原则。[3] 在 19 世纪末和 20 世纪初的艺术与建筑理论中，这种思想很常见，不管在学术圈还是在先锋艺术圈。[4] 尽管与折衷主义对立，但它促进了建筑学院中系统设计理论的发展，这很可能是得益于布扎派的例子。

　　赖特设计的住宅显示出这种理论的影响［图 29、图 30］。这

---

[1]　H. Allen Brooks, *The Prairie School: Frank Lloyd Wright and His Midwest Con-temporaries* (Toronto, 1972), p. 31, 64, 65.

[2]　*Inland Architect and News Record,* vol. 37, no. 5, June 1901, p. 34, 35; Brooks, *The Prairie School,* p. 39, 41; David Van Zanten, "Chicago in Architectural History", in Elizabeth Blair MacDougall (ed.), *The Architectural Historian in America* (Washington, D. C., 1990).

[3]　这些被概括为：组合、转换、从属、重复和对称。参见 Arthur Wesley Dow, *Composition* (New York, 1899), p. 17。

[4]　Reyner Banham, *Theory and Design in the First Machine Age* (London and New York, 1960), chapter 3.

© Teemu008

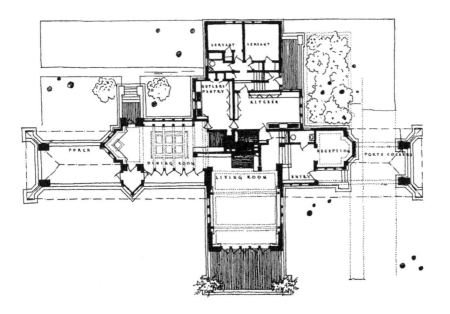

　第二章　有机主义与古典主义：芝加哥 1890—1910

些住宅的平面在几何上比当时欧洲修建的任何建筑都严谨。它们还与麦金托什、奥尔布里希和霍夫曼（见第 29—32 页）的作品有类似的几何装饰风格，但是在墙壁和屋顶元素的抽象上走得更远，以至失去与传统的关联，简化为一个由相交和重叠的平面组成的系统。赖特住宅构成一个由简单体块叠加而成的系统，这些简单体块以类似工艺美术传统的方式相互连接或自由关联。尽管如此，在英国工艺美术运动中，传统房间仍占主导；与之相比，在赖特住宅中，一空间与另一空间之间不仅有更大的连续性，并且在平面中显示出几何秩序，这种几何秩序不是源自英国，而是源自布扎派。在宏观尺度上，平面沿着两正交的轴线发展，在中心壁炉处相交，延伸到周围景观中；在微观尺度上，则有精心控制的局部对称和子轴线，显示出受过布扎派训练的理查森的影响。在室内，就如沃伊齐、麦金托什和霍夫曼的房子，房间由门楣高度的低矮檐口统一。但是，在赖特的作品中，这有压缩垂直维度的效果，形成一种原始的、洞穴般的感觉［图 31］。

装饰系统由深色木饰组成，让人想起麦金托什和霍夫曼的作品。电灯和通风设备被吸纳为装饰整体的一部分。"艺术"仍占主导，但是它是由机器而非由工匠生产，并受到在绘图板上工作的建筑师的完全控制［图 32］："机器……使艺术家获得将木材的本质理想化的手段……没有浪费，人人都能做到。"[1]

事实上，赖特早就得出结论，要使好设计被民主地享受，大规模生产是必要的。1901 年，他在赫尔之家做了一场以《机器时代的手工艺》（"The Art and Craft of the Machine"）为题的演讲，并在演讲中指出，由机器生产所导致的工匠异化的弊端，将被艺术家

图 29（左页上）
弗兰克·劳埃德·赖特

沃德·威利茨住宅（Ward Willits House），1902 年，伊利诺伊州高地公园（Highland Park）

这张外部视图显示出赖特将屋顶转换成抽象的悬停在空中的飞机

图 30（左页下）
弗兰克·劳埃德·赖特

沃德·威利茨住宅，1902 年，伊利诺伊州高地公园，底层平面图

威利茨住宅是赖特在组织系统取得突破的最早建筑之一。这受到1901 年美国建筑联盟芝加哥分部讨论会的"纯粹设计"理论影响，赖特希望借用这个理论，创造一种纯粹的中西部建筑

---

[1]　Frank Lloyd Wright, "The Art and Craft of the Machine"(catalogue of the 14th Annual Exhibition of the Chicago Architectural Club, 1901), reprinted in Bruce Brooks Pfeiffer (ed.), *Frank Lloyd Wright: Collected Writings Vol. 1* (New York, 1992).

图 31
弗兰克·劳埃德·赖特

库利住宅（Coonley House），1908
年，伊利诺伊州里弗赛德（River-
side），室内图

在室内，赖特使用了工艺美术运
动传统的所有主要元素，但加强
了空间的水平性，并赋予壁炉一
种象征地位。库利住宅的效果是
空间的宽敞与洞穴式防护的矛盾
结合

用机器创造美的能力抵消。这一反罗斯金的观点，很快被德意志制
造联盟采用，用来支持机器生产，反对手工艺。这一理念与赖特寻
求的设计普遍原则完全一致，他认为艺术家比工匠更有特权。

　　然而，赖特对待工业化的立场终究是含糊的，介于两端之间。
一方面他将工业城市称为"最伟大的机器"，并表示支持；另一方
面，他对美国郊区充满怀旧的想象，将其视为未受工业化污染的
新阿卡迪亚（Arcadia）。这种矛盾也反映在他一分为二的日常生活
中：一部分属于在赫尔之家的激进的朋友圈子；另一部分属于橡
树园（Oak Park）所在的郊区，他在那里与其年轻的家庭成员一起
生活、工作，而周边邻居是有着务实思想的商人，委托他建造住
宅。[1]1909 年，42 岁的赖特放弃了橡树园，放弃了他原来的家庭

[1]　Giorgio Ciucci, "The City in Agrarian Ideology and Frank Lloyd Wright: Origins
　　 and Development of Broadacres", in *The American City*, p. 304; Leonard K. Eaton,
　　 *Two Chicago Architects and their Clients: Frank Lloyd Wright and Howard Van
　　 Doren Shaw* (Cambridge, Mass., 1969). 事实证明，霍华德·范·多伦·肖的客
　　 户是当权派并与"老钱"有联系，而赖特的客户大多是"外来者"，这似乎符
　　 合他们各自的建筑品位。

图 32
弗兰克·劳埃德·赖特

罗比住宅（Robie House），1908—1910年，芝加哥伍德劳恩（Wood-lawn）南部，餐厅

可以看出，该住宅构造装饰和固定家具的韵律感是非常强的，即便独立式家具也具有纪念性。美学控制是总体的，甚至有点压抑——这是 T 字尺下的总体艺术作品

和建筑实践，认为其渴求的艺术与生活的统一在郊区是不可能实现的。由此，他人生中这一极具创造力和影响力的阶段突然告终。

在对美国建筑的预期中，蒙哥马利·斯凯勒一直关注公共建筑和城市建筑，不论它们采用文化象征的形式还是有机表现的形式。赖特在工艺美术运动的传统下工作，避开了这些问题，集中关注私人住宅、核心家庭和小社区的设计。为了复兴边疆梦，赖特在创造一种具有中西部地域特征的乡村家居建筑方面，比其同人更具激情。

正是运用这种形式技巧，赖特构建了一种抽象的无柱的建筑，这给欧洲的先锋建筑师留下深刻印象——1910 年，赖特的作品由瓦斯穆特（Wasmuth）在德国出版，当时欧洲的建筑师正在寻求一种能将他们从传统形式中解放出来的方法。但是，伴随这种抽象，出现了一种原始的、地区的、反大都市的建筑。至少，借由赖特的影响，美国中西部的地区和民主问题及其建筑师的有机主义理论，成为国际现代主义的根源之一。

第三章
文化与工业：德国 1907—1914

　　建筑和工业艺术（industrial arts）的国际改革运动在德国出现和发展，有着特定历史情境。在德语世界，一种德意志的自我形象（self-image）在 18 世纪下半叶开始形成，以对抗法国的文化霸权和启蒙运动的普世主义。在拿破仑战争期间，一种特别的德国"文化"（Kultur）意识得到加强，它与起源于法国的"文明"（Zivilisation）观念相对，这种文化意识促进了德国对文化认同的追求，并成为德国现代化进程的强大动力。此时的德国，浪漫主义和理性主义并存，有时相互加强，有时相互对立。1871 年，德意志诸邦国统一，建立德意志帝国，德国现代化步伐从此大大加快。但到 19 世纪 90 年代，人们对其文化成果普遍失望，开始出现激烈的反自由主义、反实证主义倾向。这折射出当时整个欧洲的趋势，但在德国，这种趋势使其潜在的民族（Volk[1]）意识浮出水面。根据尤利乌斯·朗本（Julius Langbehn, 1851—1907）的说法，现代文明，尤其美国的现代文明，缺少根基。在其畅销书《作为教育家的伦勃朗》（*Rembrandt als Erzieher*，1890）中，朗本主张回归德意志民族的固有文化，并认为这种文化的精神体现在伦勃朗的绘画中。社会哲学家斐迪南·滕尼斯（Ferdinand Tönnies, 1855—1936）在

图 33（左页）
彼得·贝伦斯

德国通用电气公司（Allgemeine Elektricitäts-Gesellschaft，简称 AEG）透平机车间，1908—1909 年，柏林

室内平板的钢结构和外部的纪念性表达形成鲜明对比

---

[1] 对应英语中的 folk（人民、民族），但它与英语中的共通处只是古雅。在德语中，这个词或多或少相当于"德国性"，特别强调与法国文明的不同——这一内涵可以追溯到 18 世纪末德国民族意识萌芽的时期。

《共同体与社会》(*Gemeinschaft und Gesellschaft*, 1887) 一书中,
提请人们注意古代德国的社团形式已被现代工业的社团形式或公司
所取代。

事实上,德国艺术改革运动从一开始就与德国民族认同问题
紧密相连。这一运动的参加者们,一方面渴望回归工业化以前的
固有文化,另一方面同样强烈地要求走向现代化,因为现代化是
同西方各国进行商业竞争的必备条件。

德意志制造联盟

20 世纪初,对德国艺术和文化改革起主要推动作用的是德
意志制造联盟,它诞生自德国工艺美术运动。19 世纪 90 年代晚
期,德国工艺美术运动兴起,这时开始出现许多地方性的改革群
体,包括阿尔弗雷德·利西瓦克(Alfred Lichtwark)的艺术教
育运动(Art Education movement, 1897),费迪南德·阿芬那
留斯(Ferdinand Avenarius)的丢勒联盟(Dürerbund, 1902),
以及家乡保护同盟(Bund Heimatschutz, 1904)。[1] 另外,许多
以英国行会为典范的工坊建立,其中最成功的是位于慕尼黑的
手工艺联合工坊和德累斯顿工坊(Dresdner Werkstätte)。这两
者都与其英国同行不同,成立之初就已半批量化生产家具。

1907 年,德意志制造联盟在慕尼黑成立,旨在将这些各自
为政的举措进行统一,促进艺术和工业在国家层面的融合。促成
联盟成立的主要领导者是基督教社会主义政治家弗里德里希·瑙

---

[1] Joan Campbell, *The German Werkbund: The Politics of Reform in the Applied Arts*
(Princeton, 1978), p. 24.

曼（Friedrich Naumann，1860—1919）、德累斯顿工坊的负责人卡尔·施密特（Karl Schmidt）和建筑师兼政府官员赫尔曼·穆特修斯（Hermann Muthesius，1861—1927）。联盟成立之初，12位建筑师和12家企业受邀加入。这些建筑师包括彼得·贝伦斯、特奥多尔·菲舍尔（Theodor Fischer，1862—1938）、约瑟夫·霍夫曼，约瑟夫·玛丽亚·奥尔布里希、保罗·舒尔策-瑙姆堡（Paul Schultze-Naumburg，1869—1949）和弗里茨·舒马赫（Fritz Schumacher，1869—1947）。大多数企业都是家用家具和设备的制造商，但还有两家印刷公司，一家铸字厂，以及一家出版商。这些公司都退出了当时保守的、商业导向的德国应用艺术联盟，加入德意志制造联盟这个新的组织，这样它们可以与知名建筑师合作。

德意志制造联盟的目标是生产大众消费得起的高质量产品，这一点由瑙曼在1906年的一次演讲中指明："许多人没钱请艺术家，因此，许多产品都将批量生产；面对这一大难题，唯一的解决方法是以艺术的手段将意义和精神注入批量生产中。"[1] 德累斯顿理工学院（Dresden College of Technology，现德累斯顿工业大学）建筑学教授及1906年德累斯顿极为成功的手工艺展负责人弗里茨·舒马赫，在慕尼黑德意志制造联盟成立大会的演讲中指出，需要弥合机器生产带来的艺术家与生产者之间的鸿沟：

> 是时候了，德国不要再将艺术家视为……追随其天性的人，而应将其视为一种重要力量，它能使作品变得高尚，进而使整个国家的生活变得高尚，并能使我们在民族间的竞争中获胜……在美学力量中，有着更高的经济

---

[1] Stanford Anderson, "Peter Behrens and the Cultural Policy of Historial Determinism", *Oppositions*, no. 11, Winter 1977, p. 77.

价值。[1]

尽管德意志制造联盟制定有完善的纲要，但其成员有多种不同立场。整个机构的主要活动包括：一般的宣传（出版、展览、会议），对消费者的教育（讲座、橱窗装饰竞赛等），产品设计的改革（比如说服实业家聘请艺术家）。[2]

形式或格式塔

由于需要将机器融入工艺美术运动的艺术原则，因此有必要重新定义艺术家的角色。莫里斯将艺术家-手工艺人（artist-craftsman）视为在身体上介入材料和功能的人，取而代之的新观念则将艺术家视为"形式赋予者"。这种观念由雕塑家鲁道夫·博塞尔特（Rudolf Bosselt）在 1908 年德意志制造联盟大会上提出，并于 1911 年被穆特修斯再次强调。[3] 他们都宣称，在机器产品的设计中，"形式"或格式塔[4] 应该优先于功能、材料和技术，这些都曾被工艺美术运动和青年风格（新艺术）运动所强调。奇怪

---

[1] Anderson, "Peter Behrens and the Cultural Policy of Historial Determinism".

[2] Campbell, *The German Werkbund*, pp. 38–56.

[3] Marcel Franciscono, *Walter Gropius and the Creation of the Bauhaus in Weimar* (Urbana, Ill., 1971), p. 32, n. 45.

[4] 这里使用的格式塔一词是基于沃尔夫冈·科勒（Wolfgang Köhler）在《格式塔心理学》［*Gestalt Psychology* (New York, 1964), pp. 177–178］中给出的含义："在德语中——至少自歌德以来——名词'格式塔'有两个含义：除了作为事物属性的'形状'或'形式'含义，它还指具体的、个体的和有特征的实体，其作为分离的事物存在，并以形状或形式作为其属性之一。"

的是，这个观点并非起源于艺术和工业之间的争论，而是起源于美学。它是长达一个世纪的美学思潮的产物。这一思潮始于康德——他将艺术区别出来，当作一个自律体系；而后在美学哲学家康拉德·菲德勒（Conrad Fiedler）所宣称的"纯粹视觉"（pure visibility）理论中达到高潮。[1]

穆特修斯与类型观念

与格式塔这一概念密切相关的是穆特修斯的型式化（Typisierung）概念——他造了这个词用来指标准形式或典型形式的建立。[2] 他的论据显然微不足道，即大规模生产必须标准化。但是，基于"类型"一词本义的模糊，穆特修斯将实用的标准化观念和作为一种柏拉图式普遍性的类型观念混合在一起。他曾说，只有通过型式化，"建筑才能恢复那种普遍意义，这种普遍意义也是建筑在和谐文化时代的特征"。[3]

穆特修斯的统一文化概念是对自由放任资本主义的攻击，但

---

[1] 关于德国形式主义美学的讨论，参见 Harry Francis Mallgrave 和 Eleftherios Ikonomu, *Empathy, Form and Space: Problems of German Aesthetics 1873–1893* (Los Angeles, 1994) 导言部分。

[2] 18 世纪末法国新古典主义话语中"类型"概念的讨论，参见 Anthony Vidler, "The idea of Type: The Transformation of the Academic Ideal", *Oppositions*, no. 8, Spring 1977。尽管今天我们几乎不可能在不提及这一法国传统的情况下讨论类型的概念，但穆特修斯对它的认识最多只是间接的——可能是通过杜兰德（Jean-Nicolas-Louis Durand）和申克尔。

[3] 穆特修斯 1914 年在科隆制造联盟大会上做的报告，引自 Ulrich Conrads, *Programs and Manifestoes of 20th-Century Architecture* (Cambridge, Mass., 1970), p. 28。

不是对垄断资本主义的攻击。对穆特修斯和制造联盟内部许多与他持相同观点的成员而言，现代品位的堕落并不如罗斯金所认为的源自机器本身，而源自市场运作所引起的文化失序和流行样式的不稳定性。如果能去掉操纵市场的中间人，则有可能恢复生产者和消费者之间、技术和文化之间的直接联系，这种直接联系在前资本主义社会原本一直存在。穆特修斯预见到了生产消费产品的大型工厂的出现，它们类似托拉斯和卡特尔，并且日益成为德国重工业的特征。这些公司生产标准化的、具有艺术品质的产品，它们将主导市场，并成为品位的唯一仲裁者，像现代版的中世纪行会一样运作。[1]

　　1914 年，德意志制造联盟大会在科隆举办，穆特修斯在此次大会上提出其"型式化"观念，受到一群艺术家、建筑师和评论家的激烈批评，其中包括范德维尔德、布鲁诺·陶特（Bruno Taut，1880—1938）和瓦尔特·格罗皮乌斯（Walter Gropius，1883—1969）。范德维尔德虽是威廉·莫里斯的热情门徒，可他既没有质疑机器生产的必要性，也不反对一种统一的文化观念。他不同意的是穆特修斯提出的官僚主义方法。对范德维尔德及其支持者而言，文化不能通过强加典型形式来创造。高级的艺术品质取决于艺术家个体的自由。诚然，在所有艺术文化中都出现过固定的类型，但它们是艺术发展演变的产物，而不是其初始条件。穆特修斯倒置了因果顺序。这场著名的辩论常被论述为支持新机器文化的先锋者与支持过时手工艺传统的保守者之间的争斗。但真相更加复杂，为理解实际情况，需要理清当时人们的主要困惑：艺术家在现代工业艺术中的地位为何。

　　范德维尔德与穆特修斯之间的争论不能仅仅被视为手工艺与

---

[1]　Schwartz, *The Werkbund*, pp. 106–120.

机器之间的冲突（尽管它确实有此含义），因为形象模糊的"艺术家"才是双方关心的主角。双方都认为，在机器生产的条件下，劳动分工使得艺术与技术分离，因而有必要重新将艺术家引入生产过程。但他们对如今艺术家扮演的角色的理解不同。穆特修斯将艺术家看作脱离手工艺（现在是机器制造）过程的"纯粹形式"（pure form）的专家。这看似是种"进步"的立场，试图使艺术家适应资本主义的抽象过程，但是范德维尔德关于风格演进过程的看法更符合市场资本主义的条件，也因此比穆特修斯的官僚主义模式更"现代"。范德维尔德的观点有很强的社会主义性质，他在何种程度上把握了他所提倡的艺术自由与市场间的联系，这是一个令人着迷的问题。不过，这种联系很清晰地反映在范德维尔德的赞助人和支持者卡尔·恩斯特·奥斯特豪斯（Karl Ernst Osthaus）的著作中。[1]

起初，穆特修斯也坚持个性化艺术家的观念。比如，他曾支持 1907 年颁布的法规——该法规给予应用艺术家以版权保护，此前纯艺术家已经享有该项权利。[2] 但是，在 1907 年至 1910 年的一段时间里，他似乎转向一种观点，认为艺术家不该寻求原创，艺术家应该是普遍审美法则的传达者，这种观点与当时盛行的新康德主义美学类似。此时，穆特修斯认为，古典和地方传统中如同法律般的稳定性和匿名性与机器加工形式的重复性、规则性和简洁性之间，存在一种亲缘关系。机器加工形式是一种普遍法则的实例，它是现代的，也是有历史依据的。尽管这种认识并没有排斥艺术家，但它确实要求限制艺术家的个性。[3]

---

[1]　Schwartz, *The Werkbund*, pp. 164–176.

[2]　Ibid., pp. 151–161.

[3]　Ibid., p.162. 根据评论家弗朗兹·瑟韦斯（Franz Servaes）1905 年所写："限制个性（是）风格的第一条戒律。"

穆特修斯试图通过建立一个框架来实现这些想法，未来的艺术家们必须在这个框架里工作，来恢复古老的流程——类似一个世纪前，申克尔受委托"规范"普鲁士的乡村建筑时采用的流程。因此，我们可以在穆特修斯身上看到两种意识形态的融合：一种是官僚主义和民族主义的，一种是古典主义和标准化的。尽管很难说这些意识形态实际在哪个层面上联系在一起，但在第一次世界大战前几年德国的建筑语境中，它们显得密不可分。这种组合在德国以极具争议的形式表现出来，而在美国、英国和法国，它也以不同的地域形式表现出来。

风格与意识形态

关于穆特修斯的类型观念和范德维尔德要求的自发性之间的争论，还有必要关注下另一个方面。机器生产所需的标准化，可使现代性符合古典人文主义。但是，对艺术家自由的需求，还与尼采哲学、酒神精神和无政府主义的冲动有关，这种冲动并不试图驯服现代性的混乱，而是纵身跃入可怕的、虚无主义的潮流中。这些不同的态度对应着两组建筑师。在古典化的这组中，此处将讨论海因里希·特森诺（Heinrich Tessenow，1876—1950）和彼得·贝伦斯两位建筑师。他们的作品将与年轻的瓦尔特·格罗皮乌斯的做比较——格罗皮乌斯处于这两组之间。而相反阵营——表现主义，将在后面的章节进行讨论。

海因里希·特森诺

特森诺的主要兴趣之一是群众住房和重复问题，他在英国田园城市运动（English Garden City movement）的背景下研究了这个议题。该运动对德国工艺美术运动有很大影响，当时很多重要的建筑师都参与其中：贝伦斯、里默施密德、穆特修斯，还有特森诺，他为卡尔·施密特在德累斯顿郊区海勒劳（Hellerau）的工人定居点设计了住宅群。这些建筑师受到卡米洛·西特倡导的中世纪城市模型（见第 27 页）的影响，并在田园城市运动中延续了它。但是，这种影响被保罗·梅伯斯（Paul Mebes）改变。1905 年，梅伯斯出版《1800 年的建筑》（*Um 1800*）一书。该书在当时很流行，梅伯斯在书中主张回归 19 世纪的比德迈传统，认为它是统一的德国文化的最后例证。如我们所见，类似的古典转向也出现在由手工艺联合工坊设计的家具中（见第 62 页）。这种趋势不仅限于德国。在英国，比如工艺美术运动最后几年，也有类似的回归，回到 18 世纪的"古典乡土式"（classical vernacular，一般称之为"乔治式"）。人们认为它代表了"形式"与"比例"，而不是"细节"（尽管，从其特点看，这种发展并没有像在德国那样被充分理论化）。[1]

特森诺的住宅项目得到社会理论的支持，这种理论将小资产阶级夸大为传统德国秩序的基础；而他精妙的绘图让人想起远去的世界，这个世界充满优雅的比德迈式的天真。他构想了一个人

---

[1]　anon., "Recent English Domestic Work", in the special issue of Mervyn E. Macartney (ed.), *The Architectural Review,* vol. 5 (London, 1912); and Horace Field and Michael Bunney, *English Domestic Architecture of the XVII and XVIII Centuries* (Cleveland, Ohio, 1905).

图 34
海因里希·特森诺

为霍亨萨尔察（Hohensalza）田园
城市设计的住宅，1911—1914 年

这个庭院表明它是一个田园牧
歌般的社区。绘图技巧让人想
起申克尔为波茨坦夏洛腾霍夫
（Charlottenhof）的花园别墅绘制
的设计图。同申克尔一样，特森
诺也用藤架为设计增加了些许地
中海的氛围

口为两万到六万的小镇，镇上有手工业，每个作坊最多有十个工
匠。在对工业文明的排斥上，特森诺几乎不输于罗斯金，但他对
古典形式的偏爱非常"不罗斯金"［图 34］。

除了住宅，特森诺在海勒劳还设计了重要的"文化"建筑——
爱弥尔·雅克-达尔克罗兹（Émile Jaques-Dalcroze）的体态律动学
（eurhythmics）学校（1911—1912）［图 35］。这个建筑的主要空间
是一个矩形会堂，为瑞士设计师阿道夫·阿皮亚（Adolphe Appia）
设计的严格的新古典主义舞台提供了一个中立的背景［图 36］。从
外部看，这个建筑本身是新古典主义的。尽管在最后的设计中，用
于居住的两翼被设计成更本地化、乡土化（Heimat-like）的外观，
陡峭的屋顶与建筑正中的希腊门廊很不协调。海勒劳的学校也显现出
特森诺作品的另一个特征：抽象的品质和形式的纯粹性，这预示了
密斯·凡·德·罗（Mies van der Rohe，1886—1969）的作品，并与阿
皮亚舞台布景和达尔克罗兹舞步中的希腊精神相呼应。

图 35
海因里希·特森诺

达尔克罗兹学院（Dalcroze Institute），1911—1912 年，海勒劳

这张正面图显示了神庙般的礼堂与两翼之间的关系。陡峭的山墙表明特森诺试图融合德国式与拉丁式原型

图 36
海因里希·特森诺

达尔克罗兹学院，1911—1912 年，海勒劳

这张照片拍摄了达尔克罗兹学院舞台上的舞蹈表演，可以看到阿道夫·阿皮亚设计的抽象的、新古典主义风格的舞台背景。布景建筑和舞者创造的几何造型之间的密切关系值得注意

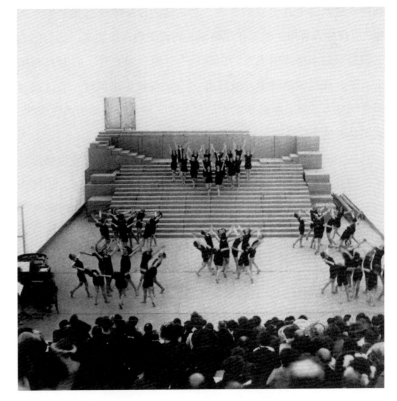

彼得·贝伦斯

1893 年，贝伦斯以画家身份加入慕尼黑分离派（Munich Secession）。他是达姆施塔特艺术家聚居区的初创成员。1901 年，他在该聚居区修建了唯一的一所住宅，这所住宅并非由奥尔布里希（见第30页）设计。他对待艺术和建筑的态度有很深的象征主义意味，这也是德国分离派运动的特点。在他与格奥尔格·富克斯（Georg Fuchs，德国戏剧改革的领导者之一）在达姆施塔特合作组织一次高度仪式化的就职典礼时，他的神秘主义倾向已经显现出来。贝伦斯建筑职业生涯的关键转折发生在他于 1903 年至 1907 年在杜塞尔多夫（Düsseldorf）担任工艺美术学院院长期间，他在那里受到荷兰建筑师劳瓦里克的影响，对几何的神秘象征意义产生了兴趣。[1]这标志着他拒绝青年风格派，转而支持古典主义，这与德意志制造联盟中格式塔思想的出现是平行的。1907 年，在对杜塞尔多夫学院课程的概述中，他写道："……学校寻求调解，通过回到形式的基本原则，根植于艺术的自发性，根植于感知的内在规律，而不是根植于作品的机械方法。"[2]

从 1905 年起，贝伦斯以几何化的托斯卡纳地区罗曼风格设计了许多建筑。包括位于哈根（Hagen）的火葬场（1905），柏林造船博览会（Shipbuilding Exposition）中的德国通用电气公司展馆（AEG 展馆，1908）[图 37]，还有一系列新古典主义别墅，比如在哈根郊区埃彭豪森（Eppenhausen）的库诺住宅（Cuno House，1908—1909），在柏林的韦根住宅（Wiegand House，1911）。但

---

[1] Manfredo Tafuri and Francesco Dal Co, *Modern Architecture* (London, 1980), p. 96.

[2] Franciscono, *Walter Gropius and the Creation of the Bauhaus in Weimar*, p. 32.

图 37
彼得·贝伦斯

AEG 展馆，造船博览会，1908
年，柏林

八边形的展馆融合了新古典主义
和托斯卡纳地区文艺复兴风格元
素的原型。其集中式的、类似洗
礼堂的平面在"一战"前的德国
展览中经常出现

是，贝伦斯职业生涯古典阶段的顶峰是他设计的巨大的 AEG 透
平机车间（1908—1909）。1907 年，贝伦斯接到任命，担任 AEG
公司的设计顾问，负责公司的所有设计工作，包括标识、消费产
品和建筑——穆特修斯关于艺术家与大工业联合的理想的完美例
证［图 38］。透平机车间［图 39］由贝伦斯与工程师卡尔·伯恩
哈德（Karl Bernhard）合作设计。1908 年至 1912 年间，贝伦斯在
AEG 位于柏林莫比特（Moabit）的巨大工地设计修建了一系列工
业建筑，这是其中的第一座，也是最具象征意义的一座。贝伦斯
为 AEG 设计的建筑，反映了他的一个信念：用技术获得艺术上的
高贵效果。他宣称，机器时代的建筑应该以古典主义为基础——
在一个快速的时代，唯一合适的建筑将是有着尽可能清晰的形式，
以及安静、整齐的表面的建筑。[1]评论家指出，贝伦斯自己的建筑
表现的是静止和质量，而不是速度，[2]事实上，贝伦斯似乎提倡

[1] Franciscono, *Walter Gropius and the Creation of the Bauhaus in Weimar*, p. 30.

[2] Schwartz, *The Werkbund*, p. 206.

图 38
彼得·贝伦斯

为 AEG 计划书设计的封面，1910 年

结合了青年风格与古典风格，采用了饱和的平面色彩，还有较新的胶印技术。在成为建筑师前，贝伦斯是画家

了一种抵制而非接受现代大都市的形式——在哲学家和社会学家格奥尔格·西美尔（Georg Simmel，1858—1918）看来，大都市的特征正是，"由快速、连续不断的印象导致神经刺激的加强"。[1]

当然，除了短暂和瞬息的象征，还有另一种象征手法（主义）在透平机车间起作用。在这个建筑中，贝伦斯开始将现代工业的力量化为一种永恒的古典主义。起作用的基本隐喻是将工厂比作古希腊神庙。透平机车间位于拐角处，这使观众斜向走近它，从而能同时看到其正立面与侧面，就如接近帕特农神庙一样。这一隐喻是以高超的塑形技巧来阐述的，贝伦斯建立了两个共存的系统，一个是外部的立柱系统，一个是内部的表面系统。钢柱的"序列"，依靠巨大的铰链［图 40］支撑，以一种转喻的方式取代

[1] Georg Simmel, "The Metropolis and Mental Life", published as "Die Grosstadt und das Geistesleben", in *Die Grosstadt*, *Jahrbuck der Gehe-Stiftung* 9, 1903. 英译版为 Donald Levine (ed.), *Georg Simmel: On Individuality and Social Forms* (Chicago, 1971), pp. 324–339。

© Doris Antony

图 39
彼得·贝伦斯

AEG 透平机车间，1908—1909 年，
柏林

这座建筑因其光线效果而引人注
目，包括破旧的墙壁和向基座收
束的坚固钢柱。从对角线观察时，
钢柱呈现出最大的轮廓

了神庙的柱廊。连续的侧面玻璃由于密集的窗格图案变得不透明
[见图 33]，并且与立柱的内表面倾斜率相同，从而产生出古埃及
式的效果。这种效果一直延伸到拐角处的扶壁，它们的厚重质量
被深陷的水平条纹进一步强调[图 41]。这种扶壁创造了一种古
典的厚重和稳定效果，但事实上，它们只是一层薄膜，并不承担
结构作用。甚至明显应属于它们的结构作用也被突出的玻璃窗削
减了，感觉是玻璃窗在支撑山墙。由于外观和现实的这种差异，
以及其他的差异，贝伦斯试图综合的这两套系统——技术实证主
义和古典人文主义——仍然顽固地分离着。然而，自相矛盾的是，
这栋建筑非常庄严沉稳，成了工业力量的有力代表。

© kuni

图 40
彼得·贝伦斯

AEG 透平机车间，1908—1909 年，柏林，局部

每根钢柱底部的铰接细节

图 41
彼得·贝伦斯

AEG 透平机车间，1908—1909 年，柏林，局部

拐角的扶壁呈圆弧形，并带有水平条纹，给人以厚重感

瓦尔特·格罗皮乌斯与法古斯工厂

1910 年至 1911 年,格罗皮乌斯在贝伦斯手下工作,他从贝伦斯身上吸收了许多思想。但是,格罗皮乌斯比贝伦斯小 15 岁——这种年龄差足以使他们的思想产生一定差异。比如,格罗皮乌斯比贝伦斯更关注机器生产的社会影响,他认识到机器生产意味着艺术的概念化与生产工序之间的分离,且这种分离无法阻挡;他还认识到手工艺人与其自己制作的产品间是消费关系,而非生产关系。1911 年,在哈根的弗柯望博物馆(Volkwang Museum)一场题为《纪念性艺术与工业建筑》("Monumentale Kunst und Industriebau")的演讲中,格罗皮乌斯试图为这一问题提出一个能被社会接受的方案:

> 劳动必须安置在宏伟的建筑中,这里不仅能给工人(现在是工业劳动的奴隶)光、空气和卫生,还是驱动一切的伟大共同思想的象征。只有这样,个体才会屈服于非个体,且不会失去为共同利益而一起努力的喜悦,这种共同利益以前仅靠个人是无法实现的。

工人与他们劳动的最终产品远离,以此为交换,作为消费者的工人可以获得超凡的集体经验。早在若干年前,弗兰克·劳埃德·赖特就提出了这样的观点(见第 57 页),在 20 世纪 20 年代,建筑师和批评家阿道夫·贝内(Adolf Behne, 1885—1948)给出了更加晦涩的哲学阐述。[1] 但是,透过令人困惑的修辞迷雾,

---

[1] Adolf Behne, "Kunst, Handwerk, Technik", *Die Neue Rundschau*, 33, no. 10, 1922. 英译版为 "Art, Craft, Technology", in Francesco Dal Co, *Figures of Architecture and Thought* (New York, 1990), pp. 324–328。

我们可以看到陷入困境的社会乌托邦主义，正是它在"一战"结束时将格罗皮乌斯带入反技术表现主义的阵营。尽管如此，就目前而言，格罗皮乌斯尚未怀疑艺术手段能将机器生产精神化，并积极提倡技术理性主义的建筑，甚至向 AEG 领导人埃米尔·拉特瑙（Emil Rathenau）[1] 提交了一份关于住宅产业合理化改革的备忘录。[2]

那么，为什么在科隆会议上所有穆特修斯的批评者中，格罗皮乌斯表现得最为激烈？原因在于他和穆特修斯都赞成的"总体化"概念本身具有模糊性。他们都认为现在的艺术家（或者作为艺术家的建筑师）是知识分子，有责任创造机器时代的形式，艺术家被视为一种文化的总体。但是，对于格罗皮乌斯而言，正是这种总体化、合法化、半道德化的角色要求艺术家不能受政治干扰。只有最好的、最有原创性的构思值得被机器复制生产。在这一点上，格罗皮乌斯和范德维尔德一致。他强烈反对将艺术的概念构思交由政府官僚机构或其代理人——大企业控制，而这正好是穆特修斯提倡的。但是，在理论层面，格罗皮乌斯的立场与贝伦斯的并无不同，他们都设想了两个领域，一个是自然-技术领域，另一个是精神领域，前者将被后者美化或改造。

尽管如此，在格罗皮乌斯的建筑里，仍有一些创新，如果我们将法古斯工厂（Fagus Factory，1911—1912）[图 42、图 43] 与贝伦斯的透平机车间进行比较，我们就能对此有所了解。法古斯工厂位于莱讷河畔阿尔费尔德（Alfeld an der Leine），由格罗皮乌斯和阿道夫·迈耶（Adolf Meyer，1881—1929）合作设计。这两座建筑之间的许多差别可以归因于它们截然不同的方案。很难说格

---

[1]　埃米尔·拉特瑙的儿子沃尔特是威廉·狄尔泰（Wilhelm Dilthey）和赫尔曼·黑尔姆霍尔茨（Hermann Helmholtz）的学生，他坚信技术能够改善社会。

[2]　Tafuri and Dal Co, *Modern Architecture*, p. 98.

图 42
瓦尔特·格罗皮乌斯与阿道夫·迈耶

法古斯工厂，1911—1912 年，阿尔费尔德

东南立面，办公楼一翼。这个建筑是对贝伦斯透平机车间（玻璃表面向后倾斜，实体结构嵌入立面）的一种反转。在法古斯工厂，结构向后倾斜，玻璃向前凸显。负变成正，虚空的空间变得可感知

罗皮乌斯和迈耶的这个小型地方鞋楦厂（更准确地说是位于一侧的办公楼，在这个工厂综合体中，这是唯一由建筑师完全控制的部分）援引了贝伦斯工厂的世界历史主题。毕竟贝伦斯设计的工厂建于德国首都，并且建造方是德国最重要的卡特尔。不过，正是法古斯工厂的朴实和不必背负象征意味，使得格罗皮乌斯更能注重实际的问题，从而创造出这件可说是预言了 20 世纪 20 年代"客观"（Sachlich）现代运动的作品。

当然，这并不是说这座建筑缺乏处理视觉形式的技巧。但是，它不再追求贝伦斯那种宏大的象征性。格罗皮乌斯以贝伦斯式突出的飘窗和凹陷的倾斜砖石为其主要样式，但是进行了改造。现在看，倾斜是一种实用的处理方法（尽管可能很昂贵）。通过这种方法，玻璃单元不必悬臂式地伸出在窗台，就能使砖砌扶壁看上去是凹陷的。贝伦斯对重复的柱子进行了修饰，给予它们最大的存在

图 43

瓦尔特·格罗皮乌斯与阿道夫·迈耶

法古斯工厂，1911—1912 年，阿尔费尔德，大厅

入口大厅还有青年风格的装饰痕迹

感，创造出古典的纪念性效果；格罗皮乌斯却试图使其必要的大型砖砌支柱消失，从而使建筑主立面看上去全由玻璃构成。贝伦斯用虚假的扶壁来强调转角，格罗皮乌斯用真实的透明来避免对转角的强化。贝伦斯凭主观将转角磨圆，格罗皮乌斯像手术刀切般精确地将转角锐化。最后，透平机车间包含了大量古典隐喻，法古斯工厂的古典则是隐蔽而抽象的——一个几何的问题。

尽管法古斯工厂与透平机车间的手法相对，但这不是一个简单的矫饰主义的翻转，它有自己的目标。它的幻觉主义方法虽然在某种程度上归因于贝伦斯，但更是为了显示出材料的卓越品质——尤其是带有神秘含义的玻璃（见第 106 页关于玻璃象征意义的讨论）——而不是如贝伦斯那样经常违背材料的本质。在这一点上，格罗皮乌斯更忠于青年风格派的"功能性"传统，尽管他抛弃了其中大部分（就算不是全部）手工匠人似的个人主义。在法古斯工厂中，材料和形式被用一种新的方式综合——这种方式似乎显示出美国工厂的影响，格罗皮乌斯在编辑《德意志制造联盟年鉴》（*Jahrbuch des Deutschen Werkbundes*）时曾对其进行过描绘。在格罗皮乌斯对待设计的态度中，艺术和实用主义似乎并存，这反映在一种理论立场上，即认为在型式化与保持个人化的艺术家-建筑师角色之间没有矛盾。正因这一点，格罗皮乌斯的作品预示了1923年德国即将出现的新的建筑语言（尽管他还与随后出现的表现主义有联系，对此将在第五章进行讨论）。

© Marc Llimargas

第四章
瓮与便壶：阿道夫·路斯 1900—1930

在现代建筑史上，阿道夫·路斯占有独特地位。他比较特立独行，拒绝加入任何团体，他不仅是一位有力的思想者，揭示当时理论中的矛盾，还是一位建筑实践者，尽管产量不高，其作品颇具启发性和原创性。他对后代建筑师（尤其是勒·柯布西耶）影响巨大，他的思想不断地被重新阐释，与当下仍然发生着关联。

路斯生于摩拉维亚地区布尔诺（Brno，当时这里属于奥匈帝国，现在属于捷克共和国）的一个石匠家庭，他先后在赖兴贝格（Reichenberg）的皇家理工学院（Imperial State Technical College）和德累斯顿理工学院学习。1893 年，路斯前往美国旅行，此时他的叔叔已移民到美国。路斯在美国参观了芝加哥世界博览会，并在纽约进行了少量实践，1896 年返回奥地利。由于这段经历，他终生对英美文化抱有钦佩之情。

尽管路斯与新艺术运动和青年风格派的主要人物是同代人，但他强烈反对他们用一套表面的装饰系统来取代布扎的折衷主义。当然，并非只有路斯一人反对青年风格派及其总体艺术观念。正如我们所见，到 1902 年，如理查德·里默施密德和布鲁诺·保罗等德国设计师，已经放弃了这种风格。同样，在奥地利，维也纳分离派的创始人约瑟夫·霍夫曼也极大地精简了分离派的语汇。但是，路斯的批评比他们的更为根本，他拒绝将"艺术"概念运用于日常物品的设计。范德维尔德和青年风格运动希望消除手工匠人和艺术家之间的差别，路斯则认为两者的分离不可逆转。他不相信有一种整体文化能让手工匠人和艺术家重新融合，并且欣然接受日常生活物品和富有想象力的艺术品之间的差别。不过，对路斯而言，这种区别并不是基于手工和机器制作的区别，也不是思想观念与制作的区别（这一问题对制造联盟的理论家至关重要）。定义物体有用与否的并不是制作方式，而是其目的。制作上的完美应该是手工与机器生产共同追求的目标。在这两种情形下，制作者都不应追求个性，而应追求不带个性的文化价值的传达。路斯对英国工艺美术运动的热情并不仅仅因为其所展现的手工艺之精巧，还在于其并没有肆意追求创新，而是尊重传统与习俗。

路斯最早以写作辩论文章出名。他的文章充满警句，既机智又有讽刺性，毁誉参半，与其好友、诗人卡尔·克劳斯（Karl Kraus，1874—1936）的作品类似。卡尔·克劳斯是讽刺杂志《火炬》（Die Fackel）的编辑和唯一撰稿人，该杂志于1899年创刊，1936年停刊。在这本杂志中，克劳斯对奥地利文化和政治体制展开了无情批判，他也批判奥地利的记者，认为他们滥用语言暴露出了深不可测的虚伪和道德堕落。[1]1903年，路斯自己创办了一本杂志——《另类》（Das Andere），然而，作为彼得·阿尔滕贝格（Peter Altenberg）《艺术》（Die Kunst）杂志的增刊，这本杂志只出版了两期。它的副标题是"一本将西方文明介绍给奥地利的杂志"，与《火炬》在实用艺术领域的文化批判类似，它将奥地利文化与英国和美国文化进行了不合时宜的比较。路斯的文章不仅抨击了奥地利中产阶级文化，对试图取代中产阶级文化的"先锋"

---

[1]　关于克劳斯，参见 Peter Demetz, "Introduction"，以及 Walter Benjamin, "Karl Kraus", in Peter Demetz (ed.), *Reflections: Essays, Aphorisms, Autobiographical Writings* (New York, 1978)。

文化也进行了批判。[1]

路斯的写作使得关于实用艺术改革的争论转向新的领域——最终使他无意中成为20世纪20年代现代运动的先驱。在他的《装饰与罪恶》（"Ornament und Verbrechen"，1908）一文中，他宣称实用物品摒弃装饰是文化进化的结果，这带来了劳动的节约。这对文化没有害处，反而有益，减少了体力劳动时间，使人们有更多精力发展精神生活。

这篇文章不仅批判了维也纳分离派和青年风格派，还批判了1907年刚刚成立的德意志制造联盟。如我们所知，穆特修斯对制造联盟的设想是，让艺术家在工业制造领域扮演造型设计的角色，建立机器时代的格式塔（典型风格）。路斯无法认同这种设想——其原因并非像范德维尔德和格罗皮乌斯认为的，它破坏了艺术家的自由，而恰恰是它将艺术家设想为日常生活物品创造的主要动因。路斯认为一个时代的风格通常是多种经济和文化力量作用的结果。它并不是生产者在艺术家的帮助下强加给消费者的东西："德国制造，世界接受。它至少应该这样。但是它不想。它想为自己的生活创造自己的形式，而不是被一些专断的制造者联盟强加。"[2]

路斯暗示，穆特修斯让艺术家参与工业的目的，只是用形式取代装饰，试图将虚假的"精神"品质添加到社会经济中去，并将文化与文明结合，形成新的有机综合体。但是，这样一种综合

---

[1] 路斯后来出版了两本论文集：一本为1932年于维也纳出版的 *Ins Leere Gesprochen*（英译版为 *Spoken into the Void*，中译版为《言入空谷：路斯1897—1900年文集》，中国建筑工业出版社，2014年），主要包含其在1898年维也纳千禧年展览期间发表在《新自由报》（*Neue Freeie Presse*）上的文章；另一本是1931年于因斯布鲁克出版的 *Trotzdem*（中译版为《装饰与罪恶：尽管如此1900—1930》，华中科技大学出版社，2018年），收录了其1900年至1930年的文章（含《另类》杂志的文摘）。

[2] Adolf Loos, "Ornament and Education", in *Trotzdem*.

既不可能，也没必要。艺术价值和使用价值之间出现了无可跨越的鸿沟。在撕裂它们之时，资本主义又同时解放了它们。艺术与实用物品的设计现在是独立自主的实践："我们感谢（19世纪）将艺术和手工艺彻底分开，这是一项伟大成就。"[1]穆特修斯的类型观念试图表达的对"时代风格"的追寻，仍然基于对前工业时代"有机"社会的乡愁。事实上，一种现代风格已存在于工业产品中，这些工业产品不带任何艺术伪装：

> 所有那些竭尽全力将此种多余的创造者（艺术家）拒之门外的产业，目前都处于其能力顶峰……（它们的）产品……如此贴合我们时代的风格，以至于我们根本不把它们看成是有"风格"的，它们与我们的思想感情融为一体。我们的马车、我们的眼镜、我们的光学设备、我们的雨伞和手杖、我们的箱包和马具、我们的银烟盒、我们的珠宝……还有衣着——它们都是现代的。[2]

有意识地创造新时代的规范"类型"的努力注定要失败，就如范德维尔德试图尝试一种新的装饰已经失败一样："没有人能够把手伸进不断转动的时间轮辐里而不被扯断手掌。"[3]

路斯认为，如今的艺术只能以两种（截然相反的）形式存在：第一种存在于艺术品的自由创造中，由于无须担负任何社会责任，它能构想未来和批判当下社会；第二种存在于表现集体记忆的建筑设计中，路斯将这些建筑描绘为"纪念碑"（Denkmal）

---

[1] Adolf Loos, "The Superfluous", in *Trotzdem*.

[2] Ibid.

[3] Adolf Loos, "Cultural Degeneration", in *Trotzdem*.

和"坟墓"（Grabmal）。[1] 对路斯而言，私人住宅属于实用范畴，不属于纪念性范畴。因此，除了 1919 年至 1923 年之间的一个短暂时期，在路斯的住宅设计中，很少能看到完全成熟的古典语言（见第 97 页）。

得体

路斯用古物（antique）确定了纪念碑的幸存领域："建筑师"，他说道，"是一个学习过拉丁文的石匠"[2]，这与古罗马建筑师维特鲁威（Vitruvius）的说法呼应，建筑的知识同时来自"经验"（fabrica）和"理性"（ratio）[3]。他对古典传统的态度不同于奥托·瓦格纳和贝伦斯，对他们两位而言，艺术（精神、心灵）和理性之间的综合仍然是可能的，他们想将古典主义应用于现代情境。对路斯与克劳斯而言，古物在语言上保留了对"原初失去的形象"[4]的追寻。其语法要么严格模仿古典（即便使用现代材料），要么完全不模仿："现代建筑师看上去更像是说世界语的人（Esperantist）。绘图课程应当从古典装饰入手。"[5]出于同样的原因，他和克劳斯认为修辞学传统很重要，尤其是这一传统对类型和得体（decorum）概

---

[1] Adolf Loos, "Architecture", in *Trotzdem*.

[2] Loos, "Ornament and Education".

[3] Vitruvius, *The Ten Books on Architecture* (New York, 1960), book 1, chapter 1.

[4] Karl Kraus, *Nachts* (Leipzig, 1918), p.290. Massimo Cacciari, *Architecture and Nihilism: On the Philosophy of Modern Architecture* (New Haven, 1993), chapter 10, p. 147.

[5] Loos, "Ornament and Education".

念的区分，这种区分将连续的生活经验划分成不连续的单元。就如克劳斯写道：

> 阿道夫·路斯和我，他在现实层面，我在言辞上，所做的仅仅是表明瓮与便壶之间存在区别以及这种区别的必要性，因为它保证了文化的运作。其余的人，那些"积极"价值的支持者则相反，要么将瓮误认为便壶，要么将便壶误认为瓮。[1]

对路斯而言，工业化引起的混乱不仅没有减少，反而增加了对这种差异的敏感性。就如马西莫·卡奇亚里（Massimo Cacciari）所指出的，路斯认为现代性由不同的和相互不及物的"语言游戏"[2]构成。路斯从艺术与工业，艺术与手工艺、音乐与戏剧的角度来思考，从未从总体艺术的角度来思考，总体艺术将这些不同类型综合进一个现代的"艺术共同体"之中。

在为维也纳的奥匈帝国战争部（1907）及弗朗茨·约瑟夫（Franz Josef）皇帝纪念碑（1917）进行的设计中，路斯采用了新古典主义，尽管明显受布扎派影响，但比瓦格纳或贝伦斯模仿古典的作品更加接近古典本义。这些建筑属于"纪念碑"类型。但是，那些公共领域的建筑呢，它们最多只能勉强被称为纪念性商业建筑吗？在职业生涯晚期，路斯设计了几处大型办公楼和旅馆，但都没有建成。

1909年至1911年，路斯设计了位于米歇尔广场（Michaelerplatz）

---

[1] Karl Kraus, *Die Fackel*, December 1913, pp. 389–390.

[2] Cacciari, *Architecture and Nihilism*, chapter 11, p. 151. 来自路德维希·维特根斯坦（Ludwig Wittgenstein）《哲学研究》（*Philosophische Untersuchungen*，1953）中的"语言游戏"概念。

图 45
阿道夫·路斯

"路斯楼"，1909—1911 年，维也
纳米歇尔广场

带有装饰的主要楼层与上部不带
装饰的楼层之间过渡方法的缺乏
是有意为之，必须从当时的建筑
争论去看，而不是从后来的现代
主义话语来看

的"路斯楼"（Looshaus）[图 45]。在其中，他解决了如何将一个
巨大的商业建筑放入历史城市的文脉中的问题，这也是路斯唯一一
个解决了此问题并建成的项目。这栋建筑的首层与夹层是当时流行
的戈尔德曼与萨拉齐（Goldman and Salatsch）绅士服装店，上面楼
层则是公寓。路斯面临的问题是要在靠近皇宫的时尚商业街设计
一座现代的商业建筑。在此，路斯的"得体"思想得到完全展现：
由于低层属于公共区域，他对其进行了装饰，采用托斯卡纳柱式，
表面覆以大理石；公寓楼层具有纯粹私密性，便去掉了所有装饰。
他在同一建筑的两部分之间创造一种间断，以此将这栋建筑变成

了一种挑衅——其文章《波将金城[1]》的一个例证。在这篇文章中，路斯抨击了维也纳环城大道的资产阶级公寓，批评它们立面造假，以便看起来像意大利宫殿（palazzo）。[2] 路斯没有将"路斯楼"设计成一个统一的古典"宫殿"，而是用适合其功能的方式来对待每一部分，"路斯楼"分离的局部反映了现代资本主义的分化。在透平机车间中，贝伦斯小心翼翼地掩饰其古典语法的变形，以创造一种古典与现代的自然融合。路斯则促使人们注意二者，以一种"不可能"的并置方式呈现它们。

室内

路斯的所有早期项目几乎都是室内设计与改造，在后来的职业生涯中，他也不断做这类项目。在反对青年风格派的"总体设计"思想，倾向使用独立、相配的家具方面，路斯的家居室内设计与布鲁诺·保罗和理查德·里默施密德的（见第32—33页）类似。但是路斯对总体艺术的批判比他们走得更远。布鲁诺·保罗设计的房间，易于识别的古典家具被建筑师的个人风格统一。路斯设计的室内与其不同，由找来的物件组成。路斯曾说："墙属于建筑师……所有可移动物件都由我们的工匠以现代风格（绝非建筑师的风格）制作——每个人都可以根据其品位和喜好购买。"路斯自己很少设计家具［图46］。他常常指定18世纪英国家具，交给细木工约瑟夫·费里希（Josef Veillich）复制。如果说路斯设计的室

---

[1] "波将金城"指用来骗人的城镇、虚假的举措，源自俄国陆军元帅波将金为欺骗出巡的叶卡捷琳娜二世及随行大使，而在沿途布置的可移动村庄。——译注

[2] Adolf Loos, "Potemkin City", 1898, in *Spoken into the Void* (Cambridge, Mass., 1982).

图 46
阿道夫・路斯

抽屉柜，约 1900 年

路斯去除日常用品的装饰，既是
对青年风格派和维也纳分离派的
抨击，也是对 19 世纪一般意义上
的"装饰"的反对；这是一种对
其所认为的失落古典传统的回归

内具有总体性，它更多源自选择的品位，而非设计的创造。在这一点上，路斯的作品与约瑟夫・霍夫曼的也不同。尽管霍夫曼于 1901 年放弃了新艺术运动的曲线风格，转向严格的直线风格（路斯承认这一事实，并带着一贯的谦逊将其归因于自己的影响），他的家具和配件仍然充满装饰性的"编造"。路斯只使用天然表面，比如大理石饰面和木板。[1]

在室内建筑中，路斯常常将古典主题与一种地方风格结合起来，这种地方风格直接得益于贝利・斯科特。贝利・斯科特为达姆施塔特的大公宫殿（Grand Ducal Palace，1897）做的室内设计推动了德国对青年风格的反对。[2]路斯常常将公寓住宅的客厅设计成一个中心空间，带有低天花板的凹室。客厅变成一个微型社会空

[1] 路斯明确地将这种材料的使用与戈特弗里德・森佩尔的"覆层"（Bekleidung）理论联系起来。

[2] 詹姆斯・D. 科恩沃尔夫（James D. Kornwolf）令人信服地指出，贝利・斯科特才是路斯工艺美术相关室内设计的主要来源，而非路德维希・迈因茨（Ludwig Münz）和古斯塔夫・昆斯勒（Gustav Künstler）所认为的理查森。具体可见 James D. Kornwolf, *M. H. Baillie Scott and the Arts and Crafts Movement* (*Baltimore*, 1972), p. 170, 208, n. 35；后者观点见 Ludwig Münz and Gustav Künstler, *Adolf Loos: Pioneer of Modern Architecture* (Vienna, 1964; London, 1966), p. 201.

图 47
阿道夫·路斯

肖依住宅（Scheu House），1912
年，维也纳，室内图

可以看出低天花板的壁炉凹室，
砖砌壁炉带有贝利·斯科特作品
的特点。开放式房间更多源自同
时期的美国住宅，而非英国住宅，
因为英国住宅的房间通常相互
隔离

间，被私密的子空间围绕。与斯科特的作品类似，路斯大量使用
裸露的、深色的横梁（作为纯粹的语义元素，它们通常是假的），
高的木护墙板，以及砖砌的壁炉［图 47］。路斯后来对这种公寓
类型进行了调整，以适应多层住宅的需求。

　　路斯的商业室内设计和他的公寓具有相同的匿名品质。对于
路斯 1898 年为戈尔德曼与萨拉齐设计的第一个店铺，《室内》（*Das
Interieur*）杂志有过如下描述："维也纳绅士服装店清楚地表明，设
计师的目标是英国式的优雅，他没有参考任何特定案例。平滑的
反光表面、狭长的形状、闪亮的金属——这些都是构成这种无可挑
剔的时尚内饰的主要元素。"[1]装饰包括内置的储存单元，镶有玻璃
或镜面，带有密集的垂直线，让人想到瓦格纳的作品，其精致和
几何的装饰则让人想起维也纳工坊。除了商店，路斯还设计了几
个咖啡馆。1899 年，路斯设计了维也纳"博物馆"咖啡馆（Café
Museum）的室内，其中使用了特别设计的索耐特（Thonet）椅和
大理石桌。令路斯感到高兴的是，由于打破了旧俗，它获得了"虚
无主义咖啡馆"（Café Nihilismus）的绰号。相反，在维也纳的卡特

---

[1]　Münz and Künstler, *Adolf Loos*, p. 39.

纳酒吧中，路斯利用了小房间的亲密感，同时还通过在墙壁上部连续使用镜子，让空间延伸到无限［见图 44］。

住宅

在《建筑学讲义》一书中，维奥莱-勒-迪克指出了传统英国乡村住宅和法国别墅（maison de plaisance）的根本区别。[1] 英国住宅以私密需求为基础。它由一组单独的房间组成，每个房间都有自己的用途和特征，部分主导整体。法国别墅与之相反，其支配原则是家庭单元。房间由一个立方体空间稀疏划分而成，以确保持续的社交联系。19 世纪晚期，英国类型变得越来越流行，这与资产阶级个人主义的盛行呼应。维奥莱-勒-迪克并没有提及的是，在主张社会和谐的新中世纪思想的影响下，这种个人主义形式被改变了，出现了源于传统英国庄园的中央大厅。这种双层高的空间最早源自 19 世纪 60 年代诺曼·肖（Norman Shaw）的作品，后来为贝利·斯科特位于鲍内斯（Bowness）的布莱克韦尔屋（Blackwell，1898）、范德维尔德的勃洛梅沃夫公馆、贝尔拉赫的亨尼别墅、约瑟夫·霍夫曼的斯托克莱宫等住宅采纳，成为这个时期许多住宅的共同特征。

这种演变在 1910 年至 1930 年路斯设计的一系列郊区别墅中达到顶点。在这些建筑中，路斯将中央大厅变成一个开放的通道，并将许多过度个人化的房间压缩成一个立方体。由此综合了维奥莱-勒-迪克的两种模型。房间之间的最大差异发生在主楼层

---

[1]　Eugène Viollet-le-Duc, *Discourses on Architecture* (New York 1889, 1959), chapter 19, "Domestic Architecture—Country Houses".

（piano nobile），处于不同标高、不同层高的接待室通过短楼梯相互连接，形成不规则的螺旋曲线，贯穿住宅。[图48]路斯以某种启示性的术语描述了这种空间组织：

> 这是建筑学的伟大革命时刻——将楼层平面图化为立体空间。在康德之前，人们并不能以空间思考；建筑师不得不把盥洗室设计得与大厅一样高。创造低矮空间的唯一方法……是将其对半分割。但是随着三维国际象棋的发明，未来的建筑师们将能把楼层平面图化解在空间中。[1]

路斯的"空间体积规划"（Raumplan，他自己如此称呼）将房子变成时空迷宫，令人很难在脑海中形成一个整体形象。居住者从一个空间进入另一个空间的方式是被高度控制的（尽管有时也有其他路线可选），但是不像在古典平面中那样，有一个建立好的先验秩序。在晚期的莫勒住宅（Moller House，1927—1928）和穆勒住宅（Müller House，1929—1930）中，一个非常私密的女士闺房被加入接待室的序列中，作为这个序列的顶点，它同时扮演着指挥所和内部密室的角色。[2]通常，房间序列的对角线是贯通的[图49]。

在这些房间的空间秩序中，墙体扮演着重要角色，无论在视觉上还是在感官上。楼层的可变性要求墙体（或者至少是它们的几何痕迹——有时它们被扶壁上的梁取代）持续垂直于所有楼层。房间空间的连续性并不是通过省略墙壁而创造，而是通过在墙上大开口达成，这样视野就总是被框住的，并且房间的空间封闭感

---

[1] Adolf Loos, "Josef Veillich", in *Trotzdem*.

[2] Beatriz Colomina, *Privacy and Publicity: Modern Architecture as Mass Media* (Cambridge, Mass., 1994), p. 244.

图 48
阿道夫·路斯

穆勒住宅，1929—1930 年，布拉格，
建筑模型图

这张图展现了路斯"空间体积规
划"概念的机制，接待室标高的
变化是通过对短楼梯的复杂组织
来协调的

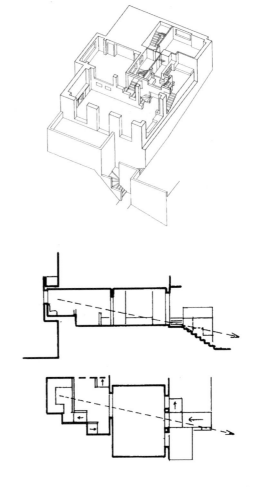

图 49
阿道夫·路斯

莫勒住宅，1927—1928 年，维也纳，
剖面图和平面图

剖面图和平面图显示出被框住的
穿过整个房子的景观

得以保持。这种房间之间的联系常常只是视觉上的，就如穿过舞
台的台口。在交接处，这些空间有一种剧场的特性。比阿特丽
斯·科洛米纳（Beatriz Colomina）曾诙谐地指出，在路斯的房间
内，似乎总有人即将走进来。[1]外墙扮演了不同但同等重要的角色。
它们开了相对小的口，以保证不与外面世界发生持续的视觉联系。
路斯的房子是与外界隔绝的立方体，很难穿透。

---

[1]　Colomina, *Privacy and Publicity*, p.250.

当路斯说"墙属于建筑师"时，他并不是指与其同时代的建筑师，而是指"建造师"（Baumeister）。前者将房屋"降格为一种平面艺术"[1]，后者直接在三维空间中塑造物体。这一说法是对前文艺复兴观念的回归，将路斯与浪漫主义运动相连。

不论路斯与表现主义建筑师布鲁诺·陶特有何区别（见第105页），他们都有相同的浪漫主义观念，即建筑应该是一种自然和自发的语言。[2] 他的建造师是 E. T. A. 霍夫曼（E. T. A. Hoffmann）小说《克雷斯佩尔顾问》（*Councillor Krespel*，1818）的同名主人公的后裔。在小说中，这位克雷斯佩尔顾问没有使用平面图，而是挖出房子的地基，当墙体砌到一定高度，再指挥工匠在墙上开窗洞。[3]这与路斯的鲁费尔住宅（Rufer House）尤其类似，它有着四方形的规划和随意的开窗，这种开窗都遵循内部的隐秘规则［图 50］。

从外表看，路斯的别墅是缺乏装饰的立方体［图 51］。通过将外立面简化为技术的直接表达，路斯有意将其与现代都市男子类比，现代都市男子标准化的服装将其个性隐藏，保护他免受现代大都市的压力困扰。[4] 但是，在路斯的住宅中，一旦穿过外墙，这个"神经质的男子"就陷入一种"女性化"和感官的复杂性之中，周围充满建筑外墙所摒除的文化记忆和联想的残留。内部和

图 50
阿道夫·路斯

鲁费尔住宅，1922 年，维也纳，立面图

立面图显示出随机布置的窗户。这是路斯对霍夫曼小说中克雷斯佩尔修建的住宅的直接参考，密斯·凡·德·罗在 20 世纪 20 年代初的三座砖砌住宅中，也以这样的详图决定窗户的位置和大小

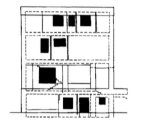

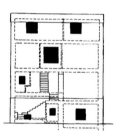

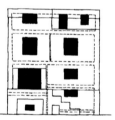

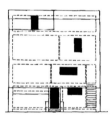

---

[1]   Loos, "Architecture".

[2]   据路斯的合伙人海因里希·库尔卡（Heinrich Kulka）说，路斯会在施工过程中进行许多改动，比如："我不喜欢这个天花板的高度，改掉它。"（Colomina, *Privacy and Publicity*, p. 269.）

[3]   Leonard J. Kent and Elizabeth C. Knight (eds), *Selected Writings of E. T. A. Hoffmann* (Chicago, 1969), vol. 1, p. 168. 布鲁诺·陶特在其杂志中转述了这个故事，参见 Bruno Taut, *Frühlicht*, 1920。

[4]   Cacciari, *Architecture and Nihilism*, chapter 14. 正如卡奇亚里指出的，路斯房屋的外部和内部之间的分裂呼应了格奥尔格·西美尔关于大都市背景下现代人心理分裂的概念。交流不再像在传统小镇那样发生在个体之间，而成为一种抽象理性的结果。

外部之间的分离呼应了路斯的观念，即认为在传统与现代科学技术世界之间，生活的"地方"（place）和计算的"空间"（space）之间，存在无法挽回的分裂。[1]

"一战"后，路斯的住宅设计有过一些变化。1919 年至 1923 年间，他设计了一系列别墅，却没有一个建成。这些别墅的立面和平面大多采用新古典主义风格，除了有些，如 1919 年设计的康斯塔特别墅（Villa Konstadt），新古典主义的对称和"空间体积规划"的特点并存；同时也有些别墅，如鲁费尔住宅，则结合了古典主义与本地风格，其檐口和立方体外形是古典主义的，不规则的窗户是本地风格的。此时期，如画的新古典主义在欧洲中部并不罕见，我们可以在彼得·贝伦斯、卡尔·莫泽（Karl Moser，1860—1936）和约热·普列赤涅克（Jože Plečnik，1872—1957）的作品中看到。但是，对路斯而言，这是一个彻底的倒退。这些房子恢复了室内纪念碑式的再现，在室内和室外使用相同的风格

---

[1]   Cacciari, *Architecture and Nihilism*, p. 167.

图 52
阿道夫·路斯

穆勒住宅，1929—1930 年，布拉
格，朝向餐厅方向的客厅视图

客厅与餐厅之间有开口相连，但
并没有破坏它们体积的完整性。
生活的随意感和戏剧性的期待感
结合起来，同时还保有一定的得
体性

元素——这在路斯"一战"前的房屋设计中是极力避免的。

　　但是，这段新古典主义的插曲是短暂的，路斯在其最后三栋
房子的设计中重拾了他早期的"空间体积规划"，这三栋房子分别
为：巴黎（1923 年至 1928 年，路斯居住于此）的查拉住宅（Tzara
House，1926），维也纳的莫勒住宅，布拉格的穆勒住宅。尽管这些
房子提供了继续探索和完善"空间体积规划"的机会，但路斯没有
简单地回到战前的实践。早期住宅陈设上坚持使用的工艺美术和折
衷风格，被更加抽象、直线的形式替代（尽管路斯仍然使用大理石
和木护墙板来提供一种温暖感）。这显示出"一战"后成熟起来的建
筑师们对路斯的影响，尤其是柯布西耶，柯布西耶后来又深受路
斯的影响。就如在路斯新古典主义的住宅中一样，室内与室外越
来越相近，但是现在是从相反的方向——室外的中性特征开始渗
入室内［图 52］。

对路斯的批判性接受

直到 20 世纪 70 年代，建筑史学家都倾向于将路斯描写为一个原现代主义者（proto-Modernist），并将其文章和作品中的明显矛盾，归因于其作为"过渡性"历史人物的地位。对这些评论家而言，主要问题在于路斯对传统和现代性价值冲突的矛盾态度。一方面，他对装饰和应用艺术的严厉拒绝，对历史的不可撼动之力的深信，表明他已经接受了新的技术文化——尽管失去了前工业时代的"灵韵"，但仍然以某种方式继承了无名的工艺传统。另一方面，他似乎又是这一传统的保卫者，反对现代主义的入侵。

尽管如此，在 20 世纪 70 年代，有部分批评家认为，在路斯思想的矛盾性背后，存在一种更为深刻的一致性和建筑（以及延展的文化）的可能性，在其中，传统与占据主导的技术将继续以一种悬而未决的紧张关系共存。[1]

我们难以否认，在路斯的建筑中，有一种对黑格尔历史观（即历史发展是一个扬弃的过程）的抵制，以及一种创造不同"语言"蒙太奇的倾向。然而，路斯最为坚持的观点——包括非纪念性建筑在内的实用物品的形式，应无关艺术意图——似乎与其实践相矛盾。将住宅立面的装饰去除，这是路斯一种有意的艺术姿态。当然，下一代建筑师也如此认为，他们用这种方法精确地解决了技术与艺术之间的问题，而路斯认为这是不可能的。不加装饰的立面，对路斯而言，是个性的隐藏，对柯布西耶而言，是柏拉图式的美的展示。

---

[1]　这是以卡奇亚里为代表的一批意大利批评家的观点。

Expressionism and Futurism

第五章
表现主义与未来主义

　　大约在 1910 年，视觉艺术在抽象方面达到了新的高度，相比以前，更进一步远离具象模仿。这些新发展源于法国后印象派和野兽派绘画，并很快传到其他欧洲国家，在德国表现为表现主义，在意大利则为未来主义。在法国，进步的艺术运动和保守的艺术机构在很大程度上能够共存，但是，这种新的形式试验传播到德国和意大利，便与激烈的反学院运动紧密联系。这使得建筑先锋派越来越多地融入视觉艺术领域，并日益与具体的建造传统脱离。

　　德国表现主义和意大利未来主义都始于视觉艺术和文学，但很快吸引了一批建筑师，他们正对奄奄一息的青年风格及其后的新古典风格感到不满。表现主义和未来主义的艺术家之间有非常密切的联系：未来主义的各种宣言发表在表现主义杂志《狂飙》（*Der Sturm*）上，并且未来主义者们于 1912 年在《狂飙》的画廊展出了他们的作品。尽管表现主义与未来主义的艺术根源相同，但它们之间至少有一个重要的不同：表现主义者在对现代技术的乌托邦想象和对民族的浪漫怀旧之间犹豫不决，未来主义者则完全拒绝传统，认为技术是大众新文化的基础。

图 53（左页）
安东尼奥·圣埃利亚（Antonio Sant'Elia，1888—1916）

《发电站》（*Power Station*），1914 年

这组图纸中出现了这些可识别的元素：架线塔、烟囱、网格结构和高架桥

表现主义

"表现主义"这一词最初出现在 1901 年的法国，用来形容亨利·马蒂斯（Henri Matisse）及其周围艺术家的绘画作品，这些艺术家根据自己的主观来描绘自然。然而，直到 1911 年，"表现主义"一词才成为国际批评词汇。当时，德国批评家用它来泛指现代主义艺术——几乎立即成为特定的德语变体。[1]

表现主义主要以三个分离派团体为代表：桥社（Die Brücke，1905 年成立于德累斯顿）、青骑士（Der Blaue Reiter，1911 年成立于慕尼黑）和《狂飙》，前两者是艺术家小组，后者是 1910 年在柏林成立的一家杂志和画廊，出版诗歌、戏剧、小说和视觉艺术。表现主义绘画的特点是画面氛围极端激动和痛苦［图 54］，这一点与其根源法国先锋派很不相同。表现主义独立于法国绘画，受到 19 世纪晚期德国美学思想的影响。尤其是康拉德·菲德勒和阿道夫·希尔德布兰（Adolf Hildebrand）的"纯粹视觉"理论，以及罗伯特·菲舍尔（Robert Vischer）的"移情"理论的影响，这两个理论都对古典的模仿观念提出了挑战。

尽管如此，对表现主义画家和建筑师影响最直接的是艺术史家威廉·沃林格（Wilhelm Worringer）广为流传的文章。在 1911 年发表于《狂飙》杂志的一篇文章中，沃林格将所有现代主义绘画都归因于一种原始的、日耳曼式的"表达的意志"（Ausdruckswollen）[2]。在其早期极有影响力的著作《抽象与移情》（*Abstraktion und Einfühlung*，1902）中，沃林格已经预见了一场即

---

[1]　Donald E. Gordon, *Expressionism: Art and Idea* (New Haven, 1987), pp. 174–176.

[2]　Ibid., p. 176.

图 54

奥斯卡·科柯施卡（Oskar Koko-
schka）

《谋杀者，女人的希望》（*Mörder, Hoffnung der Frauen*）海报，1909年

这是科柯施卡为其同名独幕剧所作的海报。该剧于1909年在维也纳首次上演，海报于1910年发表在《狂飙》杂志。当时，科柯施卡回归浪漫主义运动的主题，以海因里希·冯·克莱斯特（Heinrich von Kleist）的悲剧《彭忒西勒亚》（*Penthesilea*，1876）为基础创作了这部剧

将到来的表现主义运动，他用以下充满情感的表达描绘了启发这一运动的哥特式建筑：

> 围绕着对世界的敬畏之情的，不是一种有机的和谐感，而是一种不断发展、自我强化，并且无止无休、没有解脱的奋斗，它用一种狂喜将不和谐的灵魂扫除……罗马式建筑中盛行的水平线和垂直线之间相对平静的比例明显被抛弃了。

其观点以李格尔相对主义的"艺术意志"（Kunstwollen）为基

础，沃林格宣称人们之所以未能欣赏哥特式建筑，是因为他们被古典主义的认知所局限。沃林格相信，通过逃离这一局限，"我们感知到伟大的超越……与展现在我们眼前的无限相比，我们身后的道路瞬间显得渺小而微不足道"[1]。

表现主义建筑

众所周知，表现主义建筑很难被定义。就如伊恩·博伊德·怀特（Iain Boyd Whyte）所说，对于表现主义运动，人们常根据它不是什么（理性主义、功能主义等），而非它是什么来定义，[2] 也有人认为表现主义是现代建筑中一种周期性出现的倾向，这一观点有一定道理。有很多不同的群体被归为表现主义，如早期的汉斯·珀尔齐希（Hans Poelzig, 1869—1936），青年风格的"阿姆斯特丹学派"（Amsterdam School），还有埃里希·门德尔松（Erich Mendelsohn, 1887—1953）和雨果·哈林（Hugo Häring, 1882—1958）等活跃在 20 世纪 20 年代的建筑师；不过，他们在其他语境中也常被更好地讨论。在此，我们将集中讨论表现主义建筑在 1914 年至 1921 年的发展，这一阶段被认为是其巅峰时期，发展出多种类型，并与当时的政治密切关联。讨论的重点将放在围绕布鲁诺·陶特形成的建筑师圈子，除了陶特本人，这一圈子最重要的成员还有格罗皮乌斯和批评家、艺术史家阿道夫·贝内。

尽管阿道夫·贝内最先将"表现主义"一词用于建筑（在 1915 年发表于《狂飙》杂志的一篇文章中），但陶特 1914 年 2 月发表于《狂飙》杂志上的《必要性》（"Eine Notwendigkeit"）一文，

---

[1]   Wilhelm Worringer, *Abstraction and Empathy* (London, 1967), p. 115, originally published 1908.

[2]   Iain Boyd Whyte, *Bruno Taut and the Architecture of Activism* (Cambridge, 1982), p. 1.

更适合被称为表现主义建筑的第一篇"宣言"。[1] 这篇文章重复了沃林格的一些观点。陶特在文中指出绘画正变得更加抽象、综合和结构化，并认为这预示着艺术的一种新的统一。"建筑想要帮其实现这一愿望"，必须基于表现、节奏和动力，以及玻璃、钢铁和混凝土等新材料，发展出一种新的"结构强度"（structural intensity）。这种强度将"超越古典的和谐理念"。他建议修建一座宏伟的建筑物，让建筑再次成为艺术的家园，就如在中世纪一样。这篇文章最突出的特点是它将建筑呈现为绘画的追随者。尽管它描绘了大教堂的浪漫图像作为一种总体艺术，但其中并没有提到手工艺。在路斯看来，建筑只与古物或地方语言关联，而陶特认为它属于自由的乌托邦领域——这一领域是路斯专为绘画保留的（见第 86 页）。

布鲁诺·陶特

布鲁诺·陶特是柏林表现主义运动的领导者。1904 年至 1908 年，他在慕尼黑跟随特奥多尔·菲舍尔学习，随后便与弗朗茨·霍夫曼（Franz Hoffmann）在柏林创立了一家事务所。后来，陶特的兄弟马克斯（Max）加入其中。尽管有相同的建筑理念，但他们从未一起合作做项目。陶特似乎认为建筑在两个极端之间运作：实用的个人住宅和象征性的公共建筑，[2] 后者将个人与大众捆绑在一个超越性的统一体中。在其职业生涯早期，陶特同时在这两个极端工作，根据他看到的当前客观需要，来强调某一端。

---

[1]　Rosemary Haag Bletter, "Expressionist Architecture", in Rose-Carol Washton Long (ed.), *German Expressionism: Documents from the End of the Wilhelmine Period to the Rise of National Socialism* (New York, 1993), p. 122. 这篇文章的发表时间极其重要，因为它证明了陶特的千禧年思想（millennialist idea）起源于"一战"之前。

[2]　关于陶特思想中建筑的实用作用和象征作用之间的关系，参见 Franciscono, *Walter Gropius and the Creation of the Bauhaus in Weimar*, pp. 94–95。

他早期的大部分作品都是田园城市背景下的低成本住宅。这些作品最具原创性的特征是在建筑外表面使用颜色——这一做法贯穿陶特的整个设计生涯。[1] 同时，他形成了"人民之屋"（Volkhaus）和"城市之冠"（Stadtkrone）的概念，并首次在其《必要性》一文中做了概述。在这两个密切相关的概念中，他试图用现代术语定义一个能抓住中世纪城市本质的结构。他将其想象为一座"彩色玻璃的水晶建筑"，"像一颗钻石一样闪耀"[2] 在每一座田园城市上空，是中世纪大教堂的世俗版本。[图 55]"一战"期间，建筑活动被迫停止，陶特着手撰写两本书——《城市之冠》（Die Stadtkrone）与《阿尔卑斯建筑》（Alpine Architektur）。这两本书都于 1919 年出版，第一本书主要关于象征人民的历史建筑案例；第二本书描绘了包含一种想象建筑的天启场景，混合了图像与文本，类似巴洛克式的寓意画册 [图 56]。

在写作这两本书之前，陶特已为 1914 年在科隆举办的德意志制造联盟展设计建造了"玻璃屋"（Glass Pavilion）[图 57]。这个建筑是"人民之屋"的缩影，它由一群玻璃制造商赞助，也是玻璃产品的展览空间，一个"艺术之屋"，一种寓言。观众被引导穿过一系列经过感官校准的空间，其中，彩色玻璃和瀑布般流水的效果占据主导，令人体验从大地的黑暗升往日神般的清明。

不论是玻璃屋，还是陶特在"一战"时写的这两本书，它们在很大程度上都源于其小说家朋友保罗·歇尔巴特（Paul Scheerbart，1863—1915）的思想。《狂飙》杂志的编辑赫尔瓦特·瓦尔登（Herwarth Walden）将歇尔巴特称为"第一个表现

---

[1]　参见 Bruno Taut, *Ein Wohnhaus* (Stuttgart, 1927)，该书记录了陶特作品的配色方案。还可参见 Mark Wigley, *White Walls, Designer Dresses: The Fashioning of Modern Architecture* (Cambridge, Mass., 1995), pp. 304–315。

[2]　Bruno Taut, Die Stadtkrone (Jena, 1919), quoted in Whyte, *Bruno Taut and the Architecture of Activism*, p. 78.

图 55
布鲁诺·陶特

《空中的房子》(*Haus des Him-mels*)，
1919 年

这幅画出现在陶特的《晨光》(*Fr-ühlicht*, 1920—1922) 杂志中，是他对"城市之冠"的众多描绘之一，此处它看起来像一个星形的发光晶体

图 56
布鲁诺·陶特

《雪、冰川、玻璃》(*Schnee, Glets-cher, Glas*)，出自《阿尔卑斯建筑》，1919 年

在此书的图像中，民众的"真实"世界，包括其小住宅和土地，都在一个极其壮观的景象中消融，这个景象里有炼金术般的转换，将物质转化为精神

图 57
布鲁诺·陶特

玻璃屋，德意志制造联盟展，
1914 年，科隆

在陶特的这个展览建筑中，表面
贴有玻璃砖的 12 边形鼓支撑起彩
色玻璃组成的肋状穹顶

主义者"。在一系列原始科幻小说中，歇尔巴特描绘了一种由钢
和玻璃组成的透明、彩色和可移动的通用建筑，有时还附上详
尽的技术细节，认为它将引领一个社会和谐的新时代。其中的代
表是 1914 年出版的《玻璃建筑》（*Glasarchitektur*）。而歇尔巴
特的乌托邦很大程度上来源于浪漫主义作家，尤其是诺瓦利斯
（Novalis）——他复兴了犹太-基督教和伊斯兰神秘主义中光和水
晶的象征意义（歇尔巴特本人也研究过苏非主义）。[1]

---

[1]　有关表现主义象征的讨论，参见 Rosemary Haag Bletter, "The Interpretation of the
　　Glass Dream: Expressionist Architecture and the History of the Crystal Metaphor", in
　　Journal of the Society of Architectural Historians, 40, no.1, 1981, pp. 20–43。自 19
　　世纪 90 年代以来，对神秘传统的迷恋在建筑师和艺术家中广泛传播。这种兴趣
　　促使融合主义宗教日益流行，例如海伦娜·布拉瓦茨基（Helena Blavatsky）新
　　定义的神智学（Theosophy）和鲁道夫·施泰纳（Rudolf Steiner, 1861—1925）创
　　立的人智学（Anthroposophy），后者试图融合印度教和基督教诺斯替教传统。直
　　到 20 世纪 20 年代，这些思想都持续吸引着先锋建筑师的兴趣。这种迷恋的一个
　　有趣例子是英国工艺美术建筑师 W. R. 莱萨比（W. R. Lethaby），他写了一本关于
　　东方和新柏拉图传统的书：*Architecture, Mysticism and Myth* (London, 1891; New
　　York, 1975)。陶特的"水晶屋"（Kristallhaus）概念显然源于这些思想背景。

陶特关于城市主义的思想还必须放在另一个背景中考察，即当时在欧洲和美国盛行的国际城镇规划运动。本书第 50 页对这一运动有简短讨论，该运动是田园城市运动和城市美化运动的产物。陶特的中央带有象征建筑的乌托邦城市，还与致力于世界和平的世界城市（World City）等富有远见的项目有着亲缘关系。世界城市项目发起于 1912 年，由工业家和铁路开发商保罗·奥特莱（Paul Otlet）推动，恩斯特·埃布拉尔（Ernest Hébrard）和亨德里克·安德森（Hendrik Andersen）设计。[1]

德国在"一战"期间及之后的一些项目可与陶特的"城市之冠"类比，因为它们某种程度上也在试图扮演大众文化新时代的社会凝聚者。由于剧院与理查德·瓦格纳的总体艺术密切相关，它成为这种类型里的特别重要的一类。[2]最具雄心的剧院项目之一是 1919 年在柏林修建的德意志大话剧院（Grosses Schauspielhaus），人们称之为"5000 人剧院"，它由汉斯·珀尔齐希在剧院导演和经理人马克斯·莱因哈特（Max Reinhardt）的委托下设计［图 58］。这座剧院很大，由一个当时已经变为马戏场的集市大厅改建而成。该剧院是莱因哈特参与人民剧院运动的结果，这场运动在 19 世纪晚期迅速席卷德国。[3]珀尔齐希将剧院内部设计成一个梦幻般的奇观。天花板用石膏钟乳石覆盖，立刻让人想到洞穴和西班牙格拉纳达的阿尔罕布拉宫（Alhambra）。从外表上看，几乎没有窗户的

---

[1] Giuliano Gresleri and Dario Matteoni, *La Città Mondiale* (Venice, 1982). 1926 年，奥特莱委托设计了该项目的新版本，即勒·柯布西耶的曼达纽姆（Mundaneum）项目。

[2] 彼得·贝伦斯预测将有一座大型剧院，其中将上演包括音乐在内的作品；Franciscono, *Walter Gropius and the Creation of the Bauhaus in Weimar*, pp. 95–96。

[3] Wolfgang Pehnt, *Expressionist Architecture* (New York, 1979), p. 13. 彭特指出，欧洲剧院的数量从 1896 年的 302 家增加到 1926 年的 2499 家。

墙面上密集排列着圆拱样式的壁柱，非常像 13 世纪科林（Chorin）
修道院的壁柱。科林修道院是德国青年漂鸟运动（Wandervogel
movement）中最受欢迎的地方，布鲁诺·陶特和阿道夫·贝内青
年时期都曾参加这一运动。[1]

　　除了德意志大话剧院，其他几个当代项目都受到关注人民生活
的公共建筑的启发。这里提及其中的三个，因为它们使用了新的表
现主义的方式，在情感层面直接与公众交流：由瓦西里·卢克哈特
（Wassili Luckhardt，1889—1972）设计的人民剧院（Volkstheater，
1921）[图 59]，奥托·巴特宁（Otto Bartning，1883—1959）设计
的星辰教堂（Sternkirche，1922）[图 60]，鲁道夫·施泰纳设计
的位于瑞士多尔纳赫（Dornach）的歌德堂（Goetheanum，1924—
1928）[图 61]。所有这些建筑都被视为大众文化萌芽时代的象征
和工具，服务于商业、节日、娱乐或宗教目的。

---

[1]　Pehnt, *Expressionist Architecture*, p. 13.

图 59
瓦西里·卢克哈特

人民剧院项目的外部立面图、剖面图和平面图，1921 年

这栋建筑采用了表现主义公共建筑中常用的塔庙形。尽管舞台塔楼通常是建筑师处理难度较大的部分，但在这里很自然地融入了其背后的山状轮廓

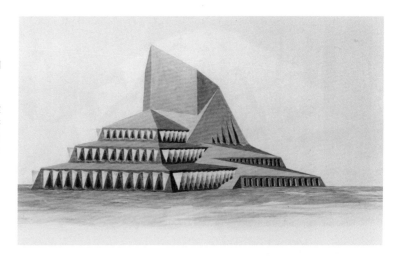

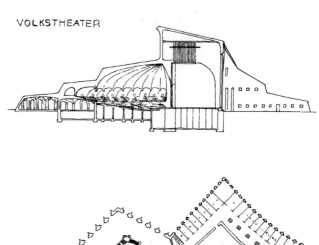

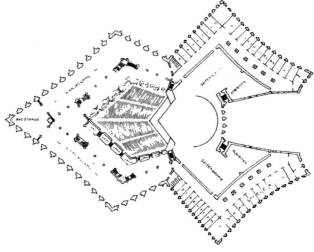

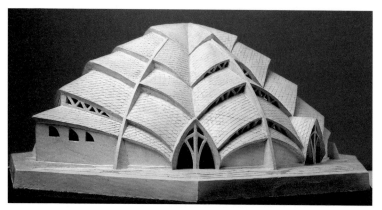

图 60

奥托·巴特宁

星辰教堂模型，1922 年

这个项目是对哥特式建筑的重新表达，其结构、空间形态和采光系统整合成一体

© TU Darmstadt, Department of History and Theory of Architecture

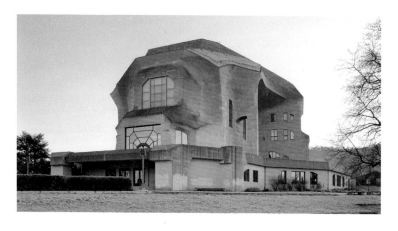

图 61

鲁道夫·施泰纳

歌德堂，1924—1928 年，多尔纳赫

在这座建筑中，暴露的钢筋混凝土既是结构，又是外表；曲面和平面结合形成一个连续的表面

表现主义与政治

陶特的"城市之冠"是试图赋予彼得·克鲁泡特金（Pyotr Kropotkin）的无政府主义以艺术形式。[1] 由于以分散的田园城市而非现代大都市思想为基础，它代表了一种反城市的意识形态，尽管

---

[1]　Whyte, *Bruno Taut and the Architecture of Activism*, chapter 5.

在意识形态上有差异，它仍被激进的保守派认同。[1] 不过，虽然陶特对马克思主义的许多方面都持反对态度，可他仍支持工人委员会，并像其他许多表现主义者一样参加了 1918 年席卷德国的革命。他与格罗皮乌斯、贝内一起，成立了艺术劳工委员会（Arbeitsrat für Kunst，简称 AFK）。这是一个艺术家行业联盟，它效仿了具有革命特征的工人苏维埃，尤其是无产阶级知识分子委员会（Proletarian Council of Intellectual Workers），它是库尔特·希勒（Kurt Hiller）的激进主义文学运动的产物。从这场运动的政治野心中得到启示，陶特设想 AFK 内部的一批建筑师，能掌控视觉环境的方方面面。在 1918 年 11 月 "给社会主义政府" 的一封公开信中，他写道：

> 艺术与生活必须形成一个整体。艺术不能只是少数人的乐趣，而必须成为大多数人生活的福祉。其目的是在伟大建筑的羽翼下，将艺术进行融合……从现在开始，只有艺术家才能成为人民情感的塑造者，负责新国家的视觉建构。从塑像到硬币和邮票的形式，都必须由他决定。[2]

AFK 的这些建议没有引起政府的兴趣，陶特构想策划一个 "不知名建筑师展览"，来对人们进行直接呼吁，但是还未等到开展，他便辞掉主席一职，由瓦尔特·格罗皮乌斯接任。

格罗皮乌斯认同陶特的改革目标，但不同意他带有挑衅性的

---

[1] 根据怀特的说法，"权力下放和回归土地是极右翼和极左翼共同关注的愿景的一部分"，参见 Whyte, *Bruno Taut and the Architecture of Activism*, p. 105。怀特引用海因里希·特森诺的《手工艺与小镇》（*Handwerk und Kleinstadt*, 1919）作为保守的 "家乡保护" 与克鲁泡特金的无政府社会主义融合的一个例证。

[2] Whyte, *Bruno Taut and the Architecture of Activism*, p. 99.

方法。他就任主席后，AFK 放弃了其革命计划，政治上转向"右翼"，艺术上转向"左翼"。[1] 格罗皮乌斯的目标是将 AFK 变成一个由激进建筑师、画家和雕塑家构成的只关心艺术问题的小组，变成一个秘密工作的"共谋兄弟会"，避免与艺术机构正面冲突。但当 1919 年 12 月，AFK 资金耗尽，其成员被"十一月小组"（Novembergruppe）吸收，这些计划也烟消云散了。此时，格罗皮乌斯已经成为包豪斯学校（Staatliches Bauhaus）的校长（1919 年春），包豪斯成为他推行其长期计划——在社会民主框架内将艺术统一在建筑的领导下——的中心。在随后的一年里，陶特本人也放弃了革命政治，开始专注于社会住宅的设计。

不知名建筑师展览

格罗皮乌斯领导下的 AFK 的最重要事件是 1919 年 4 月的"不知名建筑师展览"。就如前面所述，该展览由陶特在辞职前提议。参加者不局限于建筑师，并且被鼓励提交视觉方案，不受实际项目和审美限制。尽管其普及的目的并没有达到，但它已成为现代建筑史上具有重要意义的事件。

该展览展出的作品大概可以分为两类。第一类是为可能的建筑所作的绘图，不论这些建筑图多么非常规，也都分为两种形式：晶体几何与不规则曲线。不规则形式仅有赫尔曼·芬斯特林（Hermann Finsterlin）的作品做代表［图 62］，大多数参展者的作品都属于晶体几何形式［图 63］。第二类是以建筑为主题的想象画［图 64］。其中一种是以自然主义的方式表现物体，另一种是反自然主义的：甚至在表现空间深度时，所描绘的形象也是二维的，让人想到原始艺术或儿童艺术，并且常显示出刻意的奇异，甚至荒诞。

---

[1]　Whyte, *Bruno Taut and the Architecture of Activism*, p. 127.

图 62
赫尔曼·芬斯特林

《玻璃梦》(*Traum aus Glas*),
1920 年

尽管芬斯特林的画作在由格罗皮乌斯和贝内举办的"不知名建筑师展览"上受到热情称赞,但陶特批评它们太形式主义,这可能是因为他不喜欢画作中明显的性隐喻

图 63
文泽尔·哈布里克(Wenzel Hablik)

展览建筑设计图,1920 年

哈布里克的多面金字塔结构接近陶特的晶体理想

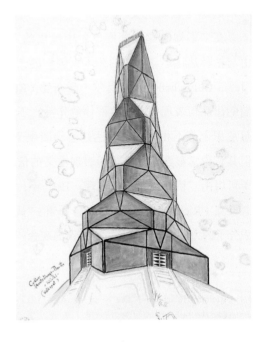

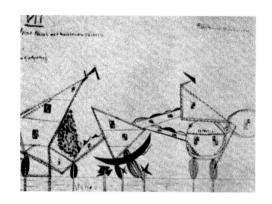

图 64
耶菲姆·戈里舍夫

《屋顶有照明的小房子》(*Little Houses with Illuminated Roofs*)，1920 年

戈里舍夫的绘画与拉乌尔·豪斯曼的类似，都源自儿童画，它们将建筑的常规形象画成有趣而奇妙的图形

与该展览类似的图像也出现在"玻璃链"（Gläserne Kette）的信件中。"玻璃链"是由一群与陶特关系密切的建筑师和艺术家组成的团体，他们从 1919 年起以书信（由陶特倡议）交流彼此的建筑思想与幻想。许多源自"玻璃链"团体的图画，后来被陶特发表在《晨光》杂志上。

达达与表现主义

在"不知名建筑师展览"中展出的部分充满幻想的绘图是由与柏林达达运动有关的艺术家创作的，比如耶菲姆·戈里舍夫（Jefim Golyscheff）和拉乌尔·豪斯曼（Raoul Hausmann）等。他们的作品与表现主义主要群体的作品，不论在艺术技巧还是在思想意识上都不相同。柏林达达运动诞生于表现主义者的卡巴莱，但其言论常显激进，并拒斥表现主义的信念，即道德和文化的变革可以由"精神"变革来实现。1917 年，达达主义者理查德·胡森贝克（Richard Hülsenbeck）曾写道："认为世界的进步可通过知识分子的力量实现，这是一个错误的观念。"[1]两年后，豪斯曼、胡

---

[1] Richard Hülsenbeck, "Der Neue Mensch" (1917), quoted in Whyte, *Bruno Taut and the Architecture of Activism*, p. 139.

森贝克和戈里舍夫撰写了一篇讽刺性宣言，呼吁"针对号称精神工作者（Geistige Arbeiter）的所有派别进行一场激烈的战斗，打击他们隐藏的中产阶级性，以及以《狂飙》为代表的表现主义和新古典主义文化"[1]。

达达主义者属于极左翼，他们曾经支持共产主义的斯巴达克团（Spartakusbund），该组织曾于1919年1月领导了一场工人起义。与AFK的认真相反，达达主义者以嘲笑和讥讽为武器，来破坏表现主义运动的名声，在达达主义者看来，表现主义运动已经背叛了1918年的革命，因为他们站在社会民主党而非共产党一边。在修辞风格和一些形式技巧而非思想意识上，达达主义者受菲利波·托马索·马里内蒂（Filippo Tommaso Marinetti，1876—1944）和未来主义者影响很大。我们接下来便转向未来主义。

未来主义

19世纪最后二三十年，电灯、电话和汽车等各种新技术空前发展。与其他艺术运动相比，未来主义最先看到这些发展意味着日常文化的彻底变革。从新艺术运动到表现主义，以前的这些先锋派都试图通过危及传统的现代性来拯救传统。未来主义则主张去除传统文化的所有痕迹，创造一个全新的、以机器为基础的大众文化。

未来主义以米兰为活动中心，1909年作家马里内蒂在巴黎日报《费加罗报》（*Le Figaro*）头版发表《未来主义宣言》（"Manifeste

---

[1]　Whyte, *Bruno Taut and the Architecture of Activism*, p. 140.

du Futurisme") [1]，标志着未来主义的"创立"。该宣言是一首对完全机械化生活的赞美诗。马里内蒂的思想不仅受将存在视为过程的亨利·柏格森（Henri Bergson）影响极大，还受到乔治·索雷尔（Georges Sorel）影响。在 1908 年出版的《论暴力》（*Réflexions Sur La Violence*）一书中，索雷尔提出了基于神话的自发行动主义思想，并认为暴力在无产阶级政治生活中是一种必要的净化力量。

马里内蒂将两种明显矛盾的思想，即无政府主义和民族主义结合在一起，他认为精英必须驾驭好大众的自发活力，使其利于国家利益。就如他在 20 世纪 20 年代写道："我们应该立志创造一种非人的人，从他们身上去除道德上的痛苦、善良和爱，只有这些强烈的情感才会腐蚀无穷的生命力。" [2] 马里内蒂有意将目标对准大众。在对人文主义价值观展开抨击时，他采用了各种修辞手段，包括讽刺、戏仿和夸张，还有彻头彻尾的插科打诨。通过采用新的语法和排版形式，他将宣言这一媒介转变为一种文学体裁——这对达达和俄罗斯先锋派产生了强烈影响。 [3]

1909 年至 1914 年，马里内蒂和一小群作家、画家和音乐家发表了约 50 份宣言，这些宣言涉及文化生活的各个方面，并且有意混合高级与低级艺术形式。这些宣言所包含的思想成为随后所有先锋派和新先锋派的重要思想源泉。未来主义的主要理论陈述存在于《未来主义绘画技术宣言》（"Manifesto tecnico della pittura futurista"） [4] 中，该宣言发表于 1910 年 4 月，由画家翁贝

---

[1]　Umbri Apollonio (ed.), *Futurist Manifestos* (London,1973), p. 19.

[2]　Filippo Marinetti, *Futurismo e Fascismo* (1924), quoted in Adrian Lyttelton, *The Seizure of Power: Fascism in Italy 1919–1929* (New York, 1973), p. 368.

[3]　Marjorie Perloff, *The Futurist Movement: Avant-garde, Avant-guerre and the Language of Rupture* (Chicago, 1986), chapter 1.

[4]　Apollonio (ed.), *Futurist Manifestos*, p. 27.

托·波丘尼（Umberto Boccioni，1882—1916）、卡洛·卡拉（Carlo Carrà）、路易吉·鲁索洛（Luigi Russolo）、贾科莫·巴拉（Giacomo Balla）、吉诺·塞维里尼（Gino Severini）共同签署。该宣言试图使艺术的模仿实践能够适应 19 世纪数学与物理发展引发的认识论变革，尤其在对运动和变化的再现上。该宣言所提出的理论是一种主观的现实主义，与表现主义一样，它受到 19 世纪晚期德国美学（当时许多德国美学思想都被翻译成了意大利文），[1] 还有非欧几何与爱因斯坦物理学的强烈影响。他们认为，绘画不应再被视为对外部场景的模仿，而应是对由场景引起的精神状态的记录。画家和对象占据一个统一的时空场："我们再现的姿势不再是普遍动态中的一个决定性瞬间，而是动态本身。"[2] 后来，波丘尼对这一观点进行了更精确的表达：

> 这种综合——倾向于用抽象来表达具体——只能用精确尺寸的几何形式表达，而不能用传统的方法（现在因机器媒介而贬值）……如果我们这样利用数学对象，它们之间的关系将提供节奏和情感。[3]

未来主义者们在 1911 年就已关注到立体主义，并很快吸收了其方法。波丘尼对其后面创作的描述，已显示出他受到立体主义和拼贴的影响："对象错位、被肢解……摆脱了公认逻辑的束缚，

[1] Esther Da Costa Meyer, *The Work of Antonio Sant'Elia: Retreat into the Future* (New Haven, 1995), p. 75.

[2] Umberto Boccioni, "Technical Manifesto of Futurist Painting" (1910), reprinted in Apollonio (ed.), *Futurist Manifestos*, p. 27.

[3] Manfredo Tafuri, *Theories and History of Architecture* (New York, 1980), originally published as *Teorie e storia dell'architettura* (Laterza, 1968).

且相互独立。"[1]但是，立体主义要求艺术自治，未来主义渴望融合艺术与生活，它们之间的矛盾从来没有解决。这仍然是现代主义历史上主要的理论冲突之一，当我们思考"一战"后现代主义建筑的发展时，我们将发现这一点。

未来主义与建筑

1914 年早期，有两篇未来主义建筑宣言被发表。第一篇由恩里科·普兰波利尼（Enrico Prampolini）撰写，他当时 20 岁左右，属于未来主义的罗马分支；第二篇由波丘尼撰写（尽管直到 20 世纪 60 年代才发表）。波丘尼的这篇文章与其发表的《未来主义雕塑技术宣言》（"Manifesto tecnico della scultura futurista"，1910）[2]有密切联系。在雕塑宣言中，波丘尼认为雕塑形象不能孤立于其所处空间："我们必须拆解形象，将环境置入其中。"［图 65］在

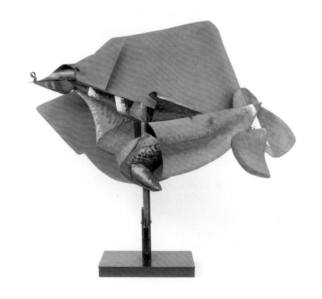

图 65
翁贝托·波丘尼

一匹奔驰的马和房子的动态，
1914—1915 年

在这个雕塑中，艺术家遵循了 1910 年发表的《未来主义雕塑技术宣言》的纲领。这个形象由物质形式集合而成，其物质形式与其所表现的对象有一种转喻关系。这与马里内蒂对未来主义诗歌的描述一致，即以"自发的类比"取代了传统的模仿

---

[1]　Perloff, *The Futurist Movement*, p. 52.

[2]　Apollonio (ed.), *Futurist Manifestos*, p. 51.

其《未来主义建筑技术宣言》（"Manifesto tecnico della architettura futurista"）[1] 中，他也持同样的观点。现代城市不再像过去一般，被视为一系列静态景观，而是一个处在不断变化之中的被包围的环境。类似地，他认为单体建筑的外观也在室内的压力下被破坏。因此，在雕塑与建筑中，波丘尼建议将艺术作品吸收融入世界，这样，它将成为环境的强化，而不是理想化地与之对立。

安东尼奥·圣埃利亚

尽管波丘尼的建筑宣言很重要，但它迟迟没有发表，其中的原因可能是 1914 年 7 月安东尼奥·圣埃利亚起草了另一篇这样的宣言。圣埃利亚加入未来主义的契机，恰巧是由未来主义对手艺术家举办的名为"新趋势"（"Nuove Tendenze"）的展览。圣埃利亚在其中展出了一组非凡的透视图，表现他对未来建筑的设想。这组透视图与未来主义运动的关系长期以来都是一个很有争议的话题。

圣埃利亚的《未来主义建筑宣言》（"Manifesto dell'architettura futurista"）[2] 和展览目录中发布的较短版本"附言"（Messaggio）[3] 所表达的思想，与未来主义的理念非常一致，但其画作本身在某些重要方面与未来主义的理念矛盾。圣埃利亚很可能已与未来主义接触过一段时间，并且在宣言和"附言"背后，可能存在一个原始版本，部分由马里内蒂或波丘尼撰写，或由他们两人共同撰写，因此有相似的（如果不是知识）风格。这也许可用来解释画作与文本为

---

[1] Da Costa Meyer, *The Work of Antonio Sant'Elia*, p. 139.

[2] Apollonio (ed.), *Futurist Manifestos*, p. 161.

[3] Da Costa Meyer, *The Work of Antonio Sant'Elia*, p. 211.

何不一致，但是这种不一致本身有待进一步说明。[1]

除了三个小建筑，圣埃利亚留下的建筑遗产全是图纸。这些图纸要么为未建成的实际项目而画（其中大部分是立面研究），要么是想象建筑的透视图。立面研究是高度装饰性的自由分离派风格，圣埃利亚去世前一直在绘制这类图纸。透视图则有三种类型。第一种类型是完全没有装饰的无柱式作品，带有一般标题，如《现代建筑》（Modern Building）、《纪念碑》（Monument）和《工业建筑》（Industrial Building），标注日期为 1913 年［图 66］。几乎可以肯定，这种作品受到格罗皮乌斯在 1913 年出版的《德意志制造联盟年鉴》中插入的北美粮仓照片的影响。另外，这种作品还可能受到戈登·克雷（Gordon Craig）和阿道夫·阿皮亚的舞台设计的影响。[2]第二种类型是一系列图纸，它们具有相类似的抽象形式，适应一种特别的工业建筑类型：发电站。这种类型的建筑几乎是 20 世纪初意大利波河河谷快速工业化的代名词［见图 53、图 67］。

最后一种类型是一组名为《新城》（La Città Nuova）的图画，这些图画得非常详细，它们的技术更加严格，更少氛围［图 68］。多层公寓的踏步式楼层（类似水利大坝的巨大、倾斜的墙）与垂直电梯塔形成对比，电梯塔之间通过桥梁相连。地面完全被多层网状的交通桥侵蚀。这些图描绘了一座所有自然的痕迹都被清除的城市，它由大量的水平和垂直分布系统主导，公寓单元的立面似乎扮演着被动和次要的角色。圣埃利亚的城市元素吸收自各处，包括描绘未来纽约城的流行插画，亨利·索瓦奇位于巴黎的分层住宅（Maison à Gradins，1912），以及奥托·瓦格纳为维也纳新

---

[1]　Da Costa Meyer, The Work of Antonio Sant'Elia, chapter 5. 此章详细叙述了圣埃利亚宣言的历史。

[2]　Ibid., pp. 68–71.

图 66
安东尼奥·圣埃利亚

《现代建筑》，1913 年

这幅图仍然保留了瓦格纳学派
和巴洛克绘画的构图特征，通
过倾斜，以及低点透视来将主
题戏剧化

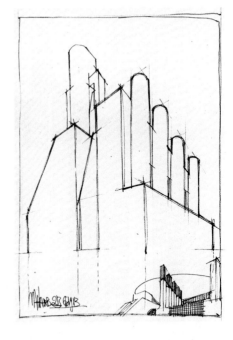

图 67
约热·普列赤涅克

素描，1899 年

无疑是圣埃利亚《发电站》的灵
感来源

图 68
安东尼奥·圣埃利亚

《新城》，1914 年

在此图所绘的场景中，两个以
前场景中的元素被转换成机械
化的城市景观。多层运输高架
桥及其附属桥塔源自瓦格纳的
维也纳城市铁路。虽然没有描
绘人物，但图中的塔像一个僵
立的巨人

交通设施所绘的图画［图 69］。用这些"现成"的元素，圣埃利
亚创造了一种综合体，从绘画的角度看，完全令人信服。

尽管圣埃利亚的图画对未来城市的戏剧性表现令人印象深刻，
但是它们的形式和技术，与未来主义宣言中的许多思想相矛盾。
未来主义宣言强调轻巧、通透和实用，而圣埃利亚的图画则表现
出宏大和纪念性；未来主义宣言将观众置入作品中，而圣埃利亚
的图画通过提供全景和透视视角，表明观众是一个外部观察者；
未来主义宣言谴责静态的金字塔形式，而这种形式在圣埃利亚的
图画中比比皆是。

事实上，圣埃利亚的图画还吸收了 20 世纪之初维也纳美术学

图 69
奥托·瓦格纳

费迪南大桥（Ferdinandsbrücke）
设计图，1905 年

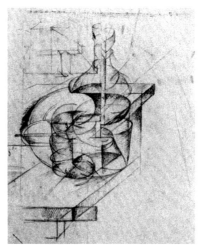

院（瓦格纳学派）学生的作品［图70］的风格。这些设计截锥体的、抽象的形式，以及斜角、仰角的设置，在圣埃利亚的许多图画中一再出现。圣埃利亚的表现手法是其在布雷拉（Brera）学院学习期间成熟起来的——在朱塞佩·门泰西（Giuseppe Mentessi）指导下，圣埃利亚接触了晚期巴洛克剧院的斜角透视（scena per angolo）设计。[1] 事实上，圣埃利亚的图画并不像建筑师的图画，而更像是乔瓦尼·皮拉内西（Giovanni Piranesi）和费迪南多·加利-比比埃纳（Ferdinando Galli-Bibiena）等维都塔式（veduta）风景画画家的图画。它们提供了一种客观化的场景，与波丘尼精神化的、透明的物体概念相去甚远，也与其"X 光片"似的轴测图《桌子＋瓶子＋住宅》（*Table + Bottle + House*）所呈现的未来主义形象截然相反［图71］。

　　圣埃利亚的绘画在当时并不是唯一背叛青年风格派和分离派影响的先锋派作品。许多具有表现主义特征的建筑都有类似的源泉。事实上，在表现主义与未来主义中，存在一个并未解决的

---

[1]　Da Costa Meyer, *The Work of Antonio Sant'Elia*, p. 21.

紧张关系，即情感的方法与分析的方法之间的紧张关系。这对应着两种对待现代的态度，一种态度是将情感投射到技术中（就如浪漫主义将其情感投射到自然中），还有一种是以技术本身的方式——可以说是从其内部参与技术。[1]尽管波丘尼使用了科学和数学的类比，但他本人以多种方式抵制了自己宣称的机械复制时代的到来，他强调艺术家动手改变材料的行为，并拒绝——比如摄影，因其无人情味和机械化。因此，虽然波丘尼的作品看上去更加现代，但圣埃利亚对技术的"兴奋"反应可能与他对技术的反应相去不远。实际上圣埃利亚对未来的想象仍然是晚期浪漫主义的，他对下一代建筑师的影响有限。相比之下，未来主义在其他方面（雕塑、绘画、戏剧、音乐和摄影）的影响要大得多。

若以历史视角来看表现主义与未来主义，我们将发现一个重要事实：不管这两个运动有何不同，二者都拒绝启蒙运动的理性传统，强调神话和灵感在国家社会生活中的重要性。它们谴责理性主义文明，认为这种文明在原来统一的、有机的社会中播下了纷争的种子。他们信奉一系列思想——反物质主义、反自由民主和反马克思主义，在"一战"爆发前，这些思想在西欧国家的影响日益扩大，并在两次世界大战之间，以极端形式在政治上得到表现——法西斯与国家社会主义。

---

[1]   Tafuri, *Theories and History of Architecture*, pp. 30–34.

The Avant-gardes in Holland and Russia

第六章
荷兰与俄罗斯的先锋派

与表现主义和未来主义类似，荷兰和俄罗斯的建筑先锋派最开始也受到绘画和雕塑的主导。在荷兰与俄罗斯，理论上或小型项目中具有可能性的形式试验，在应用到建筑的结构和规划需求时，遇到了很大阻力。“一战”后，一旦经济和政治形势允许建筑业恢复，荷兰与俄罗斯的建筑项目便开始呈现出更加素净和国际化的特点，失去了其民族特性，而这种民族特性主要源自对立体主义、表现主义和未来主义的诠释。本章将描述这些民族运动：荷兰风格派，俄罗斯至上主义（Suprematism）、理性主义和构成主义，以及它们如何转变成一场欧洲范围的“现代运动”——也被称为“新客观主义”“功能主义”“理性主义”或“新建筑”（Neues Bauen）。

在荷兰和俄罗斯的先锋派中，机器逻辑成为艺术和建筑的典范；理智可以创造独立于传统手工艺的形式，这意味着绘画、建筑和数学逻辑之间的新联合。艺术和建筑被认为是客观的、非个性的，并且不以个人“品位”为基础。

荷兰先锋派

图 77 局部（左页）
特奥·范杜斯伯格

《反构成·时空构成 2 号》（*Counter-construction, Construction in Space-Time II*），1924 年

“一战”期间以及战争刚结束时，荷兰盛行两种对立的建筑与装饰艺术运动——阿姆斯特丹学派和风格派。这两种运动都与新

艺术运动、工艺美术运动和德国表现主义有关；它们都相信存在
一种能反映时代精神的统一风格；它们都继承了莫里斯的思想，
认为艺术可以改造社会；并且，它们都拒绝对旧风格的折衷使用，
努力探求一种新的、尚未定型的建筑。但它们分别继承了这些早
期艺术运动的不同部分——阿姆斯特丹学派继承了活力的、个人
化的部分，风格派继承了理性的、非个性的部分。这两种运动相
互抨击，忽视了它们的共同起源和目标。[1]

　　阿姆斯特丹学派的主要代表人物是米歇尔·德克拉克（Michel
de Klerk，1884—1923），该学派作品的特点是使用传统材料（尤
其是砖块），并对这些材料进行自由、梦幻，但又是工匠式的加
工。传统建筑的形式并未被完全抛弃，而是被改造并变得奇异。
阿姆斯特丹学派的重要作品大多修建于1914年至1923年，可以
在许多公共住宅项目中找到它们。这些公共住宅项目是当时贝尔
拉赫指导下的阿姆斯特丹大规模城市更新计划的一部分。

风格派

　　尽管与阿姆斯特丹学派一样起源于装饰艺术，风格派形成的
装饰风格表现出立体主义的影响，排斥手工艺并支持几何化的反
自然主义。1917年，画家特奥·范杜斯伯格出版了第一期《风
格》（De Stijl）杂志，这是一本推广现代艺术的杂志。于是"风
格"一词既指该杂志也指由它命名的这场运动。风格派最初的成员
包括画家皮特·蒙德里安（Piet Mondrian，1872—1944）、范杜斯伯
格、维尔莫什·胡萨尔（Vilmos Huszar，1884—1960）、巴特·范
德莱克（Bart van der Leck，1876—1958），雕塑家乔治·范顿格鲁

[1] Wim de Wit, "The Amsterdam School: Definition and Delineation", in *The Amsterdam
School: Dutch Expressionist Architecture 1915–1930* (Cambridge, Mass., 1983), pp.
29–66.

（Georges Vantongerloo，1886—1965），以及建筑师扬·威尔斯（Jan Wils，1891—1972）、罗伯特·范特霍夫（Robert van't Hoff，1887—1979）、赫里特·里特维尔德（Gerrit Rietveld，1888—1964）、J. J. P. 奥德（J. J. P. Oud，1890—1963）。尽管如此，风格派的特征与其特定成员（具有极大不稳定性）没有太多关系，而与1918年的首份风格派宣言及其在随后几期杂志中提出的信条有关。《风格》杂志由范杜斯伯格编辑和主导，后来成为宣传国际先锋派的重要刊物，直到1932年停刊。

理论

  风格派的理论工具是（主要由象征主义和未来主义衍生的）既有学说的变体，风格派运动将自己视为现代主义共同事业的一场十字军东征。它与其他国家不同艺术领域的先锋派运动保持密切联系，其中包括达达主义［范杜斯伯格本人曾以阿尔多·卡米尼（Aldo Camini）为笔名，在《风格》杂志中发表达达主义诗歌］等。

  风格派有三个主要假设，可大致概括如下：每一种艺术形式必须以其材质和规范为基础实现其本质，只有这样，才能揭示出支配所有视觉艺术（事实上是所有艺术）的原则；随着社会精神意识的增强，艺术将实现其历史（黑格尔）命运，并重新融入日常生活；艺术与科学、技术并不相对立——艺术和科学都致力于发现和表达自然的根本规律，而不是停留于自然的表象和暂时现象（尽管如此，这种理论并没有考虑到一种可能，即艺术仍然可以是一种模仿的形式）。

  风格派属于表现主义和未来主义的千禧年主义传统。尽管它缺乏任何明显的政治维度，但它仍具乌托邦色彩；它设想未来社会分工将会消失，权力将被分散。它所追求的现代性是理性主义的，试图将科学、技术的变化与精神、物质的进步关联起来。这个运动的形而上学很大程度上取自神智学家和新柏拉图主义者 M. H. J. 舍恩梅克斯（M. H. J. Schoenmaekers），他在其著作《造型数学原理》（*Beginselen der Beeldende Wiskunde*，1916）中宣称，造型数学是一种"积极的神秘主义"，在其中，"我们将现实转化成由我们理性控制的结构，然后在自然界中恢复这些结构，从而用造型视觉穿透物质"。舍恩梅克斯认为，新的造型表达（"新造型主义"），源自光线和声音，将在地球上创造一个天堂。[1]

　　风格派两位主要的理论家是蒙德里安和范杜斯伯格，但是，他们并没有在所有观点上达成一致。蒙德里安的新造型主义（Neoplasticism）观念，部分基于舍恩梅克斯，部分源于瓦西里·康定斯基（Wassily Kandinsky）于1911年出版的著作《艺术中的精神》（*Über das Geistige in der Kunst*）。他的新造型主义观念局限于绘画，而范杜斯伯格试着将其运用于建筑。尽管胡萨尔和范德莱克都对新造型主义的早期发展做过重要贡献，然而是蒙德里安解答了其逻辑含义。他最终完成的体系基于一个激进的还原过程，在其中，自然界复杂、偶然的外观被提炼成各种不规则的正交网格，并且部分用原色矩形填充［图72］。在艺术史家伊夫-阿兰·博瓦（Yve-Alain Bois）看来，蒙德里安组织画面的方法，使得具象物体与幻觉背景之间的传统等级关系被废除。在蒙德里安那里，"没有任何一个元素比其他元素更重要，也没有任何元素能够逃离一体化"[2]。这些非冗余和非等级的结构原则类似阿诺德·勋伯格（Arnold Schoenberg）无调性和序列音乐的原则。[3]在传统绘画中，传达象

---

[1]　H. L. C. Jaffé, *De Stijl 1917–1931: The Dutch Contribution to Art* (Cambridge, Mass., 1986), pp. 56–62.

[2]　Yve-Alain Bois, "The De Stijl Idea", *Painting as Model* (Cambridge, Mass., 1990), pp. 102–106.

[3]　Charles Rosen, *Arnold Schoenberg* (Chicago, 1975, 1996), pp. 70–106.

图 72
皮特·蒙德里安

《红黄蓝构成 1 号》(*Composition 1 with Red, Yellow and Blue*), 1921 年

这是从 1920 年开始创作的组画中的一幅，既不是重复的网格，也不是在背景上再现人物

征或抒情内容的是具象物体（就如音乐中的旋律）；[1] 在蒙德里安的绘画中，意义从被再现的物体上转换到对二维平面的抽象组织中——这与波丘尼的想法类似，提供节奏和情感的不再是物体（简化到线条、平面等），而是它们之间的关系（见第 119 页）。

建筑与绘画之间的关系

在早期阶段，风格派运动强调建筑和绘画的合作。范德莱克的以下论述是这一观点的典型反映：

> 现代绘画现在已经达到可与建筑合作的阶段。它已达到这一阶段，是因为其表达方式已被纯化。用透视来表

---

[1] 根据罗森的说法，"旋律是一种明确的形状，一种精细的花纹，具备有张有弛的准戏剧结构"，参见 Rosen, *Arnold Schoenberg*, p. 99。据报道，蒙德里安曾对舞伴说："我们坐下来，我听到旋律了。"参见 *Piet Mondrian 1872–1944* (New York, 1994), p. 77。

现时间和空间的方法已被放弃；现在正是平面本身传达
了空间的连续性……今天的绘画是建筑性的，这是因为绘
画本身以它自身的方式，服务于与建筑相同的概念。[1]

这一论述在很多方面阐述并不清晰。比如，如果绘画和建筑
确实变得越来越难以区分，那我们在何种意义上说，它们应进行
合作？合作只在不同事物之间才发生——就如在瓦格纳式的总体
艺术观念中。

在 20 世纪 20 年代，风格派中画家和建筑师间的分歧已经形
成，奥德和蒙德里安的通信是这种分歧的一个缩影。在这些通信
中，蒙德里安宣称绘画能够预见艺术与生活的融合，因为它仍然
处于表现这一层，而不像建筑，需要向其所处现实妥协。除非能
摆脱这种状况，否则建筑无法参与到艺术与生活的融合这个运动
中来。另一方面，对于奥德而言，如果艺术最终与生活融合，艺
术只能处于既有现实这一层。实用与功能原则和艺术形式的纯粹
性绝非对立，相反，它们密不可分（在这一点上，奥德与勒·柯
布西耶的观点相同）。蒙德里安的极端唯心主义和奥德的审美唯物
主义无法找到共同基础。[2]

范杜斯伯格的观点与奥德和蒙德里安都不相同。他接受了蒙德
里安对建筑实用主义的唯心化抵制，但是他认为建筑存在于现实空
间而非虚拟三维空间中，正是因此，建筑能在生活与艺术的统一方
面发挥独特作用。观察者的想象（范杜斯伯格赞同未来主义者）与
被观察对象不再分离，这是建筑所固有的，只需要将其显现出来。

---

[1]   Bart van der Leek, *De Stijl*, vol. 1, no. 4, March 1918, p. 37.

[2]   对奥德和蒙德里安之间关于建筑与绘画关系的争论，伊夫-阿兰·博瓦进行了富
      有启发性的分析，参见 "Mondrian and the Theory of Architecture", *Assemblage* 4,
      pp. 103–130。

室内

装饰艺术运动（工艺美术运动与新艺术运动）曾经寻求视觉艺术和建筑的统一，但是这只在"艺术家-手工艺人"的身上短暂实现。风格派艺术家们的目标之一是占据艺术家-手工艺人消亡所出现的空白，不过，是以画家来占据。1918 年，范杜斯伯格为奥德设计的一个房子——德·冯克度假屋（The De Vonk House, 1917—1918）做了室内装饰设计，使用了彩色地板瓷砖和彩色玻璃窗，并将其简单地加到建筑框架中。但就在同一年，范德莱克和胡萨尔采用了更为整体化的方法：要么对房间的门、橱柜、家具等所有构造元素进行设计和着色，从而创造一种韵律相同的矩形形式的统一体；要么在墙上和天花板上，使用通常与建筑结构"纹理不匹配"的彩色色块［图 73］。这种方法的效果是将结构、装饰和家具融合成一个新的整体。背景（建筑）与具象物体（装饰、家具等）之间的差别被消除，扭转了由布鲁诺·保罗等于 1910 年左右在德国展出的室内设计所引领的趋势，重新回到青年风格派的做法，将室内视为不可分割的、抽象的整体——就如范德维尔德和赖特的作品一样。

图 73
维尔莫什·胡萨尔

楼梯井空间色彩构成，1918 年

在传统建筑中，装饰被看作是对建筑结构表面的补充，在风格派这里，墙壁上的原色矩形被视为建筑本身的组成部分，它改变了由墙壁所定义的空间

范杜斯伯格与建筑

从外部形式看，"一战"刚结束时荷兰的几个建筑项目已经显示出风格派与赖特的影响。在这几个项目中，用来强调主要形式的几何、水平和垂直元素，看起来仍像结构的装饰性附加物——比如，扬·威尔斯和范特霍夫的作品就是如此［图 74］。范杜斯伯格也在建筑外部形式上进行过尝试，不过他的方法不一样。1917 年，范杜斯伯格与威尔斯合作设计了一个小型金字塔形纪念碑，该纪念碑由棱柱体构成——这种抽象形式可以追溯到约瑟夫·霍夫曼在 1902 年第 14 届维也纳分离派展览中的装饰作品。[1] 直到 1922 年，范杜斯伯格才开始"激活"这种纯粹的雕塑形式，使其与居住空间尺度相符。在一件由其魏玛包豪斯学生制作完成的作品［图 75］中，不对称的住宅平面被垂直投影，由此形成紧密连接的棱柱体。这些研究在 1923 年达到一个高潮，在这一年，范杜斯伯格与年轻建筑师科内利斯·范埃斯特伦（Cornelis van Eesteren，1897—1988）合作，在巴黎莱昂斯·罗森贝格（Léonce Rosenberg）的现代奋力（L'Effort Moderne）画廊展出了三个"理想"房子。其中两栋——"私人别墅"（Hôtel Particulier）［图 76］和"艺术家住宅"（Maison d'une Artiste）——是单一类型房子的变体，它们影响广泛，因而值得在此详细讨论。

这种房子由紧密相扣的立方体集合组成，像是从一个主茎或核心生长而成，这种组成方式让人想起赖特的草原住宅（Prairie Houses）。这座房子在其基本组织层面具有系统性，但在细节方面，却充满偶然和可变性。这让人想起蒙德里安绘画作品中的"系统加变化"，尤其是其早期的具象作品，表现一棵树如何被转化为由垂直和水平短线组成的二进制系统。由于其离心式茎状结构，这座房

---

[1]　Eduard F. Sekler, *Josef Hoffmann: The Architectural Work* (Princeton, 1985), p. 59.

图 74
扬·威尔斯

"双钥"旅馆（De Dubbele Sleutel），
1918 年，武尔登（Woerden）

建筑体块被分解为金字塔形的
立方体。水平和垂直的面按照
弗兰克·劳埃德·赖特的方式
由飞檐、束带和烟囱强调

图 75
特奥·范杜斯伯格与汉斯·沃格
尔（Hans Vogel）

由底层平面图形成的纯建筑雕塑
研究，1921 年

在这项研究中，立方体空间的不
对称金字塔结构是完全根据平面
图形成的，所有装饰性都被消
除了

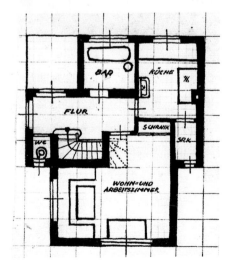

图 76

特奥·范杜斯伯格与科内利斯·范
埃斯特伦

私人别墅轴测图，1923 年

这是范杜斯伯格早期研究（见图
75）的发展，立方体组合被随意
放置的矩形色块打破

子没有正面与背面，似乎在挑战重力。它是一个自我指认和自我生
成的物体，其形式不依从外部因素"合成"，而是依据内在生长规
则。艺术家住宅可以被视为一则自然的寓言，在其中，最初的单一
原则变化出无限的个性化形式。各块面被加上不同原色，以便于
区分。一年后，范杜斯伯格创作了另一件作品《反构成》[图 77]，
整个作品被简化为这些悬浮和相交的彩色块面，空间在其间流动，
与未来主义原则一致。范杜斯伯格对这一空间系统定义如下：

图 77

特奥·范杜斯伯格

《反构成·时空构成 2 号》，1924
年

这是一系列轴测图中的一幅，给
出了范杜斯伯格新造型主义建筑
的概念，在其中立方体体积被简
化为平面，使内部和外部空间连
续；颜色和形式都被融合在一起

© Museo Nacional Thyssen-Bornemisza, Madrid

　　功能空间的细分是由矩形平面严格决定的，矩形平
面本身没有独特形式，尽管它们受到限制（一个平面受
另一个平面限制），但可以想象它们延伸至无穷远，从
而形成一个坐标系，其中不同的点将对应普遍开放空间
中的相等数量的点。[1]

---

[1]　Theo van Doesburg, "Towards a Plastic Architecture", *De Stijl*, Vol.6, no. 6–7,
　　　1924.

在这些绘图中，轴测法不仅是一种有用的图形工具。它还是唯一一种不会使建筑的一部分优于另外一部分（比如，外立面优于室内）的绘图方法。在"实际生活"中，要完整地回忆一座房子，唯一的方法是及时地一遍遍追溯其内部空间，就如路斯的"空间体积规划"住宅一样。轴测法将这种临时的、半意识过程，转变成瞬间的、有意识的体验。对范杜斯伯格而言，这些绘图似乎象征着他对建筑的技术神秘主义的想象，与生活经验的流动相一致。它们是对不可言说之物的理想再现。轴测法也是范杜斯伯格尝试再现四维空间的基础。[1]

唯一采用了范杜斯伯格的形式原则的建筑是赫里特·里特维尔德设计的施罗德住宅（Schroeder House），该住宅 1924 年建成，位于乌得勒支（Utrecht）。从外观看，该住宅像由基本形式组成的蒙太奇，但其碎片化纯粹是一种表面效果，使这座住宅变得有生气的是它的室内部分。里特维尔德依据范德莱克和胡萨尔的早期试验，重新诠释了范杜斯伯格的《反构成》，让房子里的家具和设备变成了一个由直线和原色组合成的充满生机的作品。

风格派以外的建筑

除了里特维尔德的作品，荷兰现代建筑的发展方向与风格派倡导的不同，二者只有部分原则相同，比如形式的抽象，非物质性和非对称性。新兴的建筑抛弃了风格派严格的简化和碎片化，回到封闭的形式和正面性。奥德在 20 世纪 20 年代的作品几乎没受到风格派的影响［图 78］，而约翰内斯·布林克曼（Johannes Brinkman，1902—1949）和伦德特·科内利斯·范德弗鲁格特（Leendert Cornelis van der Vlugt，1894—1936）的作品受到了风格派影响，这一点可

---

[1] Linda Dalrymple Henderson, *The Fourth Dimension and Non-Euclidean Geometry in Modern Art* (Princeton, 1983), pp. 321–334.

图 78
J. J. P. 奥德

社会住宅，1924—1927 年，荷兰角
（Hook of Holland）

在这个项目中，早期风格派的影
响被更保守的建筑风格取代，在
这些建筑中，不同的房间被统一
在柏拉图式纯净的单一空间中。
建筑表面显出薄、白、光滑的薄
膜效果

从其对紧密连接的体块、悬臂楼板和飘浮的垂直面的特定使用上看
出来。到 20 世纪 30 年代早期，在位于鹿特丹的范内尔工厂（Van
Nelle Factory，1927—1929）和索内费尔德住宅（Sonneveld House，
1928）等这类作品中［图 79］，风格派的形式已被完全融入拥有光
滑、机器般表面和大面积玻璃的构成主义建筑。在 1931 年修建的
巴黎工作室中，范杜斯伯格本人也放弃了早期的新造型主义，他将
该工作室建成一个相对简单的、功能性的盒子。

1935 年奥德出版的《荷兰与欧洲的新建筑》（*Nieuwe Bouwkunst
in Holland en Europe*）一书揭示了风格派与 20 世纪 20 年代新建筑
之间的这种紧张关系：

新客观主义可能听起来很有名，其很大一部分是从
早期自由艺术（主要是绘画）发展而来。其形式的起源
主要在审美领域，而不是客观领域……水平和垂直交叉
的建筑构件、浮筑楼板、角窗……曾经有段时间非常流
行。它们源自绘画和雕塑，这一点很容易证明，不论有

图 79
约翰内斯·布林克曼与伦德特·科内利斯·范德弗鲁格特

索内费尔德住宅，1928 年，鹿特丹

这座房子比奥德的作品更具构成主义色彩，它有很宽的阳台和玻璃墙，暗示着向阳的清洁世界

无实用目的，它们不断被使用。[1]

　　奥德用"客观"一词来与"审美"对立，以及他反对绘画和雕塑的"不实用"的影响，这显然表明新的"功能"参数的出现。尽管如此，范杜斯伯格作品中的理想主义和形式主义仍然是现代建筑师们寻求新的形式语言的催化剂，就如若干年前弗兰克·劳埃德·赖特的作品所起的作用一样。1921 年，范杜斯伯格开始担任"幕后工作"——任教于包豪斯，1922 年与 1923 年，他分别在魏玛和巴黎举办展览，由于他的这些活动，新造型主义在勒·柯布西耶、瓦尔特·格罗皮乌斯、密斯·凡·德·罗等建筑师职业生涯的关键时刻，对他们产生了相当大的影响。

---

[1]　Jaffé, *De Stijl 1917–1931*, p. 193.

俄罗斯先锋派

　　俄罗斯艺术改革运动的发展轨迹与西欧大体相同。与其他地方一样，受威廉·莫里斯影响，俄罗斯本土艺术与手工艺的复兴在两个中心兴起：铁路巨头萨瓦·马蒙托夫（Savva Mamontov）在莫斯科附近的庄园（19世纪70年代）与捷尼舍娃王妃（Princess Tenisheva）在斯摩棱斯克（Smolensk）的庄园（19世纪90年代）。两者都与泛斯拉夫运动（Pan-Slav movement）密切相关。但在1906年，随着无产阶级文化协会（Proletkult）的创立，泛斯拉夫运动自身也在发生转变。无产阶级文化协会由亚历山大·马利诺夫斯基（Alexander Malinovsky）创立，他自称"波格丹诺夫"（Bogdanov，意为上帝赐予）。波格丹诺夫曾于1903年加入布尔什维克，他新成立的组织也在观念上发生转变，从民众转向无产阶级，从手工艺转向科学与技术。在波格丹诺夫看来，无产阶级在迈向社会主义时，必须在政治、经济和文化上同时进步。事实上，这些思想离圣西门比离马克思更近，尤其在呼吁一种新的实证主义"信仰"方面。

　　俄罗斯与西欧的先锋派有共同的模式，这不仅体现在两者的关注重心都从手工艺转向机器生产，还体现在美术作为两者最重要的实验领地重新出现，这与格式塔观念有关。唯一的实质性区别是，在俄罗斯，工业艺术和美术运动几乎同时发生，并陷入毁灭性的意识形态斗争中；而在西方，尽管有重叠，它们仍是相继发生的。

　　十月革命前俄罗斯先锋派艺术运动的多样性在革命后仍然持续，尤其是源自立体主义和未来主义的艺术运动，这给历史学家带来了一系列令人困惑的缩略词。所有的艺术派别都支持革命，包括最保守的派别，每一个派别都认同其目标。对于那些参加革命的先锋派艺术家和建筑师来说，"一战"前的乌托邦幻想似乎即将成为历史现实。[1]这场革命带来创造力的大爆发，战前欧洲先锋派开辟的道路被重新导向社会主义的实现。

艺术机构

十月革命后，卢那察尔斯基（Lunacharsky）领导成立了启蒙委员会（The Ministry of Enlightenment），他与无产阶级文化协会有联系。与整个党派相比，启蒙委员会对现代艺术更加宽容。在新的委员会领导下，艺术机构进行了全面改革。1918 年，自由工作室（Free Workshops）在莫斯科成立，1920 年更名为国立高等艺术与技术工作室［Higher State Artistic and Technical Workshops，简称呼捷玛斯（Vkhutemas）］，它由十月革命前莫斯科两所主要艺术学校——斯特罗加诺夫工业设计学院（Stroganov School of Industrial Design）和莫斯科绘画、雕塑和建筑学院（Moscow School of Painting, Sculpture, and Architecture）——继承合并而成。旧的艺术学院与自1914 年就开始为产业培养学生的工艺学院合并，带来了体制上的根本突破，这与当时魏玛包豪斯的情况类似，所有部门都需开设的设计入门课或"基础学部"（Basic Sectian）是这一变革的缩影。学校里的进步派被分为两个意识形态阵营：一派是理性主义者，由建筑师尼古拉·拉多夫斯基（Nikolai Ladovsky，1881—1941）和其左翼联合工坊（United Workshops of the Left，简称 Obmas）领导；另一派是构成主义者，其成员包括建筑师亚历山大·韦斯宁（Alexander Vesnin，1883—1959），艺术家瓦尔瓦拉·斯捷潘诺娃（Varvara Stepanova，1894—1958）、亚历山大·罗琴科（Alexander Rodchenko，1891—1956）、阿列克谢·甘（Aleksei Gan，1889—1942）。另一个

---

[1]　Tafuri and Dal Co, *Modern Architecture*, p. 204.

重要的机构是莫斯科艺术文化研究所（Moscow Institute of Artistic Culture，简称 Inkhuk）。正是在该研究所内部，左翼构成主义者第一工作组（First Working Group of Constructivists）于 1921 年成立，该工作组与理性主义者就"构成"（construction）与"组成"（composition）问题展开了激烈争论。[1]

理性主义对构成主义

尽管理性主义者与构成主义者在作品形式上常常相似，但在思想意识上，他们之间有着根本对立。在理性主义者看来，艺术革新的首要任务是纯化和发现其心理与形式法则；在构成主义者看来，艺术在本质上是一种社会现象，不能被孤立地视为一种纯形式的实践。

理性主义者从表现主义的建筑想象出发，精心建立了以格式塔心理学为基础的形式分析系统［图 80］。直到 1930 年呼捷玛斯改组变得更为保守，拉多夫斯基在呼捷玛斯开设的课程一直是基础学部的核心。1923 年，拉多夫斯基成立了新建筑师协会（Association of New Architects，简称 ASNOVA），以抵制莫斯科文化艺术研究所内部功利倾向的构成主义者日益增长的影响。

有必要在此提及另一个基本由形式主义者构成的小组：至上主义。至上主义由画家卡西米尔·马列维奇（Kazimir Malevich，1879—1935）创建于 1913 年，它与荷兰新造型主义有许多共同之处，包括其几何还原主义、与神智学的关联（比如马列维奇自己）、与彼得·邬斯宾斯基（Peter Ouspensky）著作的关联。[2] 与蒙德里安的绘画不同，马列维奇的至上主义作品仍然依赖于再现物体与幻觉空间之间的图底关系，即便这个幻觉空间毫无特色，

---

[1]   Christina Lodder, *Russian Constructivism* (New Haven, 1983), pp. 83–93.

[2]   Henderson, *The Fourth Dimension and Non-Euclidean Geometry in Modern Art*, pp. 274–299.

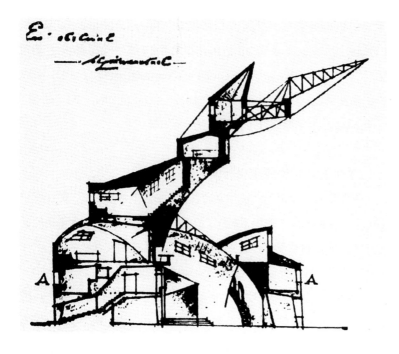

图 80

尼古拉·拉多夫斯基

公社设计图，1920 年

拉多夫斯基早期的这类理性主义
作品延续了达达主义和表现主义
的传统，他为该传统提供了一套
伪科学的规则体系

且是牛顿式的绝对空间。此外，与蒙德里安不同，但与范杜斯伯
格类似的是，马列维奇将其思想体系延伸至建筑领域。在一系列
棱柱形、半建筑化的雕塑（他称之为"Arkhitekton"）中，他试图
展现不断变化的功能需求背后潜在的永恒的建筑法则［图 81］。建
筑师埃尔·利西茨基（El Lissitzky，1890—1941）在达姆施塔特受
过训练，20 世纪 20 年代早期与马列维奇在维特伯斯克（Vitebsk）
的艺术学院有交往。他的以"普鲁恩"（Proun，即 Project for the
affirmation of the new，肯定新事物项目）为名的一组绘画，探索
了建筑、绘画和雕塑的共同基础。其中许多幅作品中出现类似
Arkhitekton 的物体，漂浮于失重空间中，它们都用空间性的模糊
的轴测图来描绘。与范杜斯伯格类似，利西茨基对探索再现四维
空间的可能性感兴趣，尽管他后来否认了这一点。

　　与理性主义者相反，构成主义者小组认为构成现代艺术本质
的不是形式原则，而是构成原则。构成主义者第一工作组（由罗

图 81

卡西米尔·马列维奇

建筑（Arkhitekton），1924 年

马列维奇的建筑类似早期风格派作品，装饰不是具象的，"形式"与"装饰"的区别只在尺度。这些研究纯粹是实验性的，这些建筑没有功能，也没有内部空间组织

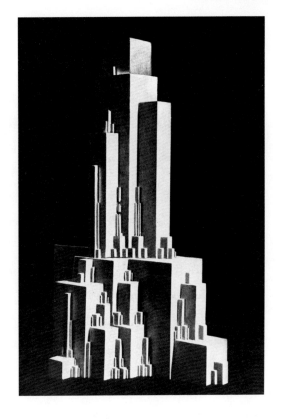

琴科、斯捷潘诺娃和甘成立）是构成主义者中最激进的一支。这个小组将未来主义关于艺术作品的概念延展为一种"构成"——一个处于真实对象中的真实对象——而不是被再现对象的"组合"，并坚持认为这必然导致美术被淘汰，完全由应用艺术或工业艺术［或"生产艺术"（production art），他们更喜欢这个叫法］取代。他们将黑格尔的艺术扬弃思想——已经在"一战"前的先锋派理论（比如蒙德里安的思想）中出现——从一个模糊的乌托邦幻想转变成一个实际的政治计划。这个计划在 1922 年阿列克谢·甘的《构成主义》宣言中有陈述。[1]

---

[1]　Lodder, *Russian Constructivism*, p. 98.

这种"构成"对象的主要范例是弗拉基米尔·塔特林（Vladimir Tatlin，1885—1953）的三维空间作品，尤其是他于 1915 年创作的"反浮雕"（Counter-relief）和 1919 年至 1920 年创作的第三国际纪念碑（Monument to the Third International）设计模型，前者以 1914 年波丘尼对巴勃罗·毕加索（Pablo Picasso）浮雕拼贴的重新诠释为基础，后者融合了立体–表现主义（Cubo-Expressionist）形式和伪理性结构［图82］。第一工作组将这些明显没有实用性的作品视为一种中途站，用来创造迄今为止并不存在的一类人："艺术家–构成者"（artist-constructor），这种人集艺术家与工程师的技能于一身。这种争论中的许多学术性故弄玄虚掩盖了第一工作组试着调和艺术唯心主义与马克思唯物主义的意图。从塔特林零星的著作中可以看到，对他而言，构成现代艺术和政治革命之间必要联系的，正是对复杂数学形式的模仿和直觉理解，而不是对这些形式的如实生产。塔特林的作品不是技术的一部分，而是技术的"对应物"。[1]

第一工作组最关心的问题是艺术家在工业经济中的角色——这也是 14 年前德意志制造联盟成立以来所有先锋派的共同关切。构成主义理论家鲍里斯·阿尔瓦托夫（Boris Arvatov）建议，呼捷玛斯的手工艺商店应该用于家具、服装和其他生产领域的物质生活标准形式的发明。[2]

罗琴科、斯捷潘诺娃和柳博芙·波波娃（Lyubov Popova，1889—1924）等艺术家及其学生们开始着手设计新的社会主义微观环境里的物件［图83］。与"一战"前德国工坊受德意志制造联盟启发而制造的家具不同，这些物件从来不曾进入生产周期，

---

[1]　Lodder, *Russian Constructivism*, p. 65.

[2]　Ibid., p. 107.

图 82
弗拉基米尔·塔特林

第三国际纪念碑设计模型，1919—1920 年

这座纪念碑有 400 米高，横跨圣彼得堡的涅瓦河。它包含三个几何形体，可以围绕其轴线像行星一样旋转，象征着立法机构、行政机构和信息服务机构

它们的设计者也没有工厂经验，若有工厂经验，则可能使这些设计者成长为艺术家-构成者。然而，尽管仍然是艺术家的创造，它们属于一种新的家具设计经济，依靠胶合板、曲木和钢管等新材料，在形式上较少依赖传统手工技艺，而更依赖某种创造才智。这种类型的实用设计将在包豪斯的设计，以及马特·斯坦（Mart Stam，1899—1986）与马塞尔·布劳耶（Marcel Breuer，1902—

图 83
亚历山大·罗琴科

国际象棋桌绘图，1925 年，局部

这是为 1925 年巴黎装饰艺术博览
会（Exposition des Arts Décoratifs）
苏联馆中的工人俱乐部绘制的若
干家具图中的一幅

1981）等建筑师设计的家具中达到顶点，并最终为"设计师家具"（designer furniture）创造出自己的市场。因此，"生产主义"（productivist）的设计师无意中成了市场生产的先驱，而这种市场生产与他们所设想的恰恰相反。

这些设计的教化目的也是波波娃与亚历山大·韦斯宁等人为弗谢沃洛德·梅耶荷德（Vsevolod Meyerhold）的"生物力学剧场"（Bio-mechanical Theatre）设计的舞台布景的特点。[图 84] 在这个舞台场景设计中，美国工业主义的影响很明显。这些带有讽刺和趣味的木质构筑物象征着人与机器的综合，并以美国工程师 F. W. 泰勒（F. W. Taylor）"工时与动作"（time-and-motion）研究的精神描绘了一个机械效率的环境，但是所有危险因素均被移除："这是一个新世界，在其中行动自由与机器的计划使用将被结合在一起。"[1]

---

[1]　Tafuri and Dal Co, *Modern Architecture*, p. 208.

图 84
柳博芙·波波娃

梅耶荷德生物力学剧场的舞台
布景，1922 年

这一布景是对机器主导下的社会
生活的有趣再现——一种没有泪
水的机械化

构成主义者的公共建筑

1920 年，弗拉基米尔·伊里奇·列宁（Vladimir Ilyich Lenin）
在新经济政策中重新引入一部分自由市场的资本主义，由此启动
了一项充满雄心的国家与私人联合赞助的企业建筑计划。1922 年
以后，举办了许多竞赛，尽管最终建成项目很少，但正是从这些
竞赛中诞生了第一座永久性的大型构成主义建筑。这座建筑的主要
特点是所有装饰的去除和结构框架的外显，显示出美国工厂设计，
以及格罗皮乌斯和路德维希·希尔伯塞默（Ludwig Hilberseimer,
1885—1967）参加的 1922 年《芝加哥论坛报》（*Chicago Tribune*）
大厦竞赛方案的影响。尽管无产阶级文化协会活动在 1923 年被终
止，但这些笨重巨石中的一部分，带有书写标志和机械或电子的图
像，令人想起革命早期的宣传亭，并与列宁 1918 年的《纪念碑宣

ПРОЕКТ

图 85

亚历山大·韦斯宁与维克多·韦斯宁（Viktor Vesnin）

为《真理报》莫斯科总部做的竞赛设计，1924 年

这座建筑是一个透明的信息机器，其结构、设备以及附加的媒介装置都成为修辞和宣传的工具，这座建筑已经成为其自身功能的一个符号

传法令》（"Plan of Monumental Propaganda"）相关。韦斯宁为《真理报》（*Pravda*）莫斯科总部做的设计［图 85］，更像一个大尺度、规范化的信息亭，带有透明的框架、矿井口的意象及其社标——具有他和波波娃的舞台布景设计的趣味性。在其他案例中，如韦斯宁的劳动宫（Palace of Labour，1922—1923）竞赛作品和伊利亚·戈洛索夫（Ilya Golosov）的莫斯科工人俱乐部（Worker's Club，1926），建筑体量被分解为包含主要功能元素的巨大几何体块。

OSA

1925 年，在莫伊谢伊·金兹堡（Moisei Ginzburg，1892—1946）的思想领导和亚历山大·韦斯宁的赞助下，构成主义内部形成了一个新的专业小组，被称为当代建筑师协会（The Union of Contemporary Architects，简称 OSA）。这个小组反对理性主义和第一工作组。它试图引导先锋派脱离无产阶级文化协会的乌托邦修辞，转向以科学方法和社会工程为基础的建筑。这个小组的目标反映了俄罗斯先锋派中的重组和综合趋势。就如列昂·托洛茨基（Leon Trotsky）在其著作《文学与革命》（*Literature and Revolution*，1923）中指出的："如果未来主义被革命混乱的活力所吸引……那么，新古典主义表达了对和平的需求，对稳定形式的需求。"此种情形在西方先锋派中也同样出现，我们将会看到，为了对抗表现主义、未来主义和达达主义的非理性主义，西方先锋派中有一个转向，转向新古典主义的宁静和精确。

OSA 小组出版《当代建筑》（*Contemporary Architecture*）[1] 杂志，并与西欧先锋派建筑师建立了密切联系。金兹堡的著作《风格与时代》（*Style and Epoch*，1924）很大程度模仿了勒·柯布西耶的《走向新建筑》（*Vers une Architecture*，1923）一书（尽管反对柏拉图的常数的概念），并受到李格尔的艺术意志概念的影响。OSA 设想了一种均衡的建筑，在这种建筑中，审美和技术-材料的力量得到协调。这受到拉多夫斯基的 ASNOVA 的强烈反对，这种反对出于他们的实证主义态度和对技术的强调。[2]

这种国际主义思想的早期表现是 1922 年由利西茨基和诗人伊利亚·爱伦堡（Ilya Ehrenburg）出版的杂志《物体》（*Veshch*）。这本杂志在柏林出版，存在时间很短，利西茨基是当时俄罗斯先锋派在德国的代言人。这本杂志主要使用俄语，其主要目的是让

---

[1] 据让-路易·科恩（Jean-Louis Cohen）口述说明：避免使用"现代"一词而使用"当代"，是因为俄语中"现代"与新艺术运动联系在一起。

[2] 关于 OSA 与 ASNOVA 的争论，参见 Hugh D. Hudson Jr., *Blueprints and Blood: The Stalinization of Soviet Architecture* (Princeton, 1994), chapter 3。

俄罗斯读者熟悉欧洲的发展。[1]该杂志强调审美对象的自治："我们并不希望看到，艺术的创造仅限于实用的物体。每一件被组织起来的作品——它可能是房子、诗歌或绘画——都是实用物体。基本的实用主义离我们的思想很远。"[2]尽管表面上宣扬最新的构成主义思想，杂志完全忽视了第一工作组的反审美信条。

OSA 的建筑师们专注于住房和城市化，将它们视为支持社会主义发展的手段。金兹堡并不主张更为教条的社区生活，按照社区生活的教条形式，工作和休闲时间都应该遵循严格的泰勒主义，家庭生活几乎被取消。尽管金兹堡很重视普通人的意见，但他设计的莫斯科纳康芬住宅（Narkomfin Housing，1928—1929）[图 86]中的公寓类型却不受欢迎，因为平面面积极小，人们原来习惯的那种杂乱的大家庭生活在其中难以进行。[3]这栋建筑反映了勒·柯布西耶的影响，体现在其可塑、组合式的机体，以及家庭住宅与公共设施结合方面。[4]

在城市规划领域，OSA 陷入城市主义者和非城市主义者的争论之中。在这场争论中，城市主义者建议对现有城市进行适当疏散，保留其实质，沿着雷蒙德·昂温（Raymond Unwin）的莱奇沃思（Letchworth）和汉普斯特德田园郊区（Hampstead Garden Suburb）的思路来规划田园郊区。与之相反，非城市主义者建议除了历史中心，逐步拆除现有城市，并将人口疏散到整个乡村。金兹堡的非城市主义观点体现在他为绿城（Green City，莫斯科附近

---

[1]　Lodder, *Russian Constructivism*, p. 227.

[2]　Ibid., p. 228.

[3]　Anatole Kopp, *Town and Revolution: Soviet Architecture and City Planning 1917–1935* (New York, 1970), p. 143.

[4]　纳康芬住宅内公寓和通道的分段联锁与柯布西耶 1922 年"当代城市"的草图之一极为相似，参见 Le Corbusier, *Œuvre Complete*, vol. 1 (Zurich, 1929), p. 32。一般认为，柯布西耶设计的"光辉城市"（Ville Radieuse）和马赛集合公寓（unité d'habitation）的交叉公寓类型受到了莫伊谢伊·金兹堡的影响。

图 86
莫伊谢伊·金兹堡

纳康芬住宅，1928—1929 年，
莫斯科

这并非 20 世纪 20 年代俄罗斯大
规模住宅项目的典型，它以先锋
派和乌托邦的公共生活原则为基
础，这些原则并未被约瑟夫·斯
大林（Joseph Stalin）政府普遍
接受；该方案以现代建筑的国
际主义观点为基础，在形式层面
上，很大程度受益于柯布西耶的
作品

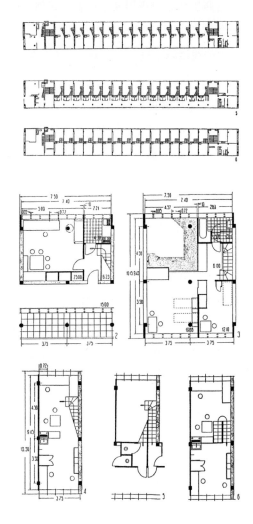

的一座休闲城市）和位于乌拉尔山麓的钢铁城市马格尼托哥尔斯克（Magnitogorsk）所做的竞赛方案上。马格尼托哥尔斯克是 1928 年苏联"一五计划"中规划的新城之一，金兹堡为它设计了底层架空的轻质木屋，适合新的游牧生活。这些规划以社会学家米哈伊尔·奥希托维奇（Mikhail Okhitovitch，1896—1937）的理论为基础，[1]奥希托维奇建议将工业分散，建立城乡生活的平衡关系，以普遍拥有汽车的福特主义模式为基础。[2] 在他们的项目中，OSA 采用了由西班牙城市规划家索里亚·玛塔（Soria y Mata，1844—1920）和其俄罗斯弟子尼古拉·米柳京（Nikolai Milyutin，1889—1942）提出的线性城市概念，后者还是金兹堡的纳康芬住宅的客户。

两位有远见的建筑师

20 世纪 20 年代俄罗斯众多具有天赋的建筑师中，有两位尤为杰出：康斯坦丁·梅尔尼科夫（Konstantin Melnikov，1890—1974）和伊万·列昂尼多夫（Ivan Leonidov，1902—1959）。梅尔尼科夫有十月革命前的背景，列昂尼多夫则成长于十月革命后的先锋派文化氛围中。尽管如此，两人都致力于社会主义和现代主义，试图给予革命理想主义以象征形式，同时出于纯粹的兴趣而去探索建筑理念。

梅尔尼科夫年纪偏大，当他还是学生时，受到当时流行的浪漫主义古典主义（Romantic Classicism）影响，后来受到表现主义和无产阶级文化协会运动的影响。他的方法在很多方面与拉多夫斯基的形式主义类似；但是，他认为拉多夫斯基的思想过于理论化和程

---

[1] 1935 年，奥希托维奇被内务人民委员部（NKVD）逮捕，两年后死于狱中。参见 Hudson, *Blueprints and Blood*, p. 160。

[2] Jean-Louis Cohen, "Architecture and Modernity in the Soviet Union 1900–1937", in *A+U*, June 1991, no. 6, pp. 20–41.

式化，他和伊利亚·戈洛索夫一起，建立了一个独立的呼捷玛斯工作室——新学院（The New Academy），教授更加个人和自发的设计方法。在梅尔尼科夫的项目中，形式与空间都以对项目的仔细研究为基础，他以碰撞和扭曲的几何形状来解释方案，如 1925 年巴黎装饰艺术博览会上的苏联馆［图 87］。他的建筑寄托了建筑以外的联系和构想，并在现有城市环境中起到标志、符号的作用，比如 1927 年的鲁萨科夫工人俱乐部（Rusakov Workers Club）。在这方面，它们与当时在俄罗斯建筑师中很受欢迎的克劳德-尼古拉斯·勒杜（Claude-Nicolas Ledoux，1736—1806）的建筑手法类似，这一点经常被提及。

无论是从形式上或是技术上，梅尔尼科夫拒绝给现代建筑一个纯粹的定义，他的建筑显示出结构表现主义、形式抽象和人像讽喻使用的折衷混合。这些"媚俗"元素，如在 1934 年重工业军需部（Commissariat for Heavy Industry）中体现的，在他 20 世纪 30 年代的作品中日益频繁地出现，这可能反映出官方对社会现实主义（Social Realism）建筑的需求。但是，梅尔尼科夫将它们作为突击战术中的额外武器使用，而不是为了与传统保持协调一致——让人想起批评家维克托·什克洛夫斯基（Viktor Shklovsky）的将传统实践"陌生化"的理论[1]。这使得他的作品和构成主义者与理性主义者的作品一样，在 20 世纪 30 年代遭到官方的忽视。

伊万·列昂尼多夫比梅尔尼科夫小 12 岁，是 OSA 和金兹堡形式主义-功能主义派构成主义的产物。与梅尔尼科夫作品的物质性和戏剧性形成鲜明对比的是，列昂尼多夫的设计看上去存在于一个虚无的新柏拉图主义世界中，在其中技术已经转化为纯粹的理念。他的声誉主要来自 1927 年至 1930 年设计的一系列乌托邦项目。其中，第一个也是最重要的项目是列宁图书馆学研究

---

[1]　参见 Victor Erlich, *Russian Formalism: History, Doctrine* (The Hague, 1955)。

图 87
康斯坦丁·梅尔尼科夫

装饰艺术博览会苏联馆，1925 年，
巴黎，设计图

展馆是混合结构体，它既是建筑
同时也是一个符号，斜向的公共
台阶呈对角穿过展馆——20 世
纪 60 年代勒·柯布西耶设计哈
佛大学的卡彭特中心（Carpenter
Center）时重拾了这一构想

所（Lenin Institute of Librarianship）[图 88]，此项目曾在 1927 年
莫斯科第一届当代建筑展中展出。它看上去像至上主义作品，主
要由一个细长的塔楼和半透明球体（礼堂）构成，后者由绷紧的
缆绳拉着，防止漂浮。第二个项目是文化宫（Palace of Culture，
1930），将典型的工人俱乐部改造成国家级的无产阶级教育机构。
与列宁纪念碑（Lenin Monument）从一个中心点扩展变化不同，
文化宫的平面由静态的矩形构成，细分为方形网格，网格之中是

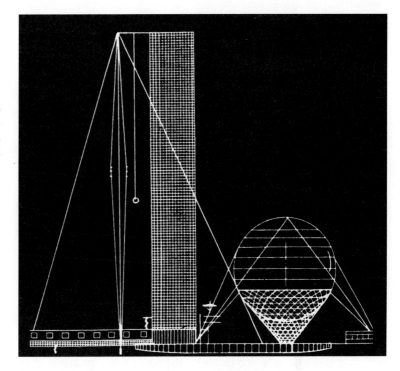

图 88
伊万·列昂尼多夫

列宁图书馆学研究所设计图，
1927 年

在这件作品中，透明和失重的隐喻与几何形式相结合，它综合了至上主义和构成主义，象征着理想与现实、精神与物质已实现融合的社会主义

不同的柏拉图元素——光滑的半球，圆锥体和金字塔，像棋盘上的棋子一样展开，由于毫不费力地总结和综合了至上主义和构成主义的传统，列昂尼多夫的项目都很引人注目。

俄罗斯先锋派的终结

整个 20 世纪 20 年代，俄罗斯先锋派建筑师努力保持他们创作的自由，这常常指相对苏联共产党而言，在社会上和艺术上有自由提出更加激进的思想。但到 20 世纪 20 年代末，先锋派与政府部门的分歧越来越大。随着斯大林政府日益专制，及其在文化上日益保守，建筑师们变得更加理想化——就如列昂尼多夫的作品所显示的。在城市化这方面也是如此。OSA 的建筑师诅咒传统城市，苏联共产党却将其视为文化遗产——群众可以理解，因而应该得到保护、扩展和改善。1935 年的莫斯科规划［建筑师是 V.

N. 谢苗诺夫（V. N. Semenov）] 尽管以其独特的中世纪结构为基础，却遵循了 19 世纪与 20 世纪初城市规划的一般原则，如豪斯曼的巴黎，维也纳的环城大道和伯纳姆的芝加哥等。官方的观点可用如下标语概括："人民有权利使用纪念柱。"

随着 1928 年斯大林第一个五年计划的实行，政府开始大力发展工业和农业集体化。这里面也包括在靠近原材料产地的地方选址，建设一批新兴工业城市。金兹堡和米柳京为马格尼托哥尔斯克提出的解决方案被忽视，传统的中心式城市得到支持。新的城市管理者们对俄罗斯建筑师缺乏信心，认为他们缺乏实践经验，只专注于长远的乌托邦理想，转而聘请对新聚居区有技术和管理经验的外国建筑师，其中包括德国建筑师恩斯特·梅（Ernst May，1886—1970）和瑞士建筑师汉斯·迈耶（因对在西欧建立社会主义的可能性感到失望，他于 1930 年移居苏联）。尽管如此，这些建筑师完全误判了苏联的真实情况，当发现其雇主更感兴趣的是他们的技术技能，而不是他们的现代主义审美时，他们感到失望，因为在苏联建筑业的原始条件下，现代主义美学无论如何都难以实现。

两个事件象征着俄罗斯先锋派的最终死亡。第一个事件是 1932 年除了斯大林主导的无产阶级建筑师联合会（All Union Society of Proletarian Architects，简称 VOPRA）[1]，所有自主的建筑专业团体解散，这使得政府对专业的控制加强。第二个事件是 1931 年至 1933 年举办的著名的苏维埃宫（Palace of the Soviets）竞赛结果公布。经过漫长的评审，年轻的"中间派"建筑师鲍里斯·约凡（Boris Iofan）从众多参赛者中脱颖而出，获得头奖。[图 89] 这些参赛者包括许多欧洲现代主义明星建筑师，如德国的格罗皮乌斯、门德尔松和珀尔齐希，意大利的阿曼多·布拉西尼（Armando Brasini），

---

[1]　成立于 1929 年，参见 Hudson, *Blueprints and Blood*, p. 126。

图 89

鲍里斯·约凡

苏维埃宫模型，1931—1933 年

这个项目代表了斯大林主义的庸俗建筑观，这种建筑观被大众继承。它敲响了苏联现代建筑的丧钟。这个项目一直没有修建

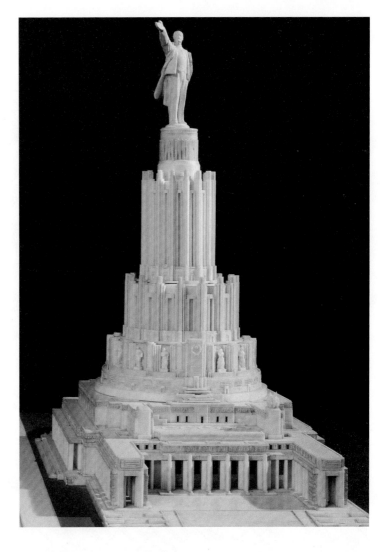

美国的托马斯·兰姆（Thomas Lamb）和约瑟夫·厄本（Joseph Urban），法国的奥古斯特·佩雷（Auguste Perret）和勒·柯布西耶等。

此后，政府保持对建筑政策的牢牢控制。先锋派建筑师们要么徒劳地试图使自己的风格适应已被认可的纪念碑风格，要么变成官僚（如金兹堡），在社会主义现实主义的文化政策下致力于技术进步的工作，这与他们在 20 世纪 20 年代所追求的一切相矛盾。

Return to Order: Le Corbusier and Modern
Architecture in France 1920–1935

第七章
回归秩序：勒·柯布西耶与法国现代建筑 1920—1935

　　"一战"结束后，法国艺术界对战前先锋派的混乱和不受约束的实验倾向产生强烈的反感。大家呼吁"回归秩序"。不过，"回归秩序"，对一部分人而言，意味着回到保守主义价值观和拒绝现代性，对另一部分人而言，则意味着接受现代技术的重要性。使得这一情形变得更为复杂的是，诗人保尔·瓦莱里（Paul Valéry）等文化悲观主义者和勒·柯布西耶等技术乌托邦主义者都从古典主义和几何的精神中获得灵感。

　　"一战"结束到 1923 年，法国很少有建筑活动，建筑师的实践局限于私人住宅设计。本章将要讨论的法国先锋派就是在这一情形中出现的，柯布西耶是其中最具活力与创造力的代表。

"一战"前的勒·柯布西耶

　　勒·柯布西耶原名为夏尔·爱德华·让纳雷（Charles Edouard Jeanneret），他在瑞士法语区拉绍德封（La Chaux-de-Fonds）一座教授艺术与工艺的学院学习手表雕刻。而后，他参加了夏尔·莱普拉特涅（Charles L'Eplattenier）的高级课程。正是莱普拉特涅说服他转向建筑，成为一名建筑师。1908 年，让纳雷前往巴黎，在奥古斯特·佩雷事务所工作了几个月，1910 年至 1911 年，他受莱普拉特涅的委托准备一篇关于德国实用艺术的报告，前往德国待了几个月。

在德国，让纳雷遇见了特奥多尔·菲舍尔、海因里希·特森诺和布鲁诺·保罗，并在彼得·贝伦斯事务所短暂工作，他还参加了德意志制造联盟的一场重要会议——这场会议由水泥行业赞助，有许多德国先锋派的杰出人物出席。此后，让纳雷还去了巴尔干半岛、伊斯坦布尔和雅典旅行。从他在此次旅行中写的日记与书信可以看出，他一方面热爱东欧和伊斯坦布尔偏"女性阴柔"的本土艺术，另一方面也倾慕古希腊充满"男性阳刚"的古典主义，并认为其与现代理性主义精神一致。帕特农神庙的影响，加上佩雷与贝伦斯的教导，使让纳雷放弃了以前所受训的带有中世纪特征的新艺术传统，转向古典主义。

让纳雷的德国实用艺术报告题目为《德国装饰艺术运动研究》（"Etude sur le Mouvement de l'Art Décoratif en Allemagne"），在这个报告中，他称赞了法国装饰艺术的传统，不过，他也看到这一传统将受到德国商业竞争的威胁。他对德国人的统筹能力赞不绝口，却贬低他们的艺术品位。尽管前后有些不一致，但他承认自己对新兴的德国新古典主义运动很钦佩，宣称那种"帝国"风格是当时的进步风格，是"贵族的、冷静的和严肃的"。

让纳雷的早期作品已经显示出他试图调和建筑传统和现代技术的愿望，这一愿望贯穿其整个职业生涯。1911 年至 1917 年，让纳雷在拉绍德封开展实践，主要忙于三类项目：研究在曲径通幽的田园郊区模式下如何将工业技术运用到大众住宅中，帝国风格（Empire Style）和督政府风格（Directoire Style）的资产阶级室内设计，新古典主义别墅设计。让纳雷在拉绍德封周边修建有三座别墅：让纳雷别墅（Villa Jeanneret，1912）、法福尔-杰科特别墅（Villa Favre-Jacot，1912）与施沃布别墅（Villa Schwob，1916），前两座受到贝伦斯新古典主义住宅影响很大，第三座受到佩雷使用钢筋混凝土框架的影响。在此时期，让纳雷频繁地去巴黎，这使他与佩雷和法国装饰艺术圈子保持着联系，也使他的"习作"在这些圈子中获得某种成功。[1]

1917 年，让纳雷定居巴黎，并在其老朋友、工程师兼企业家马克斯·迪布瓦（Max Dubois）的商业分支机构建立了一个办公室。1918 年，让纳雷遇见了艺术家阿梅德·奥占芳（Amédée Ozenfant），在他的指导下画起了油画。他们将自己称为"纯粹主义者"（Purists），并很快合作发表了宣言《立体主义之后》（*Après le Cubisme*），1920 年，他们还与诗人保罗·德尔梅（Paul Dermée）一起创办了《新精神》（*L'Esprit Nouveau*）杂志。

《新精神》

从 1920 年 10 月至 1925 年 1 月，这本杂志（德尔梅由于其达达主义倾向，很快被劝退）一共出版了 28 期。该杂志原来的副标题是"国际美学评论"（*Revue Internationale d'Esthétique*），很快被改为"国际当代活动评论"（*Revue Internationale Illustrée de l'Activité Contemporaine*），并宣告其主题包括：文学、建筑、绘画、雕塑、音乐、理论和应用科学、实验和工程美学、城市主义、哲学、社会学、经济学、政治学、现代生活、戏剧、仪典和运动会。

---

[1]　关于让纳雷的早期职业生涯，参见 H. Allen Brooks, *Le Corbusier's Formative Years* (Chicago, 1997)。关于他早期思想的形成，参见 Paul Venable Turner, *The Education of Le Corbusier* (New York, 1977)。关于他的室内设计和家具以及他与法国装饰艺术的联系，参见 Troy, *Modernism and the Decorative Arts in France*, chapter 3。

杂志的大多数文章都由奥占芳和让纳雷撰写，以各种假名署名。[1]（此时让纳雷开始采用"勒·柯布西耶"这个署名，不过，到 1928 年为止，他在画作上的署名一直是"让纳雷"。）

《新精神》的主题是艺术与工业社会之间的问题关系，这一主题在《立体主义之后》中就已形成。《新精神》的观点与风格派类似，都认为现代工业化的世界预示着个人主义向集体主义的转变。它们还一致认为，艺术与科学并不对立，尽管各自采用的方法不同，二者的结合将产生出新的审美。不过，与风格派不同的是，《新精神》相信这种新的审美在精神上是古典的。这种信念常在该杂志对新与旧的并置中得到强调：在关于普桑（Poussin）和安格尔（Ingres）等法国古典大师的专题论文旁插入夏尔·亨利 [2] 的科学美学论文，将帕特农神庙与现代汽车做比较，等等。艺术与科学的这种密切关系被认为是以它们共同接近静止、和谐和不变的状态为基础的。科学与技术已经达到希腊人梦寐以求的完美状态。凭借理性能制造极为精密的机器；感性与理性结合，能创造具有同等精确造型美的艺术作品："今天，没有人否认现代工业产品所散发的美……机器显示出这样的比例、体积和材质的运用，许多机器本身就是真正的艺术品，因为它们包含了一种数学关系，也可以说是一种秩序。" [3] 将现代技术与古典主义画上等号并不新鲜，这曾是穆特修斯的后工艺美术审美信条（见第 67 页）的重要组成部分。但是立体

---

[1]　所有署名奥占芳-让纳雷、勒·柯布西耶-索尼耶（Le Corbusier-Saugnier）和奥占芳的文章后来均收录于 1925 年在巴黎出版的《〈新精神〉文集》（Collection de L'Esprit Nouveau）。

[2]　夏尔·亨利（Charles Henry，1859—1926）是《科学美学导论》（Introduction à une Esthétique Scientifique，1885）一书的作者，他的心理-身体艺术理论影响了两次世界大战期间的形式主义美学。

[3]　Paul Dermée, "Domaine de L'Esprit Nouveau", L'Esprit Nouveau, no.1, October 1920, "Introduction".

主义打开了一条通往更抽象的、柏拉图式古典主义思想的道路，正是以这种形式，技术与古典主义的等同在《新精神》中重新出现。

科学与柏拉图式形式之间的联系基于高度选择的现代科学视角。它倾向于忽视 19 世纪如生命科学与非欧几何等方面的发展，这两者所提供的模型都是违反直觉、不稳定的。而且在《新精神》所预期的这个客观和集体主义的新世界，艺术家的地位仍然未被动摇。风格派和构成主义者依据与《新精神》类似的原则，预见在某个时代艺术家将变得多余。但是在《新精神》看来，在科学和技术主导的现代社会中，艺术家仍扮演着至关重要的角色——使人们看到时代的整体性。弗朗索瓦丝·威尔-勒瓦扬（Françoise Will-Levaillant）的判断很难被推翻：“《新精神》的创始人用实证主义来解决先验的唯物主义与决定所有推理和选择的唯心主义间的矛盾。”[1]事实上，一种尚未解决的二元性构成了柯布西耶思想系统的核心。“建筑的首要目标，”柯布西耶写道，“是创造一个绝对可行的有机体。其次，用和谐的形式调动我们的感官，用对整合它们的数学关系的感知来调动我们的思维，这才是现代建筑真正的开始。”[2]在这些陈述中，技术可行性与审美形式之间的联系仅仅被主张，从未被阐释。尽管只有通过技术，形式才能变得“合法”，但它们在一定程度上仍是自我验证的。唯物主义与唯心主义之间尚未解决的矛盾，不仅存在于《新精神》中，在某种程度上，它是 20 世纪 20 年代整个现代运动的特征。

---

[1] François Will-Levaillant, "Norm et Form à Travers *L'Esprit Nouveau*", in *Le Re-tour à l'Ordre dans les Arts Plastiques et l'Architecture 1919–1925* (proceedings of a colloquium at the Université de Saint-Etienne, Centre Interdisciplinaire d'Etudes et de Recherche sur l'Expression Contemporaine, 8, 1974), p. 256.

[2] Jeanneret, "Ce Salon d'Automne", in *L'Esprit Nouveau*, no. 28, January 1925, pp. 2332–2335.

对象-类型

正是在对现代绘画思想的阐述中，奥占芳和让纳雷发展出了后来《新精神》中的许多建筑思想。《立体主义之后》和《纯粹主义》（"Le Purisme"，1921）[1]中出现的"对象-类型"（objet-type），成为柯布西耶建筑理论中的重要组成部分。在这些文章中，作者称赞了立体主义，因为它抛弃了叙事，简化了形式，压缩了画面深度，还因为它选择特定对象作为现代生活的象征。但是，作者也对立体主义进行了批评，因为它将对象"装饰性"变形和碎片化，并且要求对象复原。"在所有最近的绘画流派中，只有立体主义预见到选择经过挑选的对象的优势……但是，立体主义犯了一个自相矛盾的错误：没有筛选出这些对象的一般规律，而是展示了其偶然性的面貌。"[2]凭借一般规律，这个对象才能变成一个"对象-类型"，从类似自然选择的过程里导出的柏拉图形式才能变得"平庸"，容易无限复制，变成日常生活里的东西［图90］。[3]

新精神馆

到1917年移居巴黎为止，柯布西耶一直在设计新古典主义风格的室内和家具，尽管如此，从1913年起，他便对这种风格产生

---

[1] *L'Esprit Nouveau*, no. 4.

[2] Ozenfant and Jenneret, "Le Purisme", in *L'Esprit Nouveau*, no. 4, October 1920, p. 369.

[3] 对奥占芳和让纳雷纯粹主义理论的分析，参见Kenneth E. Silver, *Esprit de Corps: The Art of the Parisian Avant-garde and the First World War 1914–1925* (Princeton, 1989), pp. 381–389。

图 90
夏尔·爱德华·让纳雷（勒·柯
布西耶）

静物画，1919 年

这件典型的纯粹主义作品，其画
面深度的扁平化与平面的叠加，
借鉴自立体主义，但是画中物体
恢复了其完整性，显得坚固和
厚重。它变成了一种"对象-类
型"，代表不变的价值观念，抵
制了现实的相对碎片化——这正
是立体主义的特点

犹疑。在 1914 年的一篇报告中，他写到，为了与时代精神一致，
设计师们将有必要看看"艺术家放弃并任其自然演进的领域"，[1]这
一思想明显来自阿道夫·路斯［两年前，路斯的文章《装饰与罪恶》
和《建筑》（"Architektur"）已经被翻译成法文，发表在一本无政
府主义杂志《今日笔记》（*Les Cahiers d'Aujourd'hui*）上］。一年
前，柯布西耶曾写信给建筑师弗朗西斯·茹尔丹（Francis Jourdain，
路斯的追随者），表达他对茹尔丹在秋季沙龙展上展出的一个房间
的倾慕。[2] 这个房间里包括结实的、无柱式的，甚至类似农民风格
的家具——与带有大资产阶级趣味的帝国风格大不相同。[3]

在《新精神》的一系列文章中，柯布西耶解决了多年来的犹

[1]   Troy, *Modernism and the Decorative Arts in France*, p. 145.

[2]   Ibid., pp. 136–145.

[3]   Ibid., p. 139.

疑，这些文章于 1925 年结集成《今日的装饰艺术》（*L'Art Décoratif d'Aujourd'hui*）一书出版。他的新思想也在新精神馆（Pavillon de l'Esprit Nouveau）中得到首次展现，该馆由他与其堂弟兼新合伙人皮埃尔·让纳雷（Pierre Jeanneret）在 1925 年巴黎的装饰艺术博览会上合作修建。该博览会在"一战"前就已开始筹划，目的是重申法国在装饰艺术上的主导地位，参会的大部分作品都是法国手工艺传统的现代化形式。[1] 柯布西耶在新精神馆的室内设计则从根本上挑战了这一传统，公然违抗了法国艺术体制，而在几年前他还非常想融入这个艺术体制。新精神馆的提议几乎就是废除这种装饰艺术。新精神馆远不是一个设计高雅的中产阶级住宅，而是"为缺乏品位的普通男士"设计的公寓。这些男士生活于"一战"后由大规模消费和大规模生产主导的经济环境中。

亚瑟·吕埃格（Arthur Rüegg）曾指出新精神馆是"斯巴达式的简洁和异质物件混杂布局的奇妙混合"。[2] 其家具分为固定和可移动两类。固定家具——模块化储存单元或标准格柜（casiers standard）——被整合进建筑背景，可自由移动家具则从市场选择成品，比如梅普斯（Maples）公司的皮革椅与索耐特公司的曲木餐椅。其他参展设计师将房间设计成"艺术整体"，新精神馆只是将找到的"对象-类型"进行拼贴组合，它们之间缺乏固定的形式联系 [图 91]。这些物件简洁地散落在精心布置的空间中，柯布西耶后来写道："（它们）可以立刻被解读、被识别，观看者不会因不好理解某些事物而注意力分散。"[3] 这种固定和可移动家具的想法直接

---

[1]　Troy, *Modernism and the Decorative Arts in France*, chapter 4, "Reconstructing Art Deco".

[2]　Arthur Rüegg, "Le Pavillon de L'Esprit Nouveau en tant que Musée Imaginaire", in Stanislas von Moos (ed.), *L'Esprit Nouveau: Le Corbusier et l'Industrie 1920–1925* (Zurich, 1987), p. 134.

[3]　Ozenfant and Jeanneret, *La Peinture Moderne* (Paris,1990), p.168.

图 91
勒·柯布西耶与皮埃尔·让纳雷

装饰艺术博览会上展出的新精神馆，1925 年，巴黎

展馆是典型的巴黎艺术家工作室改造成的家庭公寓，家具是不知名的、现成的"对象-类型"的混合，也是精心设计的总体艺术作品

来自路斯。然而，与路斯不同的是，柯布西耶以一种新的形式——对工业时代审美的总体表达——回归总体艺术。

钢筋混凝土框架的美学

20 世纪 20 年代现代建筑的诞生以钢筋混凝土为标志，尽管当时许多作品使用的钢筋混凝土也很有限。[1]对"天真的观察者"而言，"混凝土建筑"意味着建筑看起来呈单体和立方形。正是从奥古斯特·佩雷那里，柯布西耶学习到将钢筋混凝土视为最卓越的现代结构材料，但是柯布西耶看待混凝土的视角与其老师佩雷不同。佩雷坚持法国结构理性主义原则，这一原则在学术上被奉为

---

[1]　Banham, *Theory and Design in the First Machine Age*, p. 202.

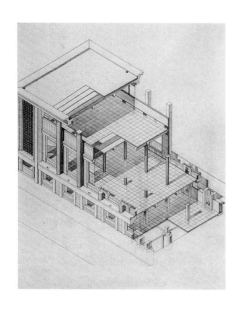

圭臬，根据这一原则，一座建筑的结构应该在立面中有清晰的表
达。在佩雷看来，钢筋混凝土的出现改变了这一传统，但是没有
使其失效；他将混凝土视为一种新的石材［图 92］。

　　与佩雷不同，柯布西耶将钢筋混凝土视为实现建造过程工业
化的手段。[1] 柯布西耶这一思想的首次体现是多米诺体系（Dom-
ino frame，1914）。该体系的提出得到了马克斯·迪布瓦的帮助，
它是由柱子和楼板构成的预制系统，独立于墙体和隔断［图 93］。
在柯布西耶最早应用多米诺体系的项目中，外墙尽管在结构上多
余，但看起来仍像由砖石砌筑。[2] 不过，从 1920 年的雪铁龙住宅
（Citrohan House）开始，这种特征消失了，建筑变成了一个抽象
的棱柱体。在柯布西耶所有成熟的作品中，即便外墙是柱子之间
的填充物，柱子也是被压制的，并且整个表面被刷上一层均匀的

[1]　Réjean Legault, *L'Appareil de l'Architecture Moderne* (PhD dissertation, Massachusetts
　　　Institute of Technology, 1997), p. 188.

[2]　Le Corbusier, *Œuvre Complète*, vol. 1 (Zurich, 1929), p. 25.

图 93
勒·柯布西耶

多米诺体系，1914 年

在这栋建筑中，混凝土框架被认为是独立于空间规划的，是走向建筑过程工业化的一种手段，而不是其老师佩雷所认为的一种语言元素。现在，该建筑被作为工业产品展示

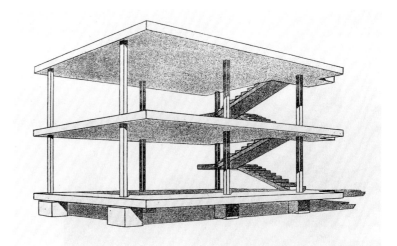

白色或者彩色灰泥。建筑墙体因此变得均质化和非物质化，失去了构造记忆，正如在立体主义中，画作变得碎片化，失去其叙事记忆。建筑不再重述历史，它变得具有自反性。

尽管雪铁龙住宅的结构被压制，但一系列手法暗示了其存在。在微妙展现隐藏的框架结构方面，柯布西耶的作品显示出与罗伯特·马莱-史蒂文斯（Robert Mallet-Stevens，1886—1945）、安德烈·吕尔萨（André Lurçat，1894—1970）、加布里埃尔·盖夫雷基安（Gabriel Guévrékian，1900—1970）等法国现代主义同侪的作品的区别。他们三人与柯布西耶一样，都曾参加 1922 年和 1924 年的秋季沙龙展，在这两个展览中，新的"立体"风格变得众所周知。然而，如果我们将柯布西耶在 1925 年至 1927 年间设计的雪铁龙住宅［图 94］与马莱-史蒂文斯在 1924 年设计的"别墅模型"（Project for a Villa）［图 95］进行比较，就会发现差别非常明显。

雪铁龙住宅是一个单一的立方体量。其窗户开口延伸至转角处的钢筋混凝土柱，只留下该柱的厚度将窗户和周围空间隔开，破坏了建筑的外在体块感。由于窗户玻璃前置，几乎与墙齐平，这种效果得到加强，墙体看起来就像一块薄的隔板。更进一步，

图 94
勒·柯布西耶

雪铁龙住宅，1925—1927 年，斯图加特魏森霍夫住宅区（Weissenhofsiedlung）

这是 20 世纪 20 年代开始建造的一系列雪铁龙式住宅中的最后一个。这栋住宅是纯粹的棱柱体，是对体积而非质量的表达，墙壁看起来像一层薄膜，框架可被感知但不可见

图 95
罗伯特·马莱-史蒂文斯

别墅模型，1924 年

与雪铁龙住宅相对的是，该建筑的墙体显得很厚，显示它是砖石结构。这种由立方体组成金字塔形体块，主要受范杜斯伯格影响

因为建筑的整个质量主要由间隔较宽的柱子承担，窗户可以开成任意尺寸或形状，窗户与墙体的关系，不再是图形与背景的关系。相反，马莱-史蒂文斯设计的别墅是由立方体构成的金字塔形体块，厚厚的墙体被窗户穿透，窗户被墙的实体部分包围，不管这座建筑的设计意图如何，它给人的印象是从一个实心砌块雕刻出来的。事实上，马莱-史蒂文斯曾在 1922 年的一篇文章中宣称，在现代建筑中，建筑师和雕刻家的观念是相同的："正是住宅本身成了装饰的主题，就如一件美丽的雕塑……成千上万的形式都有可能，未曾预想的轮廓都可以被创造出来。"[1]事实上，这个别墅的设计很可能源自 1921 年范杜斯伯格在魏玛的研究［见图 75］，这些研究在结构上同样模棱两可。在这两个例子中，一系列不规则的房间沿着垂直楼梯井布置，产生出一种不对称、金字塔形的立方体结构。装饰被如画的雕塑形式替代。

雪铁龙住宅与这种在外部展示其体块结构的碎片化对象正相反。这种类型的建筑是"多毛的立方体集合，是缺乏控制的表现。"[2]柯布西耶曾给一位客户写道："我们已经习惯了这类作品，它们如此复杂，以至给人的印象就像人将其肠道掏出了身体。我们认为这些应该留在里面……房子外部应该完全清晰。"[3]这些评价反映了柯布西耶对于现代技术与建筑法则之间的关系的看法。不断变化的技术，使得建筑在功能上高效，令人满足，并且产生需求。但是，就如汽车的机械一样，房子的技术也该是隐藏起来的。房子和汽车都是"对象-类型"——一系列复杂的功能被掩盖在柏

[1] 纪尧姆·雅诺（Guillaume Janneau）采访，1923 年 6 月与 1924 年 12 月《艺术生活报》（*Bulletin de la Vie Artistique*），引自 Legault, *L'Appareil de l'Architecture Moderne*, p.267, 283。

[2] Le Corbusier, *Precisions* (Cambridge, Mass., 1991), p. 83.

[3] Monique Eleb-Vidal, "Hotel Particulière", in J. Lucan (ed.), *Le Corbusier, une Encyclopedie* (Paris, 1987), p. 175.

拉图式的外壳下面。

尽管柯布西耶排斥范杜斯伯格对建筑外表的碎片化处理，但他设计的室内展现出范杜斯伯格用面来进行构成的影响，[1]并且有时还会借用这位荷兰建筑师对室外彩色的使用［图96］。

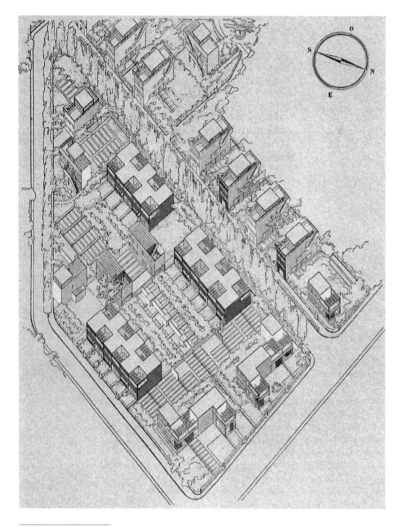

图96
勒·柯布西耶

住宅，1928年，佩萨克，设计图

色彩的使用可能受到范杜斯伯格的影响，但柯布西耶将单一颜色运用到整个立面或建筑群中，抵制了范杜斯伯格对平面的孤立，就如他拒绝立体主义的碎片化一样。与范杜斯伯格不同，在20世纪20年代，柯布西耶更喜欢土色和柔和色，但在20世纪50年代，比如在马赛的集合公寓中，他采用了风格派的一系列原色色调

[1] Bruno Reichlin, "Le Corbusier and De Stijl", in *Casabella*, vol. 50, no. 520–521, 1986, pp. 100–108. 其中展示出1923年拉罗歇别墅（Maison La Roche）入口大厅所受范杜斯伯格的影响。

新建筑五点

　　上文的雪铁龙住宅是柯布西耶为德意志制造联盟 1927 年发起的展览设计的两座住宅中的一座，位于斯图加特魏森霍夫住宅区。正是以此建筑为背景，柯布西耶发表了他的"新建筑五点"（"Five Points for a New Architecture"），给出了新建筑系统的原则。它们包括：底层架空（pilotis）、屋顶花园、自由平面、水平长窗与自由立面。每一点都是对学院传统某一具体要素的颠倒，展现出现代技术所带来的自由，是对所谓"自然"建筑的惯例的解码。但是，这种对自由的宣称也可以理解为更宽泛的建筑原则中的一系列置换。它并不接受表现主义的绝对自由或范杜斯伯格的神秘乌托邦。它是对建筑传统的纯化，而不是抛弃。

　　新建筑五点中，隐含着矩形围护结构和自由平面的对立，两者互为前提［图 97］。柯布西耶在描述斯坦因别墅（Villa Stein）时曾强调过这种对立，他写道："在外部，建筑意志被肯定；在

图 97
勒·柯布西耶

四种住宅，1929 年

柯布西耶对其住宅的出色的类型学分析，清楚表明其对柏拉图式的外部和功能性的内部之间的辩证看法——两种不相称的"秩序"形式并存

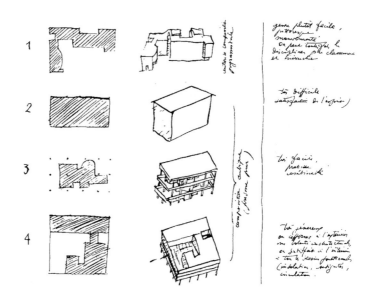

室内，所有功能需求被满足。"[1] 但他超越了此种表述中所暗含的功能主义，探索自由平面本身的美学可能性。室内成为一个可塑的即兴创造领域，由家庭偶然事件触发，产生一种新的漫步建筑（promenade architecturale）类型。柯布西耶将这种"无序的秩序"比作一场友好用餐之后餐桌的混乱，是对这一场合所留痕迹的隐喻。[2] 根据弗朗切斯科·帕桑蒂（Francesco Passanti）的说法，柯布西耶将这一"生活艺术"（life art）的概念归功于诗人皮埃尔·勒韦迪（Pierre Reverdy）。[3]

　　自由的室内与"简洁清晰"的室外之间的紧张关系，在柯布西耶 20 世纪 20 年代的作品——普瓦西（Poissy）的萨伏伊别墅

图 98
勒·柯布西耶

萨伏伊别墅，1929—1931 年，普瓦西

尽管萨伏伊别墅采用了"古典"比例，它却显得如此轻盈，似乎是从空中降落在地面的。这是柯布西耶最超现实的建筑之一，也是他对底层架空运用得最抒情的一次

[1]　Le Corbusier, *Œuvre Complète*, vol. 1 (Zurich, 1929), p. 189.

[2]　Le Corbusier, *Precisions*, p. 9.

[3]　Francesco Passanti, "The Vernacular, Modernism and Le Corbusier", in *Journal of the Society of Architectural Historians*, vol. 56, no. 4, December 1997, p. 443. Christopher Green, "The Architect as Artist", in Michael Raeburn and Victoria Wilson (eds), *Le Corbusier: Architect of the Century* (London, 1987), p. 117.

図 99
勒·柯布西耶

萨伏伊别墅，1929—1931 年，普
瓦西，露台

主要房间在一层，该层还带有一
个屋顶露台。这是中世纪"封闭
庭院"（hortus conclusus）主题的
变体，封闭庭院中都有一个与周
围景观隔绝，用于沉思的花园，
尽管如此，视线仍然可以从露台
墙上的水平长窗穿过，看到外面

图 100
勒·柯布西耶

萨伏伊别墅，1929—1931 年，普
瓦西，底层、一层和顶层平面图

坡道是早期草图残留下来的，在
早期草图中，汽车可以行驶到
一楼

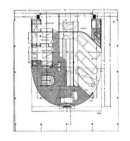

（Villa Savoye，1929—1931）中达到顶点。这座住宅底层架空，看
起来像一个纯白的棱柱体，悬浮于它所在场地的地表［图 98］。汽
车抵达后，停在住宅底层，到访者从入口门厅，经过一段斜坡走到
主楼层——用墙围隔，部分是起居室，部分是露台花园。这个封闭
的立方体具有几何纯净感，其内部是自由和非对称的，遵循其自身
的动态逻辑［图 99］。不过，用来分隔内外的墙体只是一层薄膜，
被水平长窗分割。维吉尔式的田园风景第一次与居住者分离，被重
新呈现为带框的图像。立方体首先被建立，然后被打开［图 100］。

　　关于柯布西耶在 20 世纪 20 年代设计的住宅，希格弗莱德·吉
迪恩曾写道："和前人不同，柯布西耶有能力使由科学呈现的钢筋
混凝土骨架产生共振……只要有可能，牢固的体积可以被空气的

立方体、带状窗户打开，直接向天空过渡……柯布西耶的住宅既不是空间的，也不是可塑的……空气从其中穿过。"[1]

城市主义

就如我们所知，柯布西耶在拉绍德封的早期城市项目和田园城市运动有关。但是，1920 年他将注意力转向现代都市问题，设法解决当时巴黎城市规划专家已经关注一段时间的城市交通与卫生问题。[2] 柯布西耶的首个这类规划——"当代城市"（Ville Contemporaine，也译为"明日之城"），展出于 1922 年秋季沙龙展，它是一个平面方案，为一个理想选址上三百万人口的城市而作［图 101］。这个规划是基于这样一种信念：大都市是有价值的。它作为文化节点的有效性取决于其与特定场所的历史关联。但是，为了保护它，首先必须破坏。为了应对城市的日益拥堵和随之而来的市民逃往郊区问题，有必要增加城市密度，同时减少建筑所占据的面积。规划建议使用美国摩天大楼的技术，建造 200 米高的宽间距办公大楼，12 层楼的连续住宅超级街区，剩下的空间变成公园绿地，直线型高速路网贯穿其中。现代技术使得结合田园城市和传统城市的优点变为可能。不是人口迁往郊区，而是将郊区引入城市。

"当代城市"中的线性超级街区以一种"倒退"——"凸角

---

[1] Sigfried Giedion, *Building in France, Building in Iron, Building in Ferro-concrete* (Los Angeles, 1995), p. 169.

[2] Norma Evenson, *Paris: A Century of Change 1878–1978* (New Haven, 1979), chapter 2.

图 101
勒·柯布西耶

"当代城市"规划图，1922 年

在这幅图中，明亮的办公楼和冰冷的技术对自然几乎没有影响，也没有影响到大资产阶级在屋顶露台啜饮咖啡的逍遥生活

状"（à redents）的模式排列。这一思想有两个来源：1903 年尤金·海纳德（Eugène Hénard）提议的"凸角大道"（boulevards à redans），[1]1914 年柯布西耶自己对多米诺体系的研究。[2]在"当代城市"中，就如这些研究，住宅区并没有与道路系统对齐，而是与其对位排列。在后来的"光辉城市"（1933）中，街区都采用底层架空结构，地面行人徒步畅通无阻。城市空间变得各向同性；没有"前面"与"后面"，公共空间与私人空间的区别被废除。柯布西耶后来用各种方式修改了这些首批城市模型，但即便他为里约热内卢、阿尔及尔和昌迪加尔（见第 253 页）发展出了完全不同的城市主义系统，它们的基本形式也没有被改变。

在"当代城市"和"光辉城市"中，两种绝对的价值被并置：自然和技术。工作和家庭生活发生在高层建筑中，精神和身体的培养在公园里。由于这种分离，城市体验中的偶然因素被排除了。在随后几年，分离城市生活的自发性与偶然性带来的社会问题变得越来越明显。尽管存在缺陷，柯布西耶的城市通过一种技术与自然分离的城市形象，提示人们注意工业社会所固有的劳动分化。

---

[1]　Evenson, *Paris*, p. 31.

[2]　Le Corbusier, *Œuvre Complète*, vol. 1 (Zurich, 1929), p. 26.

我们可能不同意柯布西耶对这种分离的笛卡尔式的解释，但很难不同意其潜在的真实性。

公共建筑

20 世纪 20 年代末至 30 年代初，柯布西耶设计了许多重要的公共建筑，包括两项未建成的竞赛设计——日内瓦国际联盟总部大楼（League of Nations Building，1927）和莫斯科苏维埃宫（1931），以及两项已经完成的建筑——莫斯科中央局大楼（Centrosoyuz Building，1929—1935）和巴黎庇护城（Cité de Refuge，1929—1933）[图 102]。在这些公共建筑中，他采取了与其住宅完全不同的策略。这些建筑并没有在柏拉图式的外观下包含无序的功能性，而是被分解成各个组成部分。它们主要由线性长条体块（包含重复模块，如办公室）与集中式体块（包含公共会议空间）组成。这些要素以某种方式自由重组，以致它们趋向离散和倍增［图 103］，形成自己独立的小城市。在柯布西耶的理想城市中，公共建筑是相当幽暗和不安全的存在。[1]

地域辛迪加主义

20 世纪 20 年代后期，柯布西耶成了于贝尔·拉加代勒（Hubert

---

[1]　Alan Colquhoun, "The Strategy of the Grands Travaux", in *Modernity and the Classical Tradition* (Cambridge, Mass., 1989), pp. 121–161.

图 102
勒·柯布西耶

巴黎庇护城，1929—1933 年，巴
黎，设计图

这座建筑通过一系列基本体块组
合，如主要宿舍区墙面上的体块，
对复杂场地进行了巧妙处理

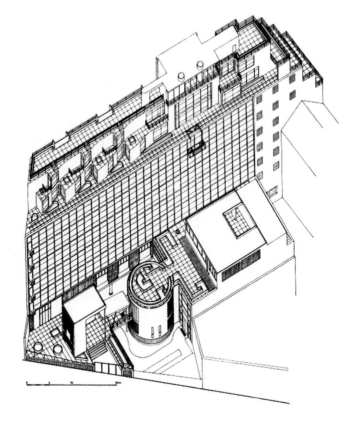

图 103
勒·柯布西耶

巴黎庇护城，1929—1933 年，巴
黎，修改后的设计图

这座建筑变成了一个小城，其各
部分融入城市肌理之中

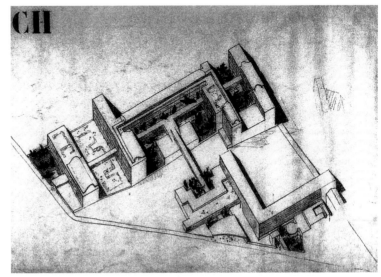

Lagardelle，1874—1958）和菲利普·拉穆尔（Philippe Lamour，1903—1992）领导的新辛迪加主义小组（Neo-Syndicalist group）的激进成员。该小组具有反自由主义和反马克思主义倾向，在意识形态上与当时法国和意大利的法西斯运动保持一致。柯布西耶是该小组的《规划》（*Plans*）杂志以及后来的《序幕》（*Prélude*）杂志的编辑和主要撰稿人。受皮埃尔–约瑟夫·蒲鲁东（Pierre-Joseph Proudhon）和乔治·索雷尔的影响，该小组呼吁废除议会民主，建立一个技术精英政府，根据圣西门主义的"事务的管理，而非人的管理"原则，致力于计划经济。他们认为，社会主义谈论抽象的人的概念，所以无法缓解现代社会生活的异化，只有回归"真实的人"（l'homme réel）和前工业社会的特有的共同体精神才能缓解异化。[1]这种反启蒙、反唯物主义的姿态与德国民粹运动（Volkisch movement）相等同，并且对技术现代主义具有相同的宽容，只求其不被金融资本所主导。[2]

柯布西耶在进行这些新闻活动时，他早期对乡土建筑的兴趣也在恢复，他的这种兴趣曾被其对新的建筑生产体系的关注所掩盖，但从未被摧毁。在其著作《一栋住宅，一座宫殿》（*Une Maison, un Palais*）中，柯布西耶以抒情的、有点高人一等的措辞，写了拉罗谢尔（La Rochelle）附近的勒皮奎（Le Piquey）的

---

[1] 关于柯布西耶与新辛迪加主义的关系，参见 Mary McLeod, *Urbanism and Utopia: Le Corbusier from Regional Syndicalism to Vichy* (PhD dissertation, Princeton University, 1985), chapter 3, "Architecture and Revolution: Regional Syndicalism and the Plan", pp. 94–166。亦可参见 Robert Fishman, "From Radiant City to Vichy: Le Corbusier's Plans and Politics 1928–1942", in Russell Walden (ed.), *The Open Hand: Essays on Le Corbusier* (Cambridge, Mass., 1977), pp. 244–285. 关于 19 世纪末至 20 世纪 40 年代法国的法西斯主义和原法西斯主义（proto-fascism），参见 Zeev Sternhell, *Neither Left nor Right* (Princeton, 1996)。

[2] Herf, *Reactionary Modernism*, chapter 1, "The Paradox of Reactionary Modernism", pp. 1–17.

图 104

勒·柯布西耶

曼德洛特夫人别墅（Villa de Mandrot），1931年，勒普拉代（Le Pradet）

这是一系列使用传统材料建造的乡村住宅中的第一个，它标志着柯布西耶的职业生涯进入另一个阶段——他开始强调乡土建筑传统

渔民小屋，1928 年至 1932 年，他曾在这里度暑假。[1] 柯布西耶写道，在修建他们的小屋时，"渔民对他们所做的事非常专注。在决定将什么东西放哪里之前，他们围着那个地方转来转去，像一只猫满屋转着寻找卧处；他们反复掂量着，下意识盘算着，寻找平衡点……他们凭直觉提出方案，再凭理性予以论证"[2]。

1930 年至 1935 年，柯布西耶和皮埃尔·让纳雷设计的几个小型乡村住宅的外观采用了乡土形式，重新采用了在 20 世纪 20 年代被弃用的坡屋顶和砌石墙［图 104］。然而，这几个住宅并不只是回归乡土模式，自然材料还被重新诠释为现代主义美学。乡土关联在"光辉农乡"（Radiant Farm）和其乡村合作社（Village Coopératif，1934—1938）［图 105］表现得没有那么明显——在这两个相关联的项目（没有建成）中，现代建筑技术和现代主义

---

[1]　Green, "The Architect as Artist", 114 ff. 格林指出，正是在这一时期，柯布西耶开始在他的画作中加入有机和非几何物体。

[2]　Le Corbusier, *Une Maison, un Palais* (Paris, 1928), p. 49.

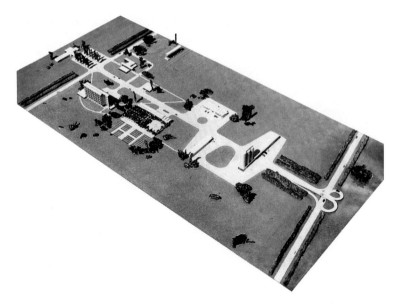

美学都被应用于农业。[1] 这些项目缘起于某一期《序幕》杂志，这期《序幕》专门讨论地区改革，由激进的农场主诺伯特·贝扎德（Norbert Bézard）编辑，贝扎德委托柯布西耶设计一个示范农业社区。在这些项目中，覆盖青草的加泰罗尼亚拱顶具有乡土意味，但是它们的干式施工（montage à sec）结构，还有它们干净、白色的几何形式，显然是有意为之，尽可能与现存乡土环境形成对比。乡村合作社的六层公寓楼有点令人吃惊，柯布西耶认为它的符号象征意义大于功能性或社会意义。柯布西耶说"它是一个新的建筑标志，挺立在草地、茬地和牧场上"[2]，是一种新的现代精神的象征。

　　如果我们将柯布西耶的新辛迪加主义思想与他 15 年前在《新精神》杂志上表达的思想做比较，我们会发现其思想重心的一个大转变。柯布西耶在《新精神》上关心的主要问题是永恒的文化

---

[1]　Le Corbusier, *Œuvre Complète*, vol. 2 (Zurich, 1929), p. 186.

[2]　Le Corbusier, "L'Urbanisme des Trois Établissements Humains", 1946, quoted in *Urbanism and Utopia*, chapter 5, "La Ferme Radieuse", p. 296.

价值和现代技术之间的冲突，并试图通过将技术与柏拉图式的"不变性"混为一谈来解决这一问题。20 世纪 20 年代晚期，他调整了这一静态模型，承认不确定性和变化的存在。《新精神》思想中的隐性元素——混乱、有机形式、直接经验、直觉——被放到重要位置。虽然几何与平衡仍被视为价值的最终衡量因素，但现在，它们被认为既是直觉的产物，也是抽象理性的结果。现代建筑的任务就是将普遍技术与古老智慧融合：

> 建筑是时代精神的产物。我们正面临一个国际事件……技术，及其提出的问题，犹如科学方法，都是普遍性的。尽管如此，各地区各不相同，因为气候条件、种族……常常将解决方法导向它们适应的形式。[1]

　　柯布西耶最早接触地域思想是在 1910 年，受到亚历山大·辛格里亚-瓦尼尔（Alexandre Cingria-Vaneyre）影响。辛格里亚-瓦尼尔是一位古典的、中世纪化的瑞士罗曼风格的倡导者。在新辛迪加主义影响下，柯布西耶现在遭遇了全球维度中的类似思想。新辛迪加主义者相信欧洲应该分为三个"自然"区域：西北的日耳曼，东边的斯拉夫，南部的拉丁民族（包括北非）。这种种族理论在 20 世纪 30 年代的欧洲非常普遍，在其影响下，柯布西耶开始从全球现代建筑的角度思考问题，其中包括技术应该与不同宏观区域的自然地理力量对抗。20 世纪 30 年代，他在南美和阿尔及利亚的广泛旅行，催生出在发展中国家的一系列城市项目，20 世纪 50 年代在印度昌迪加尔的项目是其中的顶峰。这些和他的其他后续项目将在第十一章讨论。

---

[1]　Le Corbusier, *Precisions*, p. 218.

第八章
魏玛德国：现代的辩证法 1920—1933

与法国一样，德国在"一战"后也出现了"回归秩序"的趋势，尽管这一进程因政治和经济危机而推迟。当它到来时，它不仅拒斥表现主义，而且拒斥表现主义曾经抨击的威廉二世文化价值观。在法国，"回归秩序"乃至其进步形式，可被视为对已建立的、获得成功的民族传统的重新肯定。由于在"一战"中被打败，德国"回归秩序"，则意味着与民族历史的彻底决裂和对新原则的寻求。

1922 年前后德国新兴的建筑反映了视觉艺术整体方向的巨大变化。"新客观主义"运动代表了一种新的现实主义。[1]1923 年，曼海姆美术馆（Kunsthalle Mannheim）馆长古斯塔夫·哈特劳布（Gustav Hartlaub）在绘画领域最先使用了"新客观主义"一词，

图 106（左页）
密斯·凡·德·罗

世博会德国馆，1929 年，巴塞罗那（已拆除，1986 年重建）

从展馆往庭院看。室内光线与阴影对比强烈，空间表面质感丰富：大理石、透明玻璃、不锈钢（最初有镀铬）、红色窗帘和黑色地毯

[1] 关于"新客观主义"的讨论，参见罗斯玛丽·哈格·布洛特（Rosemary Haag Blotter）为阿道夫·贝内《现代功能建筑》（Der *Moderne Zweckbau*）所作的序言，英译版 *The Modern Functional Building* (Los Angeles, 1996), pp.47–53。关于"客观主义"（Sachlichkeit）的令人信服的原始定义，参见 Francesco Passanti, "The Vernacular, Modernism and Le Corbusier", in *Journal of the Society of Architectural Historians*, vol. 56, no. 4, December 1997, 443 ff. 在一篇关于勒·柯布西耶的文本中，帕桑蒂指出，sache（"事物"或"事实"）不是指抽象的普遍性，而是指社会建构并已成为"第二性"的对象。另一种说法认为，根据雅克·拉康的理论，sache 指的是语言内部的东西，而不是超越语言的东西。参见 *Le Seminaire, Livre VII, L'Ethique de la Psychanalyse 1959–1960* (Paris, 1986), 英译版 *The Seminars of Jacques Lacan, Book VII, The Ethics of Psychoanalysis 1959–1960* (New York, 1992), pp. 43–45。

并将其定义为"具有社会主义色彩的现实主义"。这场运动有时被理解为一种愤世嫉俗——对灾难性战争的恐惧反应,有时被理解为"魔幻现实主义"。艺术批评家弗朗茨·罗(Franz Roh)对此情形有过表述:"一代表现主义者以具有道德原则的人来反对印象主义……最近的艺术家则是第三种类型,他们有表现主义的远大目标,但更为脚踏实地,懂得如何享受当下。"[1]

建筑中的这一变化由阿道夫·贝内记录。作为表现主义的主要代言人和艺术劳工委员会(AFK)的核心人物,贝内持有很强的反技术观念,这一点在其1919年的文章《艺术的回归》("Die Wiederkehr der Kunst")中体现得很明显。但是到1922年,他的立场完全改变了。在同年发表的《艺术,手工艺和技术》("Kunst, Handwerk, Technik")一文中,他放弃早期观点,宣称机器所导致的劳动分工是一种进步,改进了个体工匠与其产品之间旧的"有机"联系,因为它发挥了"更高的意识"。[2]经过一个过渡期后,工人将理解他在整个工业社会中的角色。如今,以牺牲旧的"文化"(Kultur)和"共同体"(Gemeinschaft)范式为代价,"文明"(Zivilisation)和"社会"(Gesellschaft)被接受。贝内关于工人和其产品关系的新观点与格罗皮乌斯在1911年的演讲《纪念性艺术与工业建筑》中表达的观点类似,这一演讲便是早期的"回归秩序"(见第77页)。

---

[1] Franz Roh, *Post-Expressionism, Magic Realism: Problems of the Newest European Painting*, 1925, quoted in Long (ed.), *German Expressionism*, p. 294.

[2] 英文译文出自 Dal Co, *Figures of Architecture and Thought*, pp. 324–328。

包豪斯：从表现主义到新客观主义

1915 年，亨利·范德维尔德提议格罗皮乌斯接替自己，出任魏玛工艺美术学校（Kunstgewerbeschule）校长，但因战争影响而搁置。1919 年，格罗皮乌斯受命将被解散的工艺美术学校与造型艺术大学（Hochschule für Bildende Kunst）整合，建立一个新的应用艺术和建筑学院。[1] 然而，就如我们所见，格罗皮乌斯有更大的抱负：将学校（他将其改名为包豪斯）变成 AFK 的计划的先锋，以便在建筑的庇护下改变德国艺术文化（见第 114 页）。该计划相信，艺术文化受到工业资本主义的物质主义的威胁，只能通过精神上的革命来拯救。在 1919 年的《包豪斯宣言》（"Bauhaus Manifesto"）中，格罗皮乌斯以表现主义的文风写道："让我们设想未来的新房子……建筑、绘画和雕塑从百万工匠的手中上升到天堂，成为未来新事物的水晶象征。"[2]［图 107］

尽管如此，在 1919 年至 1923 年间，包豪斯放弃其表现主义观念，开始吸收新客观主义、风格派和《新精神》杂志的思想。这一变化的最初动力来自 1921 年范杜斯伯格在魏玛对包豪斯的反对，他当时进行了一系列讲座，在讲座中倡导一种与当时主导包豪斯课程的手工艺和艺术"直觉"思想完全相反的设计方法。这些讲座有许多包豪斯学生参加。

第二股思想潮流来自俄罗斯构成主义。20 年代早期，德国和苏俄之间文化交流相当密切。1922 年，柏林艺术大展（Grosse Berliner Kunstausstellung）举办了首次苏俄艺术主题展。这与

---

[1] Franciscono, *Walter Gropius and the Creation of the Bauhaus in Weimar*, p. 132.

[2] 宣言全文见 Gillian Naylor, *The Bauhaus Reassessed* (London, 1985), pp. 53–54。

埃尔·利西茨基《物体》杂志的出版同期。1921 年，以构成主义者为基础的进步艺术家国际大会（Congress of International Progressive Artists）在杜塞尔多夫召开。随后，构成主义者大会于 1922 年在魏玛召开，此次大会由杜塞尔多夫大会的分支小组成员组织，包括范杜斯伯格，匈牙利艺术家和摄影师拉兹洛·莫霍利-纳吉（László Moholy-Nagy），埃尔·利西茨基，还有达达主义艺术家汉斯·里希特（Hans Richter）、汉斯·阿尔普（Hans Arp）与特里斯唐·查拉（Tristan Tzara）。这些事件极大影响了包豪斯内部的思想氛围。

1922 年，莫霍利-纳吉取代瑞士画家约翰内斯·伊顿（Johannes Itten），成为基础课（Vorkurs）负责人，学院内部迎来首次制度性变革。伊顿的艺术教学方法以心理学-形式主义原则为基础，具有神秘倾向，[1]莫霍利-纳吉与伊顿相反，他将较为"客观的"构成主义方法带到学院来，其中包括钢铁、玻璃材料的操作和装配式机械技术。莫霍利-纳吉和伊顿思想的区别大体相当于俄罗斯先锋派中理性主义与构成主义的区别（见第145页）。后来，莫霍利-纳吉的同事约瑟夫·阿尔贝斯（Josef Albers）简洁描述了基础课的这一变化："（这个课程）旨在发展一种新的当代视觉风格……并且这——随着时间推移——将导致对个人表达的强调……转向对材料本身更理性、经济和结构性的使用……以绘画的术语说，就是从拼贴到蒙太奇。"[2]尽管如此，雷纳·班纳姆（Reyner Banham）指出，从主观转向机器理性主义，并没有消除理想美的概念。莫霍利-纳吉相信机器和柏拉图形式之间存在联系，在这一点上，他丝毫不亚于勒·柯布西耶。[3]

真正的转折出现在1923年，在这一年，包豪斯组织了第一次展览。为了符合对新技术的强调，展览的主题是"艺术与技术：新的联合"（"Art and Technology：a New Unity"）。但是，格罗皮乌斯有一个更加纯粹的建筑议程："国际建筑，从一个完全预先决定的观点看，就是现代建筑往丰富功能、去装饰与修饰的方向发展。"[4]包豪斯修建了一个典型住宅——"号角屋"（Haus am Horn），该建筑及其室内家具都由包豪斯工作坊设计和制作，作为大规模生产的原型。基本的木质家具以赫里特·里特维尔德的风格为基础，由当时还是包豪斯学生的马塞尔·布劳耶设计，三年

---

[1] Franciscono, *Walter Gropius and the Creation of the Bauhaus in Weimar*, pp. 173–236.

[2] Naylor, *The Bauhaus Reassessed*, p. 101.

[3] Banham, *Theory and Design in the First Machine Age*, p. 282.

[4] Richard Pommer and Christian Otto, *Weissenhof 1927 and the Modern Movement in Architecture* (Chicago, 1991), p. 11.

后，他已成为包豪斯教员，设计了构成主义风格的钢管椅"瓦西里椅"（Wassily chair）。

1925 年，图林根政府撤回对包豪斯的财政资助，包豪斯迁往德绍。德绍市政府为其提供资金，修建了新的校园建筑，包括一个现存的商业学校和新的教师宿舍。与此相伴，原有的几名教员辞职，包豪斯自己培养起来的新一代老师，包括马塞尔·布劳耶、约瑟夫·阿尔贝斯、赫伯特·拜尔（Herbert Bayer）继任，他们都从包豪斯获得了新的美学理论和一套新的专业技能。同年，格罗皮乌斯写道："包豪斯工作坊本质上是实验室，在其中，适应大规模生产和我们时代典型的产品原型得到研发和改进"，成功地庆祝艺术与技术的联合。尽管如此，1926 年，包豪斯教师乔治·穆赫（Georg Muche）在《包豪斯》杂志上发表了不同的看法，他发展了路斯的观点，认为美术和技术设计的原则是根本不同的。尽管穆赫明显低估了艺术和技术的新联系的重要性，但他的批评确实表明，设计朝更机器化的方向转变，可能更应被解释为艺术家的"范式转变"，而不是格罗皮乌斯所暗示的艺术家与技术人员的融合。在迁往德绍之后，包豪斯设计在商业上获得成功，这实际是工业界与玛丽安娜·勃兰特（Marianne Brandt）、克里斯蒂安·戴尔（Christian Dell）等这类包豪斯艺术家联合的结果［图 108］。[1]

德绍的校舍和教师宿舍是格罗皮乌斯以新的"动态功能"方式设计建成的首批重要建筑。校舍的主体被分解成计划元素，再重组成一个开放、离心的形式，其灵感可能来自密斯·凡·德·罗的混凝土乡村住宅（Concrete Country House）［见图 117］。校舍［图 109、图 110］有一座桥连接新的商业学校，教师宿舍有紧密连接的棱柱，这表明它们同时受到构成主义和风格派的影响。它们都由纯

---

[1]　Naylor, *The Bauhaus Reassessed*, pp. 144–160.

图 108（上左）
威廉·瓦根费尔德（Wilhelm Wag-
enfeld）与玛丽安娜·勃兰特

顶灯，1927 年

这类配件是德绍时期的包豪斯在
商业上最成功的设计，它们是艺
术家与工业合作的结果

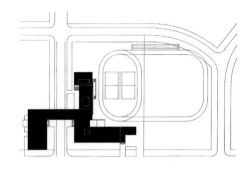

图 109（上右）与图 110（下）
瓦尔特·格罗皮乌斯

包豪斯校舍，1926 年，德绍

建筑平面呈卍字形，这是未来主
义–构成主义离心式独立建筑的典
范，不同功能部分互相连接，与
传统的庭院类型相反。它与勒·
柯布西耶、汉斯·迈耶和韦斯宁
兄弟的公共建筑是对同一理念的
不同表达

© Gunnar Klack

粹的立方体组成，这体现出荷兰的奥德以及法国的柯布西耶和吕尔萨的作品的影响。校舍还具有一些格罗皮乌斯早期作品的特征，比如玻璃突出于墙体表面，以不被立柱打断。

社会住宅

伴随 1924 年道威斯计划（Dawes Plan）的实行，以及随之涌入的美国资本，德国的建筑业开始恢复。各城市在当时利用 1919 年的立法，对土地使用进行有效控制，并启动各种方案来缓解住房短缺问题——由于建筑业停滞多年且有大量战时移民涌入城市。[1]

19 世纪下半叶，所有工业化国家中的改良派日益担忧缺少不熟练工人和半熟练工人能负担得起的住房。到 1914 年，德国住房改革运动已经有了非常好的势头，并且非营利建筑协会广泛存在——尽管迄今为止收效甚微。因此，当 1924 年社会民主党执政下的市政当局实施其住房计划时，他们能从已有的机构和力量中受益。[2] 这场住房运动的一个显著特点是它由先锋派所主导，尽管荷兰已有这类先例——建筑师贝尔拉赫和奥德都曾接受市政府的官方任命。[3]

---

[1] Barbara Miller Lane, *Architecture and Politics in Germany 1918–1945* (Cambridge, Mass., 1968), chapter 4.

[2] Nicholas Bullock and James Read, *The Movement for Housing Reform in Germany and France 1840–1914* (Cambridge, 1985), chapters 10, 11, 12, pp. 217–276.

[3] Tafuri and Dal Co, *Modern Architecture*, p. 176. 曼弗雷多·塔夫里（Manfredo Tafuri）指出，对于像约瑟夫·施图本这样的 19 世纪城市规划者来说，城市规划与先锋建筑之间没有直接联系——塔夫里将此归因于他们的政治保守主义。而在德国魏玛，城市规划和现代主义建筑都与社会主义议程相关。

"一战"后，德国有很多思想进步、技术能力强的建筑师，在 1924 年至 1931 年间，他们中的大部分都负责了城市住房计划，包括在策勒（Celle）的奥托·黑斯勒（Otto Haesler，1880—1962），在布雷斯劳（Breslau）的马克斯·伯格（Max Berg，1870—1947），在汉堡的弗里茨·舒马赫，在法兰克福的恩斯特·梅和在柏林的马丁·瓦格纳（Martin Wagner，1885—1957）。

与"一战"前的田园郊区类似，战后住宅区（Siedlungen）由现有城市郊区的新住宅聚居地组成。不过，它们在某些方面与田园郊区模式也有不同。比如，它们的密度更高，大部分（尽管不是全部）由五层公寓楼组成（这被视为无电梯公寓楼的最高高度）。它们依据行列式板式住宅（Zeilenbau）原则布局，平行组块从北到南排列，与入口街道成直角（这一系统在战前就被提议）。[1] 这样能给每栋公寓以新鲜空气和光照，这在 19 世纪晚期廉租公寓（即出租住宅，Mietskaserne）里是明显缺乏的，那时廉租公寓的庭院很暗。在美学和象征层面，战后住宅区遵循了新客观主义原则：除去所有装饰，采用平屋顶。建筑外表广泛施加彩色，以替代装饰。一些规模较大的住宅区包含学校和医院等公共建筑，并在住宅楼中配有集中供暖和洗衣房等公共设施。

独立公寓的设计体现出新的家庭管理理念的影响，这一理念受妇女运动的强力推动，其灵感主要来自美国，如我们所见，在 19 世纪 90 年代，美国就已经开始相关讨论（见第 53 页）。埃尔娜·迈耶（Erna Meyer）写得非常成功的《新家政》（*Der Neue Haushalt*，1926）一书和玛格丽特·许特-利霍茨基（Margarete Schütte-Lihotzky）设计的法兰克福厨房（Frankfut Kitchen）都是以 1915 年克里斯蒂娜·弗雷德里克（Christine Frederick）出

---

[1]   Pommer and Otto, *Weissenhof 1927 and the Modern Movement in Architecture*, p. 39.

版的《家庭科学管理》（*Scientific Management in the Home*）为基础的。这种新的最低限度住宅对中产阶级的影响甚至比对工人的影响更大。[1]

战后住宅区的材料和技术都比较传统，钢筋混凝土仅使用在屋顶、楼板和部分柱子上，还有些地方试验性地使用预制混凝土墙板。除此之外，墙体是抹有灰泥的砖或煤渣砌块；窗户采用木质窗框，一般都比较小。这些小窗户、大而光滑的墙面和厚重的阁楼地板，常常给这些住宅区楼群带来一种近乎舒适的乡土气息。[2]

这种非常"理性的"行列式（Zeilenbau）住宅布局，与格罗皮乌斯和黑斯勒在卡尔斯鲁厄（Karlsruhe）设计的达默斯托克住宅区（Dammerstock Estate，1927—1928）[图 111]的布局类似，这类布局并不总是受欢迎的。尽管批评家阿道夫·贝内在原则上支持新客观主义运动，但他仍抨击了这个项目，指责它拘泥形式和科学至上，并将其住户视为"抽象的居民"。他认为，在这种方法下，建筑师变得比卫生专家更讲卫生："医学研究表明，那些被认为不卫生的房屋的居民比卫生房屋的居民更健康。"[3]其他项目被给予一定的形式区分。在柏林西门子城（Siemensstadt），格罗皮乌斯、弗莱德·福巴特（Fred Forbat，1897—1972）、奥托·巴特宁和雨果·哈林在汉斯·夏隆（Hans Scharoun，1893—1972）所做的总体规划中设计建筑，许多短的平行建筑从属于沿着道路排列的长的曲线建筑，并被其统一[图 112]。在柏林的布里茨住宅区（Britz-Siedlung，1928），布鲁诺·陶特为建筑协会 GEHAG 工作，将住宅集中布局在一个大

---

[1]　Nicholas Bullock, "First the Kitchen then the Façade", in *Journal of Design History*, vol. 1, nos. 3 and 4, 1988, p. 177.

[2]　1927 年，政府成立了一个专门研究大众住房的经济和建设问题的机构（Reichsforschungsgesellschaft），但住房计划在其研究生效之前就终止了。

[3]　Adolf Behne, "Dammerstock", in *Die Form*, H6, 1930.

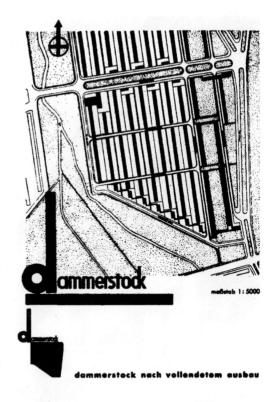

图 111

瓦尔特·格罗皮乌斯与奥托·黑斯勒

达默斯托克住宅区，1927—1928 年，卡尔斯鲁厄，平面图

这是最严谨的行列式布局住宅区之一，在这种布局中，所有街区朝向一致，机械重复

的马蹄形开放空间，通过颜色、对比材料、曲线街道和房屋的折线等，利用一切机会将多样变化注入项目中。尽管陶特新获得了客观主义资质，但在其柏林住宅项目中，他仍然在与更多的客观主义现代主义者打着一场私人游击战。[1]

最具综合性的住房计划出现在法兰克福。1925 年，恩斯特·梅被任命为该地的城市建筑师，开始实施他在 1921 年为布雷斯劳设计但并未建成的"卫星城"计划。整个计划从 1925 年启动，至 1931 年完成，它由许多小的住宅区构成，其中大部分都建在离城

---

[1]　Rosemary Haag Bletter, "Expressionism and the New Objectivity", in *Art Journal*, summer 1983, 108 ff.

图 112

瓦尔特·格罗皮乌斯

公寓楼，1928 年，柏林西门子城

这是位于西门子城的较短的平行
公寓楼之一。在阳台上使用了砖
墙，让人感觉跨度更长。这种视
错觉效果是格罗皮乌斯建筑的典
型特征，在美学和政治上，他都
具有折衷倾向

市不远的未遭破坏的牧场。在法兰克福的所有住宅区中，带有半乡村环境和单户住宅占比很高的住宅区可能最接近雷蒙德·昂温的田园郊区理想——恩斯特·梅"一战"前曾在昂温的事务所工作。大部分"卫星城"都由恩斯特·梅的工作室设计，但也有部分被转给其他建筑师，包括由荷兰建筑师马特·斯坦设计的海勒霍夫（Hellerhof）"卫星城"。这样的"新法兰克福"受到公众的喜爱与称赞。

回顾魏玛共和国的社会住房计划，它几乎是集体建筑意志的完美表现。然而，它仅仅触及住房问题的表层。虽然有政府补贴且起用了非营利建筑协会，但其住宅的价格对于非熟练工人而言依然太高。尽管如此，这些住房在实用和象征层面都取得了相当的成绩。在一系列作为建筑宣言的项目中，它创造了一个有序、健康、和谐的社会形象，与 19 世纪肮脏的廉租房形成鲜明对比。

在魏玛住房计划中，新客观主义建筑师占据主导，不过，德国仍有许多建筑师认为住宅建筑应该效仿乡土模式 [图 113]。他们中有许多曾参与工艺美术运动和田园城市运动，是当时的"先锋派"。其中最有代表和影响的是保罗·舒尔策-瑙姆堡，他支持"家乡保护"运动，激烈地反对新客观主义。1926 年至 1928 年间，舒尔策-瑙姆堡出版了一系列书籍，这些书籍逐步变得更加民族主义和种族主义。[1]这助长了现代主义者和传统主义者间公开辩论的两极分化，将后者等同于国家社会主义，虽然他们的观点与各地保守主义者（即大多数人）的差不多。

---

[1] 舒尔策-瑙姆堡的书籍包括：《建筑基础知识》（*Das ABC des Bauens*，1927），《艺术与种族》（*Kunst und Rasse*，1928），以及《德国住宅的面貌》（*Das Gesicht des Deutschen Hauses*，1929）。参见 Lane, *Architecture and Politics in Germany 1918–1945*, chapter 5。

图 113

住宅，1925—1927年，杜塞尔多夫

家乡（Heimat）风格与国家社会主义和极端右翼的关系日益密切，反对社会民主党所青睐的现代主义

功能主义者对理性主义者

　　20世纪20年代，德国先锋派内部的主要冲突之一是"功能主义者"和"理性主义者"的冲突。阿道夫·贝内在《现代功能建筑》（写于1923年，直到1926年才出版）一书中最早尝试了对新客观主义运动进行定义，他在此书中指出了这一冲突，并分析了二者背后的思想观念差别。在贝内看来，功能主义者（他曾将

其称为"有机主义者",这也许更确切)创造了独特的、不可重复的建筑,其形式围绕功能展开,而理性主义者寻求典型与可重复的形式,以期满足普遍的需求。贝内将功能主义者等同于前表现主义建筑师,他们以忠于自然的法则为幌子,实际则创造独一无二的建筑,这种建筑难以成为更大整体的一部分:"功能主义者为最专门的目的寻求最大可能的适应,理性主义者则为大多数情形寻求最适合的解决办法。"[1]功能主义者是个人主义者,而理性主义者则承担起对社会的责任。

在发表于《建筑公司》(*Het Bouwbedrijf*)杂志的一篇文章中,[2]特奥·范杜斯伯格做了与贝内相同的区分,不过,他比贝内更强调美学问题。在范杜斯伯格看来,功能主义者在追求形式与功能的紧密配合中忽视了对建筑中"多余空间"的心理需要,他引用亨利·庞加莱(Henri Poincaré)的"触觉空间"(tactile space)概念来支持这一观点。[3]

如今看来很明显,这些批评家提出了两种"理想类型",而现实中的建筑很少完全符合其中的某一种类型:按照定义,新客观主义倾向于关心一般问题,而非个别问题;到1924年,甚至最极端的表现主义者也已接受了理性主义原则。尽管如此,汉斯·卢克哈特(Hans Luckhardt,1890—1954)和瓦西里·卢克哈特两兄弟的建筑作品,以及埃里希·门德尔松在爱因斯坦天文台(Einstein Tower,1920—1924)之后的建筑作品,都很容易被视为新客观主义;而哈林和夏隆的建筑作品常排斥整个运动的典型直线形式,以曲线和功能上的"表现"形式为特点[图114、图115]。

---

[1]   Adolf Behne, *The Modern Functional Building* (Los Angeles, 1996), p. 138.

[2]   Theo van Doesburg, "Defending the Spirit of Space: Against Dogmatic Functionalism", in *On European Architecture: Complete Essays from Het Bouwbedrijf 1924–1931* (Boston, 1990), pp. 88–95.

[3]   参见 Henderson, *The Fourth Dimension and Non-Euclidean Geometry in Modern Art*, pp. 36–37。

图 114 与图 115
汉斯·夏隆

施明克住宅（Schminke House），
1933 年，勒包（Löbau）

这是"功能主义"和"有机主
义"的典型，流动的空间呼应内
外的压力。相对建筑主体，阳台
进行了旋转处理，以使视线能穿
过花园

密斯·凡·德·罗与技术的精神化

在 20 世纪 20 年代的德国建筑界，没有哪位建筑师能如勒·柯布西耶在法国建筑界一样占主导，密斯·凡·德·罗在美学上的声誉与格罗皮乌斯在组织上的声誉不相上下。密斯言辞不多，但说出的话都很有分量。他不仅精于自我宣传，而且作为建筑师，他有能力将任何问题还原为一种本质性的简洁——这种简洁至今仍在引发对其作品的相互冲突的解释。

在密斯的作品中，有两种相反的倾向在争占主导，第一种是在一个一般的立方体容器中进行功能围合，并不对其进行任何具体功能的设定——这种倾向部分源于密斯早期对新古典主义的热衷。第二种是用建筑语言来回应生活的流动性。在这种倾向中，密斯很少像表现主义者一样进行形象塑造，我们也无法依此倾向将密斯与贝内的"功能主义"相关联。根据构成主义者或新造型主义者的逻辑，中性的形式能创造足够灵活的系统，以应对任何可能的生活情形，每一座建筑都有独特的形式构型，却由相似的元素组成。密斯采用的正是这个方法，他放弃将房子视为一个单一建筑，并将其分解为基本元素。在此，我将讨论密斯在两次大战之间设计的住宅，在这些住宅中，他试图调和这些互相矛盾的思想：一方面是新古典主义的客观化，另一方面是新造型主义的碎片化。[1]

密斯与柯布西耶都认识到了现代性的条件，尽管各自的回应截然不同，但二人的建筑形式非常相似。他们都曾在工艺学校受

---

[1] 碎片化是布鲁诺·赛维（Bruno Zevi, 1918—2000）颇具影响力的著作《新造型建筑的诗学》（*Poetica dell'architettura neoplastica*, 1953）中的论点。尽管这个论点仍然有说服力，但赛维的伦理政治解释现在似乎已经过时了。参见 Richard Padovan, "Mies van der Rohe Reinterpreted", in *IUA: International Architect*, no. 3, 1984, pp. 38–43。

训练，并在建筑和"美术"专业上进入更高层次，获得更高的社会地位；他们两人都改了名字；[1] 都以两位大师——布鲁诺·保罗和彼得·贝伦斯为榜样，（在住宅和家具设计中）经历了一段倾向新古典主义的成长期；他们的现代主义作品与他们的新古典主义作品之间都没有明显的中断，并且前者深受后者影响。不过，柯布西耶只设计了两座新古典主义住宅，就转向其他探索（尽管有许多年他继续采用帝国风格进行室内设计），而密斯的"比德迈"时期从 1907 年持续到 1926 年，这是他建筑实践取得成功的基础。密斯年过四十，才完成其首个现代主义–构成主义建筑——位于德国古本（Guben）的沃尔夫住宅（Wolf House，1925—1927）。

密斯的新古典主义住宅全部都由对称的两层棱柱组成，有时还有小的附属建筑。这些住宅，尤其是里尔住宅（Riehl House，1907）[图 116]，很大程度上借鉴了 1905 年保罗·梅伯斯出版的《1800 年的建筑》一书中 18 世纪地方古典住宅的插图。里尔住宅的选址与其他住宅不同。与柯布西耶在拉绍德封的让纳雷别墅和法福尔–杰科特别墅类似 [还与由朱利奥·罗马诺设计的位于罗马贾尼科洛山（Giannicolo）的兰特庄园别墅 [2] 类似，这栋别墅可能对密斯和柯布西耶都曾有过影响]，里尔住宅坐落在陡坡上。其中一面山墙通过凉廊转化为正面，并出人意料地与下方挡土墙相连。这可能被称为"大坝类型"的建筑，是"城市之冠"的一种变体，以瓦格纳学派的方式，试图在观者眼中营造高耸的感觉。这在密斯的其他项目中也可以看到：1910 年的俾斯麦纪念碑（Bismarck Monument）竞赛方案 [可能源自 1838 年申克尔

---

[1] 密斯采用了他母亲婚前的姓氏"罗"（Rohe），并加上了听起来有点贵族气息的"凡·德"（van der）。

[2] 兰特庄园别墅（Villa Lante al Gianicolo）中的夏屋由朱利奥·罗马诺（Giulio Romano）设计。——译注

图 116
密斯·凡·德·罗

里尔住宅，1907 年，波茨坦新巴贝尔斯堡（Neubabelsberg）

这栋住宅的有趣之处在于，其正面的山墙末端仿佛从挡土墙中生长出来。密斯的几个项目都与倾斜场地有这种隐秘的、类似堤坝的关系

的奥瑞安达宫（Schloss Orianda）项目]、沃尔夫住宅、图根哈特住宅（Tugendhat House，1928—1930），以及 1934 年的山间别墅（Mountain House）项目。

"一战"后，密斯在柏林重新执业，此时，他结识了实验电影制作人和达达主义者汉斯·里希特，并加入了其艺术家和作家圈子，这个圈子的成员包括范杜斯伯格和埃尔·利西茨基。[1] 这是密斯与柏

---

[1] 该圈子的其他成员包括路德维希·希尔伯斯海默（Ludwig Hilberseimer）、汉斯·阿尔普、瑙姆·加博（Naum Gabo）、弗雷德里克·基斯勒（Frederick Kiesler）、曼·雷（Man Ray）、瓦尔特·本雅明（Walter Benjamin）、菲利普·苏波（Philippe Soupault）和拉乌尔·豪斯曼。参见 Franz Schulze, *Mies van der Rohe: A Critical Biography* (Chicago, 1985), p. 89。

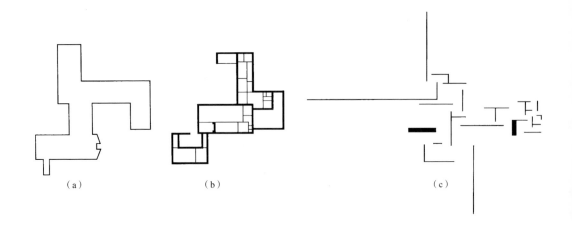

林先锋派的首次相遇，密斯从模仿折衷主义转向构成主义抽象就始
于这次相遇。1922 年，里希特、利西茨基和艺术家及电影制作人维
尔纳·格拉夫（Werner Gräf）创办了杂志《G：元素造型及其材料》
（G: Material zur Elementaren Gestaltung）。密斯正是在这本杂志上
发表了其最早的构成主义项目，以及一些简短的论战文章。在这些
文章中，其观点具有强烈的反形式主义倾向："我们不知道形式，只
知道建筑问题。形式并不是目的，而是我们工作的结果。"[1]

　　在这些早期的构成主义项目中，密斯探索了新技术和材料
引发的一些基本问题，这些早期项目包括：两座歇尔巴特式的
玻璃摩天大楼（1921—1922），一座八层的钢筋混凝土办公大楼
（1922），两座单层住宅——混凝土乡村住宅（1923）和砖砌乡村
住宅（Brick Country House，1924）。这组项目中的住宅，再加上
鲜为人知的莱辛住宅（Lessing House，1923），概括了密斯作品中
的辩证法。[图 117] 在混凝土乡村住宅中，立方体被分解为展开
的纳粹党党徽形状；在莱辛住宅中，立方体被分解为更小的立方
体，互相交错连接成阶梯形；在砖砌乡村住宅，立方体被平面系

图 117
密斯·凡·德·罗

（a）混凝土乡村住宅平面图，1923
年；（b）莱辛住宅平面图，1923
年；（c）砖砌乡村住宅平面图，
1924 年

与密斯早期新古典主义住宅不
同，这些最初的构成主义住宅只
有一层，并逐渐变得更加碎片
化。在砖砌乡村住宅中，封闭的
体块消失，空间由自由、直立的
平面来确定，就如范杜斯伯格的
《反构成》一样

---

[1] Mies van der Rohe, G, no. 2, 1923.

统所取代。在这种渐进的碎片化和衔接中，住宅的外部形式反映
了内部的分区，流露出英国自由风格住宅、贝尔拉赫和赖特的间
接影响，但其直接原型是风格派。[1]

　　沃尔夫住宅［图 118］和 1927 年建于克雷费尔德（Krefeld）
的朗格住宅（Lange House）、埃斯特尔住宅（Esters House），都
探索了莱辛类型。它们是用当地的建筑材料和砖来修建的，被分
解成互相交错连接的立方形，形成两三层的金字塔结构。一层的
主要房间互通，形成阶梯序列。卧室地板后让以设置屋顶露台。

　　位于捷克布尔诺的图根哈特住宅标志着密斯发展进入一个新
阶段［图 119、图 120、图 121］。建筑不再裸露砖块，而被涂成

---

[1]　尽管密斯否认受到风格派的任何影响，但范杜斯伯格的《反构成》是砖砌乡
　　　村住宅最明显的来源。不过，大多数评论家认为密斯设计的来源是范杜斯伯
　　　格 1918 年的画作《俄罗斯舞蹈的节奏》（Rhythm of a Russian Dance），该画
　　　作在图形上更接近密斯的规划。不管怎样，密斯建筑所提出的空间概念与范
　　　杜斯伯格 1924 年在《风格》中描述的"反构成"（见本书第六章）相同。

© David Židlický

© Alexandra Timpau

图 119（左页上）
密斯·凡·德·罗

图根哈特住宅，1928—1930 年，
布尔诺

这栋住宅与里尔住宅一样，被安
放在坡地上。客厅带有连续的落
地窗，比街道低一层

图 120（左页下）
密斯·凡·德·罗

图根哈特住宅，1928—1930 年，
布尔诺，室内图

通过可收放的玻璃墙，可以看到
西边和南边的花园全景。奢华的
材料——抛光大理石屏风和镀铬
柱子——取代了传统的细节装饰

图 121
密斯·凡·德·罗

图根哈特住宅，1928—1930 年，
布尔诺，一层和二层平面图

入口层有两间卧室，从花园看去
远离主体建筑立面。右侧的另一
个房间隔出了一个半封闭的庭院

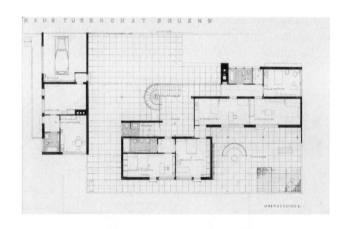

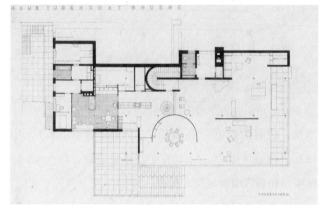

白色。它根据场地条件组织空间结构，让人想起里尔住宅。这座
住宅建在陡坡上，由一个整体的立方体体块，加上后让的、不完
整的上部楼层组成，人们从街道进入其中，往下走一层进入客厅。
客厅是一个很大的空间，由固定却独立的屏风进行分隔。这座房
子的整体体量被牢牢楔入坡面。客厅的南面与东面全是玻璃的，
采用可机械伸缩的平板落地窗，面向全景。因此，在砖砌乡村住
宅中延伸到无限远的曲折空间，在这里被包含在一个立方体的体
积之中。但同时，这个立方体是完全透明的。古典的封闭和至高
无上被现代技术手段结合在一起。

与图根哈特住宅同时期的是 1929 年巴塞罗那世博会中的德

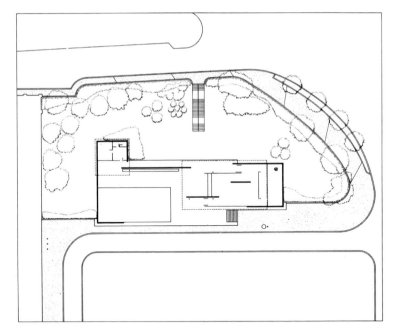

图 122
密斯·凡·德·罗

世博会德国馆，1929 年，巴塞罗那（已拆除，1986 年重建），基地平面图

墙面与运动流线呈直角，它就像一个过滤器，过滤从世博会一个区域到另一区域、穿过这个展馆的观众

国馆，也称为巴塞罗那展馆（Barcelona Pavilion）[见图 106、图 122]。在该展馆中，封闭的立方体被消除，整个空间由独立的水平楼面和垂直墙面定义。但是，墙面并没有消失于无限，而是反过来形成敞开的庭院，将建筑夹在场地的两端。该展馆横跨在一条展览路线上，它与其说像堤坝，不如说像过滤器。

与砖砌乡村住宅形成鲜明对比的是，在图根哈特住宅和巴塞罗那展馆中，屋顶都由独立柱网支撑。乍一看，这似乎是对自由平面原则异常迟来的发现。但是，仔细一看，柱子显得太细，若缺少墙面帮助，似乎难以支撑屋顶（表面的反光处理更加强了柱子的细长感）。它们看起来更像是标记模块化网格的标志，而不是柱子。

1931 年至 1935 年，密斯设计了一系列住宅，将巴塞罗那展馆的平面类型改作适合家庭使用。第一个是 1931 年柏林建筑博览会（Berlin Building Exposition）的样板住宅。随后是一系列未建成的封闭庭院内的单层住宅项目，包括乌尔里希·朗格住宅

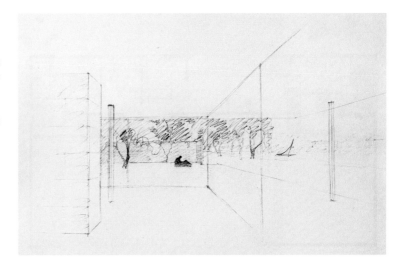

（Ulrich Lange House，1935）。这些设计变得越来越内向。在某种意义上，它们可以被视为对相同的地中海原型的追随，就如 20 世纪 30 年代的其他先锋派建筑师一样——在这方面，柯布西耶在普瓦西的封闭花园可以与之做一个有趣的比较。但是，它们也表明密斯（或其客户）可能已经退回到私人世界，在无意识中对危险的政治局势做出了反应。尽管有这种封闭倾向，但这一时期密斯精心设计的项目，如哈贝住宅（Hubbe House，1935），仍然向框起来的自然景观部分开放［图 123、图 124］。事实上，在密斯此时期的草图中，自然景观无处不在。这表明房屋的主要功能已变为框定一种理想化的自然景观。密斯后来承认这种距离效应："当你透过范斯沃斯住宅（Farnsworth House，1951）的玻璃墙去看自然时，它比从外部看具有更深的意义。这对自然的要求更高，因为它变成了更大整体的一部分。"[1]

　　根据一般的误解，密斯对建筑的极简主义提炼，是其深入参

---

[1]　Christian Norberg-Schulz, "Talks with Mies van der Rohe", in *L'Architecture d'Aujourd'hui*, no. 79, 1958, p. 100.

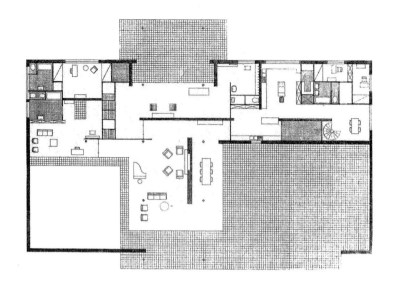

图 124
密斯·凡·德·罗

哈贝住宅，1935 年，马格德堡，
包含家具布置方案的平面图

新古典主义的围合已从房屋转向
花园庭院，但这里的庭院仍具有
一定开放性，它允许进入，可以
向外看到自然景观

与建筑工艺的结果。毫无疑问，密斯对建筑的某些工艺方面着迷，但他更关心图形表现的理想化和中介技术，而不是构造。从他的写作中，可以清晰看到，密斯意识到手工艺者和其产品的传统关系已经被机器破坏。他的标准是理想的和视觉的，而不是构造的——甚至不是"视觉-构造"的。比如，与柯布西耶不同，密斯会展示其建筑元素的物质性，但是他用蒙太奇手法来组合这些元素；它们的联系从未被明示。与其他现代主义建筑师的作品相比，密斯的作品甚至更加违背"建构"（tectonic）传统。

最近，在对"构造者密斯"神话的合理回应中，批评家发明了"后现代密斯"（Post-Modern Mies）一词，形容他在无尽的能指游戏中主要操作表面和效果。[1] 但这一解释是种相反方向的错误。它忽视了密斯对后尼采哲学（post-Nietzschean）混乱的恐惧，还假定材料美学及其短暂外观（就如德语中 Schein[2] 一词所指）与对基本价

---

[1]　参见 Rosalind Krauss, "The Grid, the Cloud and the Detail", in Detlef Mertins (ed.), *The Presence of Mies* (Princeton, 1994) 的开头部分。

[2]　意为"外表、外观"，也有"假象、幌子"之意。——译注

值的信念不相容。密斯的建筑观遵循了德国唯心主义的辩证倾向，从对立面出发思考问题。根据曾影响他思考的新柏拉图主义美学，先验世界显现在感官世界中（密斯喜欢引用圣奥古斯丁的格言："美是真理的光辉。"）。这种观念被"时代的意志"修正后，成为其信念的基础，即精神只能以历史化的形式，也就是以技术的形式活跃在世上。[1] 这些表面和深度，偶然和理想的问题，也是密斯 1923 年在《G》杂志的文章中反形式主义的原因。这并不像许多评论家宣称的那样代表其（后来放弃的）"唯物主义"阶段；而是反映了源自德国浪漫主义的现代主义美学主题，据此，艺术形式应该像自然形式那样，揭示内在本质，不是由外部强加。[2]

当然，探究密斯的哲学背景绝不意味着他的建筑是哲学思想的"表达"。对密斯而言，正是建筑作品的自我指涉性，使其进入了精神意义的世界。密斯的现代主义与其唯心主义完美兼容。

唯物主义对唯心主义：瑞士的贡献

瑞士杂志《ABC》代表了德语世界新客观主义运动极端"唯物主义"的一派。[3] 它在 1924 年到 1928 年间共出版了九期，由一个国际建筑师团体编辑，成员包括瑞士的汉斯·施密特（Hans

---

[1] 密斯 1925 年对存在主义哲学家罗马诺·瓜尔迪尼（Romano Guardini）著作的阅读进一步强化了这一观点。参见 Fritz Neumeyer, *The Artless Word: Mies van der Rohe on the Building Art* (Cambridge, Mass., 1991), chapter 6, p. 196 ff。

[2] F. W. J. 谢林认为："赋予艺术作品整体美感的不再是形式，而是形式之上的某种东西，即本质……必须居于其中的精神的表达。"引自 Tzvetan Todorov, *Theories of the Symbol* (Ithaca, NY., 1982), p. 169。

[3] 关于《ABC》杂志，参见 Jacques Gubler, *Nationalisme et Internationalisme dans l'Architecture Moderne de la Suisse* (Lausanne, 1975), pp. 109–141。

Schmidt，1893—1972）和埃米尔·罗特（Emil Roth，1893—1980），荷兰的马特·斯坦，以及苏联的埃尔·利西茨基（他在 1925 年被驱逐出瑞士后停止参与编辑）。瑞士建筑师汉斯·迈耶也与《ABC》杂志有密切联系。这一团体形成的最初动力来自两位前辈建筑师卡尔·莫泽和贝尔拉赫在瑞士与荷兰建筑界建立的联系，以及部分瑞士年轻建筑师对贝尔拉赫为荷兰南阿姆斯特丹所做规划的兴趣。

　　这一团体强烈反对风格派的唯心主义和美学方法。就如雅克·居布莱（Jacques Gubler）观察到的："风格派假定艺术和基本形式是绝对的，《ABC》假定技术和材料是绝对的。"[1]《ABC》相信，只有科学与技术的"专制"才能满足社会的集体需求。[2] 这种思想与苏俄构成主义者第一工作组的思想有明显联系（见第146—148 页）。

　　在其项目中，马特·斯坦和汉斯·施密特主要对预制系统感兴趣，尤其是钢筋混凝土。他们持反艺术的立场，主要关心的是发展能反映连续生产的建筑"语言"。他们的论述与新客观主义在整体上并无本质不同，但宣称自己更科学严谨。斯坦对预制系统的研究包括对密斯·凡·德·罗 1921 年至 1922 年的玻璃摩天楼和 1922 年的钢筋混凝土办公大楼的重新阐释［图 125］。[3] 斯坦调整了密斯的观念，以适应大规模生产的需要，比如，将玻璃摩天大楼的曲线平面改为圆形，办公大楼的双向结构改为单向的附加结构。

　　汉斯·迈耶的理论立场也接近左翼构成主义者。他宣称，建筑仅仅是技术-生产过程的一个例子："所有艺术作品的贬值是一个无可争议的事实，它们被新的精密科技取代只是时间问题……

---

[1]　Gubler, *Nationalisme et Internationalisme dans l'Architecture Moderne de la Suisse*, p. 117.

[2]　Ibid., p. 118.

[3]　*ABC*, nos. 3–4, 1925.

图 125
马特・斯坦

对 1922 年密斯的钢筋混凝土办公
大楼的重新阐释

在《ABC》杂志（1925 年）的这
幅插图中，密斯的结构已被"改
进"，使其更适应预制加工，形
式遵循生产过程

艺术正成为一种捏造和受控的现实。"[1] 迈耶曾积极参与瑞士田园城市运动，他的早期作品——尤其巴塞尔附近的自由村住宅区（Freidorf-Siedlung，1919—1921），是该运动典型的新古典主义风格。迟至 1924 年，他才转向现代主义。此后，他与汉斯・维特韦尔（Hans Wittwer）共同承担的项目，在修辞的、机械的构成主义与枯燥的理性主义之间变化。前者的代表如 1927 年国际联盟的竞赛项目和 1926 年巴塞尔的彼得学校（Petersschule），后者如 1928—1930 年德国贝尔瑙（Bernau）的贸易联盟联合学校（Bundesschule des ADGB）。1928 年，迈耶接替格罗皮乌斯担任包豪斯校长，引入了严格的"生产主义"和反审美制度，彻底改变了格罗皮乌斯努力追求的去政治化原则。

---

[1]　Tafuri and Dal Co, *Modern Architecture*, p. 168.

From Rationalism to Revisionism: Architecture in Italy 1920–1965

第九章
从理性主义到修正主义：意大利建筑 1920—1965

在现代建筑的"英雄"（heroic）时期，意大利建筑先锋派与法西斯主义关系十分紧密，这一点常让建筑史家感到难堪。在对法西斯主义的支持中，意大利现代建筑师们表现出反自由、反民主的态度，不过，这一态度在20世纪初至30年代的欧洲先锋派中并非罕见。在马克思主义和资本主义之间寻求"第三条道路"，将前资本主义的社群价值与现代化相结合，这些只有在纳粹德国和法西斯意大利才有可能被转化为政治现实。德国人对"现代化"和"现代主义"做了区分，他们拥抱前者，将后者局限于特定的建筑类型，比如工厂。意大利法西斯政党分成两派：右翼反对现代主义，左翼支持现代主义。现代主义建筑师们则全心支持这样一场运动：和他们一样厌恶19世纪的自由主义，渴望现代化的同时又向往回归古代。

图 126（左页）
卡洛·斯卡帕（Carlo Scarpa，1906—1978）

卡诺瓦雕塑博物馆（Gipsoteca Canoviana），1956—1957年，特雷维索省（Treviso）波萨尼奥（Possagno）

斯卡帕的博物馆是"二战"后意大利博物馆设计中最有意思的案例之一，在此博物馆中，现代主义抽象成了人文主义艺术的展示背景

九百派

"一战"后，意大利出现了两场进步建筑运动。这两场运动都拒绝接受未来主义的个人主义和虚无主义，并允诺"回归秩序"。

这一点，在当时意大利的所有艺术形式中都有体现，比如绘画中的造型价值运动（Valori Plastici movement），其出发点就与乔治·德·契里柯（Giorgio de Chirico）形而上学的现实主义不同。

第一场运动是"一战"结束时出现的"九百派"（Novecento）。它是一场"温和"的先锋派运动，与若干年前德国的比德迈复兴运动有许多相同之处。它宣扬一种"现代"但与匿名古典传统恢复联系的建筑。这场运动的代表建筑师是乔瓦尼·穆齐奥（Giovanni Muzio，1893—1982），他设计的米兰卡·布鲁塔公寓（Ca'Brutta apartment，1919—1922）是一类风格的代表：注重建筑外表，喜欢对古典母题进行矫饰主义的、讽刺性的变形。

理性主义

"一战"后出现的第二场进步运动是 1926 年成立的七人小组（Gruppo 7）。该小组成员包括阿达尔贝托·里贝拉（Adalberto Libera，1903—1963）、路易吉·菲吉尼（Luigi Figini，1903—1984）和吉诺·波利尼（Gino Pollini，1903—1991），他们当时都是米兰理工学院（Milan Polytechnic，现米兰理工大学）的学生，属于战后一代。《意大利评论》（Rassegna Italiana）杂志发表了他们成立小组的目标："以前先锋派的特点是……徒劳的审美狂怒……今天的年轻人渴望清醒和智慧……我们并不想与传统决裂……新的建筑应该是逻辑和理性密切联合的结果。"[1]理性主义者的计划，及其对功能主义和古典精神的融合，很大程度上借用自勒·柯布西耶

---

[1] Gruppo 7, *Rassegna Italiana*, 1926, quoted in Vittorio Gregotti, *New Directions in Italian Architecture* (London, 1968), p.13.

在《新精神》杂志里的文章。这一运动的知识领袖是艺术评论家爱德华多·佩尔西科（Edoardo Persico，1900—1936）和建筑师朱塞佩·帕加诺（Giuseppe Pagano，1896—1945），从20世纪20年代晚期开始，他们分别担任《卡萨贝拉》（*Casabella*）杂志的主管和主编。

20世纪30年代前半期，理性主义者的政治运动方兴未艾，他们成功参与了一系列公共项目。其中最重要的有：

- 罗马大学（University of Rome，1932—1935）——尽管传统主义者马切洛·皮亚琴蒂尼（Marcello Piacentini，1881—1960）是主管建筑师，但若干单体建筑被委托给理性主义者，包括帕加诺设计的物理楼（Physics Building）。
- 为交通部（Ministry of Communications）做的设计，包括由托斯卡纳集团（Gruppo Toscana）在佛罗伦萨建造的新火车站。
- 在罗马南部开垦改造的蓬蒂内（Pontine）沼泽地上修建的新城镇，最有名的是萨包迪亚（Sabaudia），由路易吉·皮奇纳托（Luigi Piccinato，1899—1983）领导的团体设计，在这个设计中，社会经济和象征审美问题受到同等关注。

在北部（在罗马的直接影响之外），理性主义也获得相当的成功，尽管意大利法西斯党对其冷漠，甚至有时充满敌意。理性主义的重要项目，不论私人还是公共项目，都由菲吉尼、波利尼和朱塞佩·特拉尼（Giuseppe Terragni，1904—1943）完成。比如，菲吉尼设计的米兰自宅（1934—1935）；特拉尼设计的科莫（Como）的法西斯大楼（Casa del Fascio，1932—1936）——将古典的纪念碑风格与现代主义抽象融合在一起［图127］。特拉尼是七人小组中最有天分的建筑师。他的作品以表面和结构框架的复杂作用而出名，如位

© Wisigreter

图 127
朱塞佩·特拉尼

法西斯大楼，1932—1936 年，科莫

对特拉尼而言，开放的结构框架
意指法西斯的公开透明与公众的
容易进入，但这座建筑还带有梦
幻般的永恒品质，让人想到乔
治·德·契里柯的绘画

于科莫的法西斯大楼的东立面和朱利亚尼–弗利杰里奥公寓（Casa Giuliani-Frigerio，1939）。尽管特拉尼引用墨索里尼对法西斯主义的定义"一座玻璃房子，人人都可以进入"[1]来为法西斯大楼辩护，但这座建筑的古典范儿，还是遭到了帕加诺的谴责，后者认为它是形式主义之作，表现出一种"贵族味"（aristocratic sensibility）。[2]帕加诺和特拉尼的分歧与政治无关（他们都是狂热的法西斯主义者），他们之间的分歧同汉斯·迈耶和勒·柯布西耶的分歧一样——一端是道德家的严苛，另一端是理想主义者的唯美。

1934 年，墨索里尼本人宣告支持理性主义者。[3]但是，随着意大利与埃塞俄比亚间战事的爆发，意大利民众爱国热情高涨，政党转向右翼，直到 20 世纪 30 年代末，传统主义者在皮亚琴蒂

[1] Dennis Doordan, *Building Modern Italy: Italian Architecture 1914–1936* (Princeton, 1988), p. 137.

[2] Doordan, *Building Modern Italy*, p. 140; Leonardo Benevolo, *History of Modern Architecture* (London, 1971), p. 596; Tafuri and Dal Co, *Modern Architecture*, pp. 284–285. 这些作者称赞特拉尼精巧的形式，又谴责他是形式主义，显然是矛盾的。

[3] Doordan, *Building Modern Italy*, p. 109.

尼的领导下成为主导建筑流派。1942 年，在罗马附近的 E42 世博会区（现称 EUR 区），许多理性主义者放弃了他们的现代主义立场，转而支持简约的、纪念性的古典主义。

战后重建

在法西斯主义时期，尽管法西斯政党内部对现代主义也有反对声音，但国际现代主义的发展相对不受政治的干扰。因此，意大利战前与战后的建筑发展有相当的延续性。不过，其中也存在很大的修正主义压力。意大利大部分现代主义建筑师都曾是法西斯的强烈支持者，在法西斯失败之后，行业被迫寻求一种新的建筑认同。建筑师们卷入一系列思想意识之争，这些争论为现代主义传统带来了新的解释。[1]在这些争论中，米兰和罗马代表了相反的两极。米兰建筑师们延续了由佩尔西科和帕加诺建立的战前理性主义计划，将理性主义与左翼政治联系起来。[2]

理性主义在罗马从未成为一股强大的力量，建筑评论家布鲁诺·赛维对理性主义者提出了批评。赛维在其《走向有机建筑》（*Verso un'architettura organica*，1945）和《现代建筑史》（*Storia dell'architettura moderna*，1950）两本著作中，呼吁以弗兰克·劳埃德·赖特和阿尔瓦·阿尔托（Alvar Aalto，1898—1976）作品为典范的更加人性化的建筑，赛维领导的有机建筑协会（Association for Organic Architecture）提倡"为人类服务的建筑……符合人体

---

[1]　Manfredo Tafuri, *History of Italian Architecture 1944–1985* (Cambridge, Mass., 1989), p. 3.

[2]　Gregotti, *New Directions in Italian Architecture*, pp. 39–40.

尺度，并且满足社会中人的精神和心理需求……因此，有机建筑与用来创造官方神话的纪念性建筑相对立"[1]。

在对法西斯时期建筑的抨击中，赛维的批评同时针对新古典主义和理性主义。但是，他与理性主义者有不少共同理想，尤其是都希望创造一种能同时体现社会进步和技术创新的真正的现代建筑。1948 年，冷战开始后，意大利中右翼基督教民主党（Christian Democrats）重新掌权，这些希望破灭了。意大利政府没有发起社会改革和技术现代化的计划，反而专注于巩固建筑行业内现有利益团体的复杂关系。1949 年，政府建立了住房保险机构（Institute of Home Insurance，简称 INA Casa），目的是"增加工人就业，促进工人住宅的建设"[2]。对降低失业率的优先考虑，抑制了技术进步，这使意大利的工业仍处于工业化之前的水平。[3]

新现实主义

建筑行业技术落后的状况，也是与 INA Casa 有密切关系的"新现实主义"（Neorealism）运动的诱因。这一运动由建筑师马里奥·里多尔菲（Mario Ridolfi，1904—1984）和卢多维科·夸罗尼（Ludovico Quaroni，1911—1987）以一系列住宅项目的设计而发起，其中包括二人共同设计的蒂布蒂诺住宅区（Tiburtino Housing Estate，1944—1954）［图 128］，里多尔菲在埃提欧比

---

[1]　Gregotti, *New Directions in Italian Architecture*, p. 40.

[2]　Tafuri, *History of Italian Architecture 1944–1985*, p. 89.

[3]　Ibid., p. 16.

图 128
马里奥·里多尔菲与卢多维科·夸罗尼

蒂布蒂诺住宅区，1944—1954年，罗马

在这个新现实主义项目中出现自觉的本土特征，这在很大程度上归功于瑞典建筑师巴克斯特罗姆和赖纽斯的"新经验主义"（New Empiricism）

亚林荫大道（Viale Etiopia）旁设计的住宅（1950—1954），这两个项目都位于罗马。这些项目使用的构造语汇都源于里多尔菲的《建筑师指南》（*Manuale dell'architetto*）一书，该书于 1946 年由意大利国家研究委员会（National Research Council）出版，旨在创造一种可被普通大众理解的地方世界语。[1] 里多尔菲和夸罗尼的项目受到瑞典住宅的影响，与斯文·巴克斯特罗姆（Sven Backström，1903—1992）和莱夫·赖纽斯（Leif Reinius，1907—1995）的民粹主义目标有很多共同之处。另一个新现实主义项目——未建成的社区中心，由乔瓦尼·阿斯滕戈（Giovanni Astengo，1915—1990）为都灵法尔切拉（Falchera）住宅区设计（1950），它看上去曾受到阿尔森（Ahlsén）兄弟在瑞典斯德哥尔摩设计的奥斯塔中心（Årsta Centre，1943—1953）的直接影响（见第 239 页）。

---

[1]　Tafuri, *History of Italian Architecture 1944–1985*, pp. 11–13.

文脉主义

如果说新现实主义运动标志着意大利战后建筑第一次出现如维托里奥·格里高蒂（Vittorio Gregotti）所说的"为现实而努力"，那么，同样的努力也体现在埃内斯托·罗杰斯（Ernesto Rogers）提出的回应城市文脉的建筑这一概念中。1955 年，罗杰斯在《卡萨贝拉》杂志上发表了一篇题为《当代建筑实践的现存状况与问题》（"Le preesistenze ambientali e i temi pratici contemporanei"）[1]的文章，在其中提倡这样一种建筑：在技术上明显是现代的，在形式上能回应其历史与空间文脉；以既存现实为基础，而非以理想化的现实为基础。

这一概念在罗杰斯将其理论化之前，在实际设计中就已经被提出。对于这一问题，有两个解决方案截然相反的项目可作为代表。一例是佛朗哥·阿尔比尼（Franco Albini，1905—1977）在帕尔马设计的 INA Casa 办公楼（1950）。可见的混凝土框架提供了一个网格，通过网格，垂直受力的建筑实体和空隙的作用被联结起来。日常生活的复杂性和现存街道立面的模式，并没有扰乱其理想网格的潜在理性。另一例是罗杰斯与合伙人洛多维科·贝吉欧胡索（Lodovico Belgiojoso，1909—2004）和恩里科·佩雷苏蒂（Enrico Peressutti，1908—1976）——BBPR[2]，在米兰的梅达广场

---

[1] 英译版 "Pre-existing Conditions and Issues of Contemporary Building Practice" in Joan Ockman (ed.), *Architecture Culture 1943–1968* (New York, 1993), p. 200。

[2] BBPR 是 1932 年成立于米兰的建筑工作室，以成员姓氏首字母命名，除了贝吉欧胡索（B）、佩雷苏蒂（P）和罗杰斯（R），初创成员还有吉安·路易吉·班菲（Gian Luigi Banfi，1910—1945），在班菲 1945 年死于毛特豪森集中营后，工作室仍以 BBPR 为名。——译注

（Piazza Meda）设计的办公大楼（1958—1969），该办公大楼将理性结构的网格进行变形，以创造不同楼层的古典等级［图129］。在前一例方案中，两种"秩序"辩证地叠加在一起；后一例则创造出了一种混杂，这并不是在试图模仿其所处的环境，而是创造其环境的类似物。

罗马建筑师和理论家萨韦里奥·穆拉托里（Saverio Muratori，1910—1973）的作品对"文脉"（context）有更字面的阐释。在穆拉托里为罗马 EUR 区设计的基督教民主党总部（1955）中，"对文脉的回应"意味着通过熟悉的标识与重申传统来与公众沟通。与里多尔菲和夸罗尼一样，穆拉托里也曾受到瑞典建筑的影响，但仅限于其早期的新古典主义阶段。20 世纪 50 年代中期兴起的"新自由"（Neoliberty）运动的特征是更为肤浅的怀旧，代表性作品是路易吉·卡恰-多米尼奥尼（Luigi Caccia-Dominioni，1913—2016）在米兰九月二十日街（Via XX Settembre）设计的别墅（1954—1955）。新自由运动既不关心眼前的环境，也不关心永恒的古典主义；它相信青年风格派仍然能代表缺乏文化满足感的城市资产阶级。

许多意大利建筑师拒绝文脉主义,包括贾恩卡洛·德·卡洛
(Giancarlo de Carlo,1919—2005),他在 20 世纪 50 年代意大利马
泰拉(Matera)的早期住宅项目中,短暂地采纳过新现实主义,但
在乌尔比诺大学(University of Urbino,1963—1966)的学生公寓
项目中,他便转向了理性主义-粗野主义(Rationalist-Brutalist)风
格。然而,对文脉主义的批评主要来自国外,尤其来自新成立的
"十次小组"(Team X,见第 266 页)。1959 年,在荷兰奥特洛国
际现代建筑协会(Congrès Internationaux d'Architecture Moderne,
简称 CIAM)大会上,他们主要抨击了 BBPR 在米兰设计的维拉
斯加塔楼(Torre Velasca,1954—1958),伊尼亚齐奥·加尔代拉
(Ignazio Gardella,1905—1999)在威尼斯的扎特雷(Zattere)公
寓,以及德·卡洛的马泰拉项目。

理性主义与有机主义的辩证

对许多建筑师而言,打破理性主义传统的束缚并不需要借
用历史风格。和赛维一样,这些建筑师们接受了现代主义的抽象
语言,却试图将其扩展,以能更自由地进行隐喻和表达。乔瓦
尼·米凯卢奇(Giovanni Michelucci,1891—1990)的作品从试
图与城市文脉相协调的理性主义[比如 1950 年设计的位于皮斯
托亚(Pistoia)的储蓄银行],发展至纯粹的表现主义。20 世纪
60 年代初,米凯卢奇设计了圣若望教堂(Church of S. Giovanni,
1960—1964)[图 130]——在其中可以俯瞰佛罗伦萨附近的太阳
高速公路(Autostrada del Sole)。尽管间接参考了勒·柯布西耶
的朗香教堂(Notre-Dame-du-Haut,1951—1955),但他仍创造
了一个具有纯粹德国血统的独立的表现主义纪念碑。卡洛·斯卡

© Filippo Poli

帕封闭、有着很强私密性的作品与米凯卢奇带有公共修辞的作品形成鲜明对比。斯卡帕精巧的博物馆设计，如位于特雷维索省波萨尼奥的卡诺瓦雕塑博物馆［见图 126］和维罗纳的古堡博物馆（Castelvecchio Museum），为第二次世界大战后意大利的建筑师们（包括阿尔比尼和 BBPR）创造自己的风格做出了独特贡献。

20 世纪 50 年代中期，意大利建筑出现了一种更坚固、更不精巧的趋势，其特点是将钢筋混凝土结构裸露在外，比如由维多利亚诺·维加诺（Vittoriano Viganò，1919—1996）在米兰设计的马尔基翁迪·斯帕利亚迪学院（Marchiondi Spagliardi Institute，1953—1957）。有时，还会将结构与轻质填充物做明显的分区。比如，由帕萨雷利兄弟[1] 设计的位于罗马坎帕尼亚街（Via Campania）的公寓建筑（1963—1965），以及由卢多维科·马吉斯特雷蒂（Ludovico Magistretti，1920—2006）设计的位于米兰莱奥帕尔迪街（Via

---

[1]　文森佐·帕萨雷利（Vincenzo Passarelli，1904—1985），福斯托·帕萨雷利（Fausto Passarelli，1910—1998），卢西奥·帕萨雷利（Lucio Passarelli，1922—2016）。

Leopardi）的办公大楼（1959—1960）。这些项目与国际"粗野主义"有关，而"粗野主义"源自柯布西耶的后期作品。

新的城市尺度

20 世纪 50 年代末，意大利建筑师和规划师对城市问题的态度发生了重要转折。由南北迁徙引起的人口结构问题和建筑业的技术发展使得城市规划的范围需要重新定义，倾向于更大的"城市区域"（city regions）概念。根据曼弗雷多·塔夫里的说法：

> 意大利知识分子开始意识到一个新的现实；剧烈的城市化和大众传播的发展，已经引起了社会的深刻变革。这些变革伴随快速的经济增长，催生了新的解释模型，很快取代了十年前的解释模型……新现实主义神话被技术神话所取代……整个城市规划的观念将在 20 世纪 60 年代初发生彻底的改变。[1]

"城市区域"这一概念被看作处于不断变化之中的一系列动态关系，它取代了固定范式。[2]

这一概念成立的基本前提是重新确认城市也处于这种不断变化之中。1959 年，建筑师朱塞佩·萨莫纳（Giuseppe Samonà，1898—1983）出版了《城市主义与城市未来》（*L'urbanistica e l'avvenire*

---

[1] Tafuri, *History of Italian Architecture 1944–1985*, p. 74.

[2] Ibid., p. 75.

图 131

卢多维科·夸罗尼

圣朱利亚诺岸滩模型，1959 年

该项目是 20 世纪 60 年代意大利建筑师们关于大尺度区域思考的早期案例之一，它与巨型结构运动有关，但是更强调文脉环境

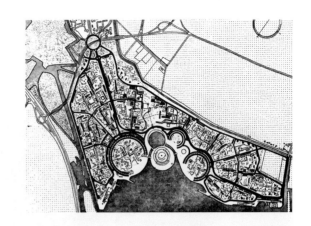

della città）一书，他在此书中为大城市辩护，抨击了主导战后意大利城市理论的田园城市运动对社会的设想以及英美小镇邻里关系概念。与此同时，一系列关于在现有城市中设计新的商业中心与行政管理中心的竞赛也在举办。在这类项目中，最早同时也最有影响的是夸罗尼为意大利梅斯特雷（Mestre）圣朱利亚诺岸滩（Barene di S. Giuliano，1959）做的设计［图 131］，在这个设计中，城市肌理在最小的规划限制下自由发展，其中心是面向潟湖的一个纪念碑式的建筑群。在该项目和其他类似项目中，城市被构想为两部分，一部分是固定的和象征性的，另一部分是持续变化的和本质上无法控制的。[1]

在同时期的其他项目中，这种二元观念被给予更激进的解释，根据这种解释，连续性的框架和基础建设将包括随机变化的在旧房空隙处建新房。[2] 这种发展并不限于意大利：类似观念也出现在瑞典，这将在第十章和第十一章巨型结构运动（Megastructure movement）的语境中进行讨论。

---

[1]　Tafuri, *History of Italian Architecture 1944–1985*, p. 76.

[2]　Gregotti, *New Directions*, p. 107, 115.

Neoclassicism, Organicism, and the Welfare State:
Architecture in Scandinavia 1910–1965

第十章
新古典主义、有机主义与福利国家：
斯堪的纳维亚建筑 1910—1965

　　"二战"后，现代运动与获胜的民主国家联系在一起，并被欧美专业机构所采纳。随着西欧福利国家的兴起，一种新的"规划"概念形成——它与自由民主兼容，并以凯恩斯主义经济学 [1] 为基础。这种规划与资本主义结合的主要典范出现在斯堪的纳维亚地区。瑞典尤其成为西欧和美国许多建筑师的榜样。为了理解这种影响的本质，有必要追溯"一战"前斯堪的纳维亚建筑的发展。

丹麦与瑞典：从新古典主义到现代主义

　　20 世纪前十年，欧洲大陆的新古典主义运动对斯堪的纳维亚地区各国有很深的影响，这些国家的建筑师对由保罗·梅伯斯、保罗·舒尔策-瑙姆堡和海因里希·特森诺传播的德国比德迈复兴运动很着迷。最早推动这一趋势的是丹麦建筑师，他们自 19 世纪

图 135 局部（左页）
西格德·莱韦伦茨（Sigurd Lewerentz，1885—1975）

圣马可教堂（St. Mark's Church），1956—1960 年，毕约克哈根（Björkhagen）

[1]　根据经济学家约翰·梅纳德·凯恩斯（John Maynard Keynes）的说法，19 世纪困扰资本主义的周期性萧条可以通过在经济衰退时期推行赤字政策来避免。凯恩斯强调刺激需求。

80 年代开始，就一直在研究如 H. C. 汉森（H. C. Hansen）这样的新古典主义先驱。[1] 丹麦和瑞典建筑师开始着迷于自己的乡土和古典传统，例如，16 世纪的城堡、巴洛克宫殿和 19 世纪早期的新古典主义建筑。从"一战"到 20 世纪 20 年代晚期，一种折衷的新古典主义主导了斯堪的纳维亚建筑，这种折衷的新古典主义借用了本地传统、德国 18 世纪古典乡土主义、弗里德里希·基利（Friedrich Gilly，1772—1800）、克劳德-尼古拉斯·勒杜和托斯卡纳文艺复兴风格。卡尔·彼得森（Carl Petersen，1874—1923）设计的位于丹麦法堡（Fåborg）的多立克柱式简洁博物馆（1912—1915）为整个运动奠定了基调。

在德国，新古典主义和新客观主义之间有过表现主义，但在斯堪的纳维亚地区，新古典主义直接转变到新客观主义，这反映出它们的相似性，而非差异性。"一战"期间，住房短缺问题在斯堪的纳维亚地区特别严重，丹麦和瑞典都发起了国家资助的住房计划来解决这一问题。当时城市住宅的模式是 18 世纪的邻里式街区（perimeter blocks）。从这种模式向现代主义转变，最明显的案例是保罗·鲍曼（Povl Baumann，1878—1963）1919 年设计的位于丹麦哥本哈根诺雷布罗（Norrebro）的汉斯·塔夫森斯街（Hans Tavsens Gade）项目。在这个项目中，周边住宅围合出一个中心公共花园。[2] 在科学和卫生的新理念下，庭院逐步对外开放，例如卡尔·彼得森和保罗·鲍曼在哥本哈根的克拉森花园路项目（Ved Classens Have，1924—1929）。[3] 最终，如伊瓦尔·本特森（Ivar

[1]   Hendrick O. Andersson, "Modern Classicism in Norden", in Simo Paavilainen (ed.), *Nordic Classicism 1910–1930* (Helsinki, 1982).

[2]   Jorgen Sestoft and Jorgen Christiansen, *Guide to Danish Architecture 1, 1000–1960* (Copenhagen, 1991), p. 212.

[3]   Ibid., p. 214.

Bentsen，1876—1943）设计的布莱达公园（Blidah Park，1932—1934）所示，邻里式街区整个消失了，取而代之的是公园里设置的线性栅栏。[1] 与此同时，尽管承重墙结构仍在被使用，但规则开窗的古典墙面已让位于自由立面。然而，与 20 世纪 20 年代的德国不同，混杂、半封闭的布局立刻出现了，例如阿尔内·雅各布森（Arne Jacobsen，1902—1971）设计的位于哥本哈根附近卡拉姆堡（Klampenborg）的贝拉维斯塔住宅区（Bellavista Estate）。[2]

在瑞典，两个公共项目的修建宣告了新客观主义的到来：斯文·马克柳斯（Sven Markelius，1889—1972）设计的皇家技术学院（Royal Institute of Technology）学生宿舍和埃里克·贡纳尔·阿斯普隆德（Erik Gunnar Asplund，1885—1940）与其他建筑师组成的团队设计的斯德哥尔摩工业艺术展览（Stockholm Industrial Arts Exhibition）建筑。这两个项目都完成于 1930 年。马克柳斯的学生宿舍是带有奥德或 W. M. 杜多克（W. M. Dudok）风格的优良作品，阿斯普隆德的湖边展览建筑出色地利用了现代材料的轻巧和透明，使其显出流行、狂欢和航海的氛围［图 132］。到 1930 年，阿斯普隆德已经完成了为其带来赞誉的杰出新古典主义作品，包括位于瑞典斯德哥尔摩恩斯克德公墓（Cemetery of Enskede）乡村古典风格的林地教堂（Woodland Chapel，1918—1920）[3] 和类似勒杜风格的斯德哥尔摩公共图书馆（Stockholm Public Library，1920—1928）。他为哥德堡法院（Courthouse at Gothenburg，1913—1936）增建所做的一系列设计表明其风格的演变，从最初竞赛设计时的民族浪漫主义，到新古典主义，再到现代主义。然而，尽

---

[1]   Sestoft and Christiansen, *Guide to Danish Architecture 1*, p. 218.

[2]   Ibid., p. 220.

[3]   恩斯克德的林地教堂是与西格德·莱韦伦茨合作赢得的竞赛项目的一部分，很难区分阿斯普隆德和莱韦伦茨各自的贡献。

管阿斯普隆德的确转向了新客观主义，但他从未完全接受法国和德国运动的严格图式。对他而言，19世纪的"得体"（bienséance）和"品质"（character）仍然具有一定意义，他最后完成的一座建筑——林地火葬场（Woodland Crematorium，1935—1940）似乎证明了这一点。这座建筑巧妙地融合了现代主义与古典元素。

图 132
埃里克·贡纳尔·阿斯普隆德

斯德哥尔摩工业艺术展览入口展馆，1930年，斯德哥尔摩

节日的气氛弥漫在这座悬挂着航海标志的建筑里。一个开放的结构形成了整个展馆的门廊，里面有一个较小的结构，像邮轮的上层甲板一样

瑞典现代运动

社会改革与住房

在瑞典，新建筑一开始就与社会改革运动密切相关——与德国大约十年前的情形一样。1932年，社会民主党掌权，在首相佩尔·阿尔宾·汉森（Per Albin Hansson）将国家比作"人民之家"的口号的启发下实施了一系列改革。这些改革是在自由主义的民主制下实行的，但受到国家干预主义这一长期传统的促进。改革

的核心是住房计划。20 世纪 20 年代，一场活跃的合作社运动为其立法铺平了道路，使得瑞典在 1945 年后成为一个成熟的福利国家。合作社（通常有自己的建筑部门）修建的住房在瑞典现代主义建筑的传播中有极其重要的影响。比如，KV 合作社 [1] 的建筑师们设计的卡瓦霍曼公司（Kvarnholmen Company）住宅项目的布局，就被国外广泛模仿。

由于住房计划的成功和公众对新建筑的反对较少，瑞典的现代运动完全缺乏法国和德国运动中的激进主义。瑞典的评论家发现勒·柯布西耶的思想太理论化，而德国现代主义者的思想太教条，他们认为新的必须与现存的相融合。评论家汉斯·埃利奥特（Hans Eliot）对这一态度有过总结："在我看来，在瑞典——不像勒·柯布西耶在法国为风格而焦虑——存在一种既源于传统又适合现代目标的居住文化。" [2]

新经验主义

"二战"后，建筑师斯文·巴克斯特罗姆和莱夫·赖纽斯领导了瑞典修正主义运动。他们将现代主义宏大类型与常见的建造技术和装饰形式混合，这些建造技术和装饰形式仍然在普通建筑中使用，且没有超出一般用户品位的接受范围［图 133］。他们这么做是为了寻求一种更受大众喜欢的建筑，这种建筑承认"取悦我们的心理与非心理因素，且（为什么不呢？）承认美"[3]。1947 年，这种思想被英国《建筑评论》（*Architectural Review*）热心地命名

---

[1]　KV 合作社是一家零售家庭用品和食品的合作社，参见 Eva Rudberg, "Early Functionalism", in Claes Caldenby, Jöran Lindvall, and Wilfred Wang (eds), *20th Century Architecture, Sweden* (Munich,1998), p. 80。

[2]　Eva Eriksson, "Rationalism and Classicism 1915–1930", in ibid., p. 46.

[3]　Eva Rudberg, "Building the Welfare of the Folkhemmet", in ibid., p. 126.

图 133

斯文·巴克斯特罗姆与莱夫·赖纽斯

罗斯塔住宅区，1946 年，厄勒布鲁（Orebro）

这个项目是 20 世纪 40 年代瑞典典型的社会住宅，带有双坡屋顶和成对的小窗

为"新经验主义"，不过，它在瑞典并未被普遍接受。1928 年就已"走向现代"的瑞典杂志《建筑大师》（*Byggmästaren*），就理性的"阿波罗式"和非理性的"酒神式"建筑的各自优点举行了辩论。[1] 这种争论自 20 世纪 20 年代以来就一直在先锋派表面之下酝酿，直到"二战"后才被点燃。

巴克斯特罗姆和赖纽斯为丹维克斯克利潘（Danviksklippan）、格伦达尔（Gröndal）和罗斯塔（Rosta）三地住宅区所做的设计在国际建筑期刊上发表并广为流传。这些住宅采用"蜂巢式"布局，抛弃了理性主义的直线［实际上是借鉴自德国建筑师亚历山大·克莱因（Alexander Klein）1928 年的一个项目］[2]，在 20 世纪 50 年代被苏格兰坎伯诺尔德（Cumbernauld）新城和罗马瓦尔科圣

---

[1]　Rudberg, "Building the Welfare of the Folkhemmet", in Caldenby, Lindvall, and Wang (eds), *20th Century Architecture, Sweden*, p. 126.

[2]　Tafuri and Dal Co, *Modern Architecture*, p. 187.

保罗（Valco san Paolo）住宅区采用。英国对瑞典新经验主义产生兴趣，同样，瑞典规划师和建筑师也受到英国城市规划思想的影响。比如，1944年帕特里克·阿伯克龙比（Patrick Abercrombie）大伦敦规划（Greater London Plan）中所体现的城市规划思想。由埃里克·阿尔森（Erik Ahlsén, 1901—1988）和托雷·阿尔森（Tore Ahlsén, 1906—1991）修建的位于斯德哥尔摩郊区的奥斯塔中心采用了邻里社区规划。作为一项试点计划，它被用来纠正瑞典住宅的主要缺陷——缺乏社会设施。[1]

系统设计

20世纪60年代至70年代，瑞典住房数量快速增加。政府制定了一项计划，旨在1965年至1974年修建一百万套住宅。[2]其中，40%的住宅采用高层、高密度的形式，采用"系统"方法来规划和建造。这种方法最大程度地利用了标准构件和大规模预制，并仿效了美国国防工业使用的系统工程技术。[3]这并不局限于瑞典，（仅就斯堪的纳维亚地区而言，）在丹麦也有技术驱动下的大规模住宅的发展，出现了密集的高层项目，比如赫耶·格拉萨克斯公

---

[1]　邻里理念继承自田园城市运动，试图恢复小镇的社区价值观。在20世纪60年代，此类邻里社交中心日益受到人们对休闲设施需求的挑战，而休闲设施只能由更大的城市集水区提供。参见 Rudberg, "Building the Welfare of the Folkhemmet", in Caldenby, Lindvall, and Wang (eds), *20th Century Architecture, Sweden*, pp. 118–121, p.139.

[2]　Claes Caldenby, "The Time for Large Programmes", in ibid., p. 142.

[3]　同上书，也可参见本书第十一章中对系统理论的讨论。

寓（Høje Gladsaxe，1960—1970）。[1]

20 世纪 60 年代晚期，这种发展越来越遭到公众反对，即便在纯粹技术层面上，它也常常不令人满意。反对声受 1968 年法国"五月风暴"的影响而加强，导致政府修改了住房和城市更新方面的政策。与此同时，面对建筑业越来越多的排斥，建筑师们试图以两种方式作为回应：要么接受并尝试驾驭技术发展；要么退回到适度规模的一次性项目的世界，在那里，大规模生产和大规模消费的经济并不适用。

大型项目

从瑞典国家规划委员会（Swedish National Planning Board）采用的"结构主义"方法可以看出，公共部门试图将大型建设项目同时合理化和人性化。[2]这开启了一种思考大型建筑设计的新方法，其基础是两个具有不同淘汰速率的系统（一个是建筑围护结构及其支撑结构，另一个是功能性填充）的分离。

两个由个体建筑师设计的项目分别以更实际的方式来解决大型城市建筑的问题。一个项目是由阿尔森兄弟在厄勒布鲁设计的市民馆（Citizen's House，1965）。[3]这个多功能文化中心占据了整个城市街区；建筑师试图通过不同楼层的衔接和表面处理的变化，来减少其体量感。另一个项目是彼得·塞尔辛（Peter Celsing，1920—1974）在斯德哥尔摩设计的文化馆综合体（Culture House complex，1965—1976），这个综合体具有更大的城市和国家影响力。它包含

---

[1] Kim Dircknick, *Guide to Danish Architecture 2, 1960–1995* (Copenhagen, 1995), p. 57.

[2] Caldenby, "The Time for Large Programmes", in Caldenby, Lindvall, and Wang (eds), *20th Century Architecture, Sweden*, p. 155. 荷兰也有当代的"结构主义"运动。这两个运动有一些共同的基本思想，但也存在不同。本书第十一章将在巨型结构运动的背景下讨论荷兰结构主义。

[3] Ibid., p. 151.

图 134

彼得·塞尔辛

文化中心，文化馆综合体，1965—1976年，斯德哥尔摩

这个多用途文化中心，是构成文化馆综合体的三个要素之一，它将旧城与新城在视线上隔开。全玻璃立面是对社会透明性的隐喻

三个部分：大剧院、改建后的瑞典银行和文化中心［图134］。[1]剧院融入了城市现存肌理，而其他两部分作为客观的代表性建筑挺立。这个综合体靠近城市的南北主轴，处于老城区和19世纪商业区的历史边界上。塞尔辛通过将银行和文化中心连接在一堵厚的"服务"墙的两侧来保留这一差别，这堵"服务"墙象征性地代表了老城墙。银行面对着老城，是一个封闭的古典化立方体。文化中心面对着新城，有很长的连续全玻璃立面，在此立面中，楼板被突出。这座建筑的简介由蓬蒂斯·赫尔腾（Pontus Hultén）撰写，他后来成为巴黎蓬皮杜中心（Centre Pompidou）的首任馆长。塞尔辛的建筑与蓬皮杜中心共享了构成主义的理念：在一个透明的多用途建筑中，可见的内部功能取代了传统的装饰。塞尔辛的项目赋予每个组成部分以不同的特征，抵制了现代技术的同质化效应，并保留了城市的历史结构；但是，它接受了经济和技术发展带来的审美和尺度的变化。

---

[1]　Caldenby, Lindvall, and Wang (eds), *20th Century Architecture, Sweden*, p. 153; Wilfred Wang et al., *The Architecture of Peter Celsing* (Stockholm, 1996), p. 19, fig. 1 and p. 60 ff.

© Max Plunger

图 135

西格德·莱韦伦茨

圣马可教堂，1956—1960 年，毕
约克哈根

这座教堂隐蔽的砖砌立面被室内
活动的符号（窗户和突出的礼拜
堂）赋予意义，这些符号是随机
出现的。在莱韦伦茨晚期建筑中，
这种带有哥特内涵的功能象征主
义，与其早期建筑的新古典主义
形成奇异的对比

小型项目

瑞典建筑师们采取的第二种回应——从驾驭技术回归小型项目——可以通过修建于 20 世纪 50 年代至 60 年代的一系列小教堂来说明。这些小教堂的修建是为了满足当时不断扩张的郊区人口，其中最有趣的是彼得·塞尔辛和年长一辈的西格德·莱韦伦茨的作品。塞尔辛在哥德堡设计的哈兰达教堂（Härlanda Church，1952—1958）由三个棚屋状的砖砌结构组成。[1]莱韦伦茨在同一时期修建了两座教堂：位于毕约克哈根的圣马可教堂（1956—1960）[图 135]和位于克利潘（Klippan）的圣彼得教堂（St. Peter's Church，1962—1966）。[2]在职业生涯早期，莱韦伦茨曾与阿斯

---

[1] Wang, *The Architecture of Peter Celsing*, p. 82 ff.

[2] Claes Dymling (ed.), *Architect Sigurd Lewerentz* (Stockholm, 1997), p. 146 ff, p. 165 ff.

普隆德合作在林地教堂竞赛项目中获胜（见第 235 页注释 [3]）。
20 世纪 50 年代，莱韦伦茨与彼得·塞尔辛合作乌普萨拉大教堂
（Uppsala Cathedral）修复方案，他最后的两座教堂设计也显示出
这位年轻建筑师的影响。虽然在内外使用裸露的砖块上与塞尔辛
的教堂类似，但莱韦伦茨的教堂在对传统的原始主义演绎上更加
大胆，并且象征意义更加丰富，就如支撑圣彼得教堂屋顶的十字
形中心柱所呈现的一样。

芬兰现代建筑运动

理性主义与新古典主义

1904 年，评论家兼建筑师西格德·弗罗斯特鲁斯（Sigurd
Frosterus）和古斯塔夫·斯特伦格尔（Gustaf Strengell）出版了一
本题为《建筑：对我们对手的挑战》（*Arkitektur: En Stridskrif våra
Motstândare*）的小册子，批评了赫尔辛基火车站（Helsinki Railway
Station，1906—1916）项目的竞赛结果——埃利尔·沙里宁（Eliel
Saarinen）凭借晚期青年风格派的设计胜出。这本小册子抨击了与
芬兰民族解放有密切关系的民族浪漫主义，提议用一种理性主义和
国际主义建筑取而代之。为了应对这一批评，沙里宁的火车站设计
和拉尔斯·松克（Lars Sonck）的证券交易所（1911）设计的最终
版本都进行了修改。尽管如此，这种向带有结构表现的理性主义
（以维奥莱-勒-迪克的学说为基础）的转向是短暂的。它很快被受
瑞典启发的新古典主义运动所取代。和理性主义一样，新古典主义
运动也反对民族浪漫主义的个人主义，但它提出的标准是形式的和
古典的，而不是结构的。

阿尔瓦·阿尔托与新客观主义

理性主义与新古典主义的短暂插曲为芬兰接受新客观主义铺平了道路。在转向这一新运动的年轻建筑师群体中，埃里克·布吕格曼（Erik Bryggman，1891—1955）和阿尔瓦·阿尔托最为杰出。他们合作参加了 1929 年的图尔库展览会（Turku Fair）竞赛，人们普遍认为，他们通过参加此次竞赛将这一新运动介绍给了芬兰公众。

随着维堡（Viipuri）公共图书馆（1927—1935）和帕米欧（Paimio）结核病疗养院（Tuberculosis Sanatorium，1929—1933）[图 136、图 137]的设计在竞赛中获胜，阿尔托成为这一建筑师群体的领导者。在维堡图书馆竞赛方案中，入口的原初设计是新古典主义的，但在后来漫长的设计推敲中，入口设计被改成了现代主义的。在最终方案中，两个密封的杆件以梯形形式相对滑动，由横向的入口系统串联起来。尽管保留了最初方案中布扎平面的幽灵，但最终方案的动态不对称性体现了构成主义的特点。与维堡图书馆相反，帕米欧疗养院的设计一开始就是现代主义的，带有细长的、松散连接的翼楼，与周围景观形成一定角度。[1] 在这两座建筑中，带有地中海色彩的光滑白色墙面更是国际现代主义的例证。但它们有一个新的特点：对细节的关注——阿尔托设计了帕米欧疗养院的所有家具和配件。正因为对现代设计的亲密性和触觉方面的关注，以及外显的形式品质，这两座建筑很快成为一种更具适应性的现代主义的象征。

---

[1] 帕米欧疗养院很可能受到约翰内斯·戴克（Johannes Duiker）在希尔弗瑟姆（Hilversum）的阳光疗养院（Zonnestraal Sanatorium，1926—1928）的影响。1928 年夏天，阿尔托在法国和荷兰的现代建筑之旅中看到了这座建筑。有关此问题的讨论，参见 Eija Rauske, "Paimio Sanatorium", in *Alvar Aalto in Seven Buildings* (Helsinki, 1998), p. 13.

图 136（上）
阿尔瓦·阿尔托

结核病疗养院，1929—1933 年，
帕米欧

入口庭院视图，建筑的右侧翼是
病房

图 137（下）
阿尔瓦·阿尔托

结核病疗养院，1929—1933 年，
帕米欧，基地平面图

包含公共和技术设施的两个短的
体块，松散地固定在静止的 T 形
体块上，该 T 形体块由病房和入
口组成

A 病房、休息露台　D 车库
B 普通房间　　　　E 医生住宅
C 技术服务室　　　F 雇工住宅

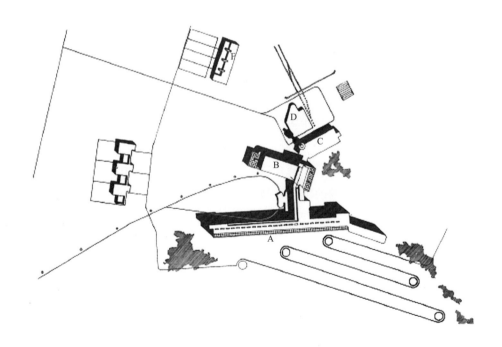

地域主义者与有机主义者

20世纪30年代晚期，芬兰建筑师跟随欧洲趋势，质疑新客观主义的机械论前提，回归自然材料和传统细节。布吕格曼和阿尔托也都如此。但是，布吕格曼在图尔库的复活礼拜堂（Resurrection Chapel，1938—1941）中直接引用了传统拱顶和拱门的形式；阿尔托与柯布西耶类似，保留了这一新运动的"空洞"语言，试图用新的隐喻填充它。在阿尔托设计的位于诺尔马库（Noormarkku）的玛利亚别墅（Villa Mairea，1937—1939）中[图138、图139]，紧绷的弧形墙面饰有木质墙板，与漆成白色的锐角砖墙形成鲜明对比。其客厅如密斯的图根哈特住宅将不同的生活区组合在一个空间内，透过整面墙的平板玻璃窗可以看到室外的松树林，而随意成簇排列的木杆屏风成为其转喻，创造出一种现代技术、手工艺和自然的综合体。突兀并置的元素及对自然的隐喻，使这个建筑彻底背离了新客观主义的线性逻辑。

玛利亚别墅是为企业家哈里·古利克森（Harry Gullichsen）和玛利亚·古利克森（Maire Gullichsen）夫妇修建的。1934年，阿尔托成为他们的建筑师，并为他们设计了苏尼拉纸浆厂（Sunila Pulp Mill）和其公司工人的住宅区（1936—1939）。在同一年，他与玛利亚·古利克森合作成立了阿泰克（Artek）家具公司，开始用层压胶合板设计椅子。这是受到位于爱沙尼亚塔林（Tallinn）的路德公司（Luther Company）的启发，[1]但也是对传统曲木和钢管家具的发展。阿尔托的家具，将新技术应用在自然材料上产生出的形状，让人想到汉斯·阿尔普的绘画。阿尔托享受古利克森的赞助，这使其对机械技术的探索仍然在某种青年风格派传统范围内。

"二战"结束后，阿尔托开始大量接受公共建筑的委托，包括位于赫尔辛基的芬兰国家年金协会大楼（National Pensions

---

[1] Paul David Pearson, *Alvar Aalto and the International Style* (New York, 1978), p. 141.

246   第十章　新古典主义、有机主义与福利国家：斯堪的纳维亚建筑 1910—1965

图 138
阿尔瓦·阿尔托

玛利亚别墅，1937—1939 年，诺
尔马库，室内图

该室内图显示了防护楼梯的屏风，
它象征着围绕住宅的松树林

图 139
阿尔瓦·阿尔托

玛利亚别墅，1937—1939 年，诺
尔马库，底层平面图

从中可以看出，住宅围绕花园，
形成一块受保护的空地

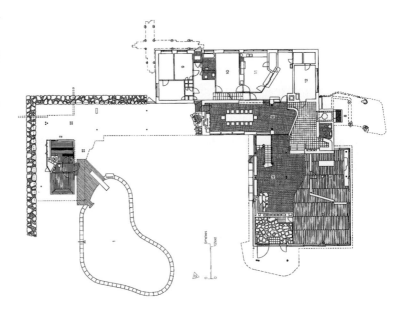

© Mariano Mantel

Institute，1953—1956）等城市项目，珊纳特赛罗市政厅（Town
Hall in Säynätsalo，1949—1952）［图 140］和于韦斯屈莱大学校园
（Jyväskylä University Campus，1950—1957）等乡村项目。这些
项目构成了阿尔托作品的一个鲜明的中期阶段，它们在类型上以
半封闭式庭院为特点，让人想到本地农场建筑，在材料上广泛使
用手工砖和清漆木材。回归由象征社区的体块主导的如画式作品，
这显示出民族浪漫主义精神的部分复兴。

　　20 世纪 50 年代晚期，从位于芬兰伊马特拉（Imatra）的伏克
塞涅斯卡教堂（Vuoksenniska Church，1957—1959）［图 141］开
始，阿尔托的作品展现出另一种变化。乡土的砌砖被白色灰泥或
大理石饰面取代，同时，作品形式变得越来越复杂。这种精细化
趋向，许多评论家（使用一个危险的类比）称之为"巴洛克"，在
某种程度上归因于阿尔托参与项目类型的变化：从为现代福利国
家设计作为战后基础设施的建筑（大学、行政楼）到设计更具象
征功能的建筑（文化中心、音乐厅、图书馆、教堂）。尽管有这
些变化，但阿尔托作品里保持不变的是利用自然界的形式来表达

图 141
阿尔瓦·阿尔托

伏克塞涅斯卡教堂，1957—1959年，
伊马特拉

这个建筑标志着阿尔托作品开始
走向更华丽的阶段，其中如大理
石饰面等精细材料代替了质朴的
砌砖，建筑形式在几何上变得更
复杂和曲线化

作为人类生活隐喻的增长与运动。在这一点上，他的作品与弗兰
克·劳埃德·赖特的作品相似。

理性主义者与构成主义者

　　阿尔托当之无愧的声誉常常掩盖了芬兰现代主义作品中的其
他趋势。20 世纪 50 年代，芬兰建筑中大体有两种文化模式：一
种是阿尔托的有机地域主义模式；另一种是受到建筑师维尔约·雷
维尔（Viljo Revell，1910—1964）和奥利斯·布隆姆斯达特（Aulis
Blomstedt，1906—1979）支持的更为理性主义或纯粹主义的模式。
雷维尔和布隆姆斯达特的创作，在脉络上更接近早期现代运动的
思想，尤其在对社会的关切和对现代材料与技术的兴趣方面。这
种趋势由阿尔诺·鲁苏沃里（Aarno Ruusuvuori，1925—1992）和
佩卡·皮特凯宁（Pekka Pitkänen，1927—2018）等更年轻的建筑
师延续、发展至 20 世纪 60 年代。皮特凯宁设计的位于图尔库的
丧礼教堂（Funerary Chapel，1967）是一个细腻的极简主义作品，

图 142
佩卡·皮特凯宁

丧礼教堂，1967 年，图尔库

这件作品由一位有趣的建筑师设计，它代表了 20 世纪 60 年代芬兰建筑的理性主义倾向，至少在一定程度上，它是对阿尔托日益自然主义的方法的一种反对。尽管如此，与其他一些理性主义者不同，皮特凯宁的作品在精神上更追求纯粹主义，而不是技术或社会性

采用精确成型的现浇混凝土修建而成［图 142］。该教堂纯粹的、几何的形式与其附近的由布吕格曼设计的复活礼拜堂形成鲜明对比。

　　20 世纪 60 年代末，上述两种模式的冲突变得公开化。年轻的理性主义者（或"构成主义者"，他们如此称呼自己）反对阿尔托晚期作品，及其追随者雷马·皮耶蒂莱（Reima Pietilä，1923—1993）等人作品中的浪漫主义倾向。他们批评老一辈建筑师专注于纪念性"文化"建筑的设计，以主观审美为基础，缺乏方法论，忽略建筑的社会角色。[1] 他们得到奥利斯·布隆姆斯达特的支持。布隆姆斯达特自 1959 年开始担任赫尔辛基理工大学（Helsinki University of Technology）的校长，他还是一位杰出的理论家，开发了一套模块化系统，旨在调和现代的大规模生产与传统的建筑价值。[2]

---

[1]　Kirmo Mikkola, *Architecture in Finland in the 20th Century* (Helsinki, 1981), p. 55.

[2]　Ibid., p. 53.

到 20 世纪 70 年代早期，构成主义者在芬兰建筑论述中一直扮演重要角色，他们支持早期现代建筑运动关于建筑师、工程师和建筑业合作的理想。但是，当他们实现一些有趣的小型工业项目后，很明显，在更大的领域，建筑业并不准备按他们的条件运作。基尔莫·米科拉（Kirmo Mikkola，1934—1986）是构成主义的重要成员，他在后来的一本书中写道："（以技术为基础的建筑的）实际情况比设想更困难。备受期待的与工业界的合作并未实现。大型建筑公司坚持使用僵化的单元系统，这种系统在 20 世纪 60 年代创建时没有建筑师的任何参与帮助。"[1] 不过，米科拉也承认，构成主义者已在他们的建筑中去除了"矫饰和象征的表达方式"。

　　同在瑞典一样，米科拉所描绘的基于系统的方法在芬兰的公共住宅领域影响最大。从 20 世纪 30 年代开始，芬兰的低成本社会住宅主要由仅带少量社会设施的郊外住宅区组成。[也有例外，比较著名的是 1953 年开始修建的塔皮奥拉田园城市（Garden City of Tapiola），它由阿尔内·埃尔维（Aarne Ervi）进行总体规划，是一个设施齐全的社区。] 其中一个重要的案例是阿尔托的苏尼拉住宅区——一排排低矮的住宅被自由地布置在阿卡迪亚式的环境中。这种住宅类型被称为"森林住宅"（Forest Housing）。但在此期间，"森林住宅"的社会弊端也日益明显。将大规模系统设计运用到偏远郊区凸显了这种弊端，创造出一个审美贫乏且与社会脱节的环境。现代运动（尤其是阿尔瓦·阿尔托倡导的乡村和地域主义版本）设想一种技术与自然之间田园牧歌般的共生，但住宅区中工业技术的机械运用，以及与之相伴的规划策略，导致了完全相反的生态结果。

---

[1]　Mikkola, *Architecture in Finland in the 20th Century*, p. 55, 56.

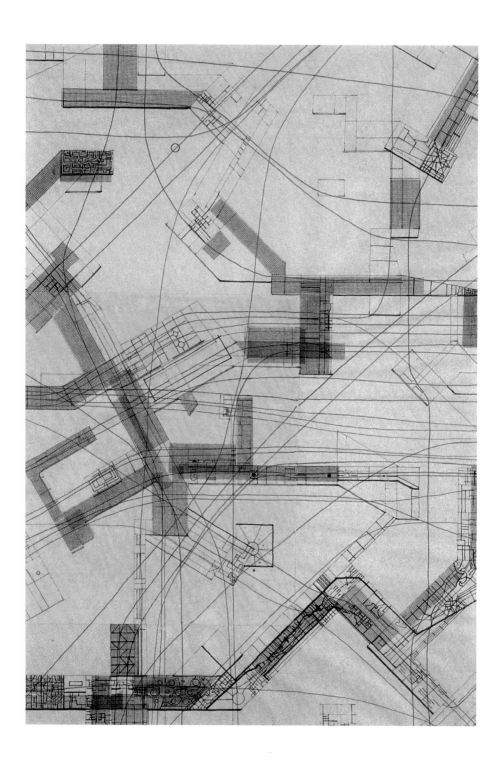

From Le Corbusier to Megastructures: Urban Visions 1930–1965

第十一章
从勒·柯布西耶到巨型结构：城市幻想 1930—1965

勒·柯布西耶晚期的城市主义与住房

在 1929 年南美巡回演讲之后，勒·柯布西耶参与了一系列城市项目，这些城市项目与他以前的城市规划有很大不同。“光辉城市”是为理想场地所做的概念性设计，而为里约热内卢（1929）做的项目和为阿尔及尔做的“奥勃斯”（Obus，意为炮弹，1932—1942）规划都是针对实际场地的。它们也与柯布西耶对“真实的人”和对（基于风俗与地理的）地域文化的新兴趣密切相关。在这些项目中，现代建筑和工程延伸到了广阔的殖民和后殖民地区，并在与原始自然的斗争中呈现出一种新的宇宙论意义。

在里约热内卢和阿尔及尔规划中，柯布西耶并没有放弃其早期的城市主义，但是在形式上对当地地形的回应更为敏锐，并且在带有纪念性的、集体性的形式中纳入了更多对私人生活的考量。早在 1922 年，柯布西耶就在其“当代城市”规划中设想了个人和集体生活的一种新的综合。比如，将公共交通视为一个单一系统，服务于公寓的走廊成了空中街道，取代了出入通道。在里约热内卢和阿尔及尔的规划中，交通和住宅的整合成为主导主题。住宅悬挂在承载主干道的高架桥下，这让人想起 1910 年美国建筑师埃

图 143（左页）
康斯坦特（Constant）

新巴比伦城（New Babylon）基本单元（sector）组合平面图，1959 年

这个新巴比伦城一层平面展示了一个未经规划的未来城市，设计者设想它会无限扩张，直至覆盖全球

图 144
勒·柯布西耶

阿尔及尔"奥勃斯"规划 A 方案
模型,1933 年

在这第一个规划中,大众住房建
在沿海高架桥下,而政府与管理
大楼则修建在皇帝堡的山地上。
后者通过飞跃阿拉伯城上空的高
架桥与港口的商业中心相连,确
保了其安全,以及殖民者与当地
人的最少接触

德加·钱布莱斯(Edgar Chambless)的"路镇"(Roadtown)计划。
在阿尔及尔规划[图 144]中,住宅高架桥沿海岸线弯曲而行,单
独的公寓组群(另外一条公路在中等高度将其分割)坐落在更远的
皇帝堡(Fort de l'Empereur)的山地上,通过一座高架桥连通港口
的商业中心——"商业城"(cité d'affaires)。道路和住宅被视为一
个单一的综合的系统。这个项目最有趣的方面是基础设施与填补
空间的分离,允许居民在结构内建造他们自己的房屋,犹如在郊
区的土地上——这是将 1914 年的多米诺体系改编成多层建筑[图
145]。公共筹资修建的干道为私人筹资修建的住宅提供了框架。

　　快速扩张的城市对发展规划的需求日益迫切,柯布西耶的阿
尔及尔项目正呼应了这种公共压力。当柯布西耶主动为阿尔及尔
做规划方案时,阿尔及尔当局也在寻求更为传统的其他方案。1933
年,柯布西耶递交了第一份规划方案,很快又递交了两份进一步的
方案,其中住宅部分被逐渐消除。1934 年,这些方案最终被拒绝,
但是柯布西耶连续几年继续递交(同样没有成功)为"商业城"而

图 145
勒·柯布西耶

阿尔及尔"奥勃斯"规划 A 方案，1933 年

这幅图画了皇帝堡的住宅，它表明支撑结构和公寓的分离，公寓生命周期更短，且可以是任何风格

做的进一步方案。[1]

正是在这些工作中，柯布西耶发展出了遮阳板（brise-soleil）的概念，并于 1933 年在阿尔及尔的杜兰德项目（Durand project）中首次推出。这个"发明"对其后来的作品风格产生了巨大影响。遮阳板并不只起着遮阳作用，它还是一个富有表现力的手法，帮助柯布西耶式立面恢复因结构上的压制而被牺牲的可塑性和尺度趣味。没有什么比这更清楚地显示了柯布西耶和布扎派之间的异同。在阿尔及尔办公大楼方案的最后版本中，柯布西耶回归了原始古典主义，这种原始古典主义与奥古斯特·佩雷的历史古典主义截然不同。"秩序"被遮阳板取代，通过再现建筑内部的空间等级［图 146］，遮阳板给立面以尺度和意义。

1945 年，"二战"后法国首届政府的重建部部长（Minister of Reconstruction）拉乌尔·多特里（Raoul Dautry）委托勒·柯布西耶在马赛修建一座集合公寓。[2]其核心概念是建筑必须足够大，能够综合各种公共服务，满足住宅中居民的日常生活需求。这种集

---

[1] McLeod, *Urbanism and Utopia*, chapter 6.

[2] 该设计遭到了政府注册建筑师协会和高级卫生委员会的猛烈攻击，他们警告称该建筑将危及居民的心理健康。参见 Stanislaus von Moos, *Le Corbusier: Elements of a Synthesis* (Cambridge, Mass., 1979), p. 158。

合的想法并不新鲜：从 20 世纪 30 年代开始，苏联和瑞典都有过这样的案例。然而，建成后的马赛公寓（1946—1952）与这些案例不同，它有着很强的纪念性。尽管马赛公寓明显受到如 1930 年韦斯宁兄弟为库兹涅茨克（Kuznetsk）设计的公共住宅这类苏联方案的影响，[1] 但它并没有表现出韦斯宁作品中的社会主义意图。按照柯布西耶的说法，这是他的"现代中产阶级住宅概念"的顶峰。[2] 它更接近夏尔·傅立叶（Charles Fourier）的理想集体宫殿法兰斯泰尔（phalanstère，能容纳 1800 人，与马赛公寓差不多），或是卡尔特会修道院（Carthusian monastery）和大西洋邮轮这类自给自足的社区。在马赛公寓内部，柯布西耶使用了 1922 年为"当代城市"设计的交错连接型复式结构，并对其进行了改进。马赛公寓外部是混凝土遮阳板系统，兼作凉廊，这种手法源自阿尔及尔办公大楼，它使内部空间清晰可辨。柯布西耶将阿尔及尔办公大楼描述为"一座宫殿，不再是一个盒子——一座能统治景观

[1] von Moss, *Le Corbusier*, p. 177.

[2] Le Corbusier, *Œuvre Complete*, vol. 4 (Zurich, 1929), p. 174.

的宫殿"[1]，这也可以用来形容马赛公寓。

将柯布西耶的马赛公寓和阿尔及尔规划中的住房进行对比，我们可以看到它们代表了两种不同的概念。马赛公寓是一个离散的整体，其每个细节都由建筑师设计，而阿尔及尔规划是一个可随机填充的无止境的基础架构。这种差异也存在于"二战"期间及"二战"后出现的两种新的城市概念之中，这两种新概念都挑战了理性主义的传统信条，其中一个是新纪念性（New Monumentality），另一个是十次小组复杂的城市哲学。

新纪念性

新纪念性的思想由欧洲和美国的老一辈现代建筑师在 20 世纪 40 年代提出。早在 20 世纪 30 年代中期，建筑师们就呼吁将"纪念"的概念重新引入现代主义原则。他们所说的"纪念"（monument）并不是严格词源学意义上的"纪念"（memorial），而是 20 世纪之初引入的一种更宽泛的"代表"概念，是相对"实用"建筑而言的。在欧洲，这个概念的确受到纳粹德国和斯大林时期的苏联回归古典主义的影响，不过，对现代主义者而言，回归纪念性意味着回归基本原则，而不是回归某种具体风格，这场争论仍然停留在有些抽象的层面。[2] "二战"后，这种

---

[1]　McLeod, *Urbanism and Utopia*, p. 362.

[2]　例如，1937 年至 1940 年，在瑞士杂志《作品》（*Das Werk*）和瑞典杂志《建筑大师》上发生了一场辩论，参与者包括艺术评论家彼得·迈耶（Peter Meyer）与建筑师汉斯·施密特和贡纳尔·松德贝里（Gunnar Sundbärg）。参见 Christine C. and George R. Collins, "Monumentality: A Critical Matter in Modern Architecture", in *Harvard Architectural Review*, vol. 4, no. 4, 1985, pp. 15–35。

非历史主义纪念性建筑最引人注目的例子就是柯布西耶的朗香教堂。

到 20 世纪 40 年代，新纪念性的支持者们才开始将其与一系列特定的社会和政治思想联系起来。当时，美国的现代主义者用民主重新定义了纪念性——就如他们的前辈在城市美化运动所做的那样。此种重新定义的背景是美国政府实施罗斯福新政建筑计划，包括建立田纳西河流域管理局（Tennessee Valley Authority）。1941 年，建筑师乔治·豪（George Howe）宣称："田纳西河流域管理局的发电厂和生活中心努力从土地、空气和水中开创一种新的生活模式，使土地与人民相似，人民与土地相似。"[1] 三年后，纽约现代艺术博物馆（Museum of Modern Art）的建筑策展人伊丽莎白·莫克（Elizabeth Mock）写道：

> 民主需要纪念碑，尽管它需要的不是独裁需要的那类。但必须有一些应景的建筑，能将日常生活的偶然性提高到一个更高、更具仪式性的层次，能赋予个体与社会群体的相互依存关系以庄严的、连贯的形式。这种依存关系正是民主的本质。[2]

1943 年，当时流亡美国的希格弗莱德·吉迪恩参加了这场辩论。他与法国画家费尔南·莱热（Fernand Léger）和加泰罗尼亚建筑师何塞普·路易·塞特（Josep Lluís Sert，1902—1983）合作，写了一篇题为《纪念性九要点》（"Nine Points on Monumentality"）

---

[1] Collins, "Monumentality: A Critical Matter in Modern Architecture", in *Harvard Architectural Review*, pp. 15–35.

[2] Ibid.

的文章 [1]，随后又写了一篇《新纪念性的需求》（"The Need for a New Monumentality"）。[2] 在后面这篇文章中，吉迪恩集中关注了对象征"社区"理念的市中心（civic centre）的需求，在其中所有视觉艺术元素将联合起来创造一个新的总体艺术作品。吉迪恩的"社区"概念与乔治·豪和莫克的不同。它并没有援引民主的概念，而是援引了——至少通过暗示——德国"人民"（Volk）的概念。他对市中心的描绘让人想起陶特的"人民之屋"，尽管其更为直接的来源是柯布西耶。根据吉迪恩的说法："只有来自真正创造者的想象力才适合建造缺失的市中心，再次唤起公众对节日的喜爱，并综合所有新的材料、运动、颜色和技术的可能性。还有谁能利用它们来开辟新道路，让群众焕发活力呢？"

在柯布西耶作品中，市中心首次出现于 1934 年，他在"光辉农乡"和北非讷穆尔城（Némours）项目中尝试加入了这一设计。一年前，塞特为巴西里约热内卢附近的新工业城市汽车城（Cidade dos Motores）做了规划。在其市中心，鲜明的柯布西耶式建筑被组织起来形成一个半封闭广场，让人想到西班牙的马约尔广场（Plaza Mayor）。仿佛对此做出回应，柯布西耶在 1946 年为圣迪埃（St. Dié）市中心做的设计中，也包含了一个松散定义的广场。在此项目中，构成市中心的建筑群里包括一栋集合住宅，这显然表明柯布西耶在试图赋予住宅以纪念性地位。

[1] Sigfried Giedion, Josep Lluís Sert, and Fernand Léger, "Nine Points on Monumentality", reprinted in Ockman (ed.), *Architecture Culture 1943–1968*, pp. 29–30.

[2] Sigfried Giedion, "The Need for a New Monumentality", in Paul Zucker (ed.), *New Architecture and City Planning: A Symposium* (New York, 1944), pp. 549–568.

两座首府城市：昌迪加尔与巴西利亚

　　首府城市昌迪加尔[1]和巴西利亚[2]都体现了纪念性概念，但是它们的纪念中心承载的都是国家内涵，而非地方内涵。

　　昌迪加尔是新建的东旁遮普（East Punjab）邦首府，它的最初规划是由美国规划师阿尔伯特·迈耶（Albert Mayer）制定的。由于迈耶的波兰籍合伙人马修·诺维茨基（Matthew Nowicki）于1950年突然去世，他们被简·德鲁（Jane Drew）、麦克斯韦·弗莱（Maxwell Fry）和皮埃尔·让纳雷组成的设计团队取代。柯布西耶则成为首府建筑群（Capitol，邦政府建筑群）的顾问和唯一指定建筑师。对于昌迪加尔总体规划，柯布西耶仅将迈耶的田园城市布局进行了规范化，但对于首府建筑群，他进行了重新设计。诺维茨基为首府建筑群设计的最初方案（他后来进行了修改）是一座四面围墙的矩形"城市"，参考了17世纪莫卧儿时期的阿格拉堡和德里红堡。柯布西耶拒绝参考任何这类实例。这一项目（包含高等法院、议会大楼和秘书处三个部分）被设计成以喜马拉雅山麓丘陵为背景[图147]，由独立的纪念性建筑组成的一座巨大卫城。这些建筑具有很强的柯布西耶晚期风格形态，此外，它们还被赋予一种象征意义。尽管这种象征意义部分以私人的、组合的语言为基础，但仍让人立即体会到某种力量[图148]。柯布西耶原始、古典的世界语（Esperanto）反映了他受地区传统影响的普世现代建筑观念。[3] 这与贾瓦哈拉尔·尼赫鲁（Jawaharlal Nehru）总理将印度打造成一个

[1]　Norma Evenson, *Chandigarh* (Berkeley and Los Angeles, 1966).

[2]　Norma Evenson, *Two Brazilian Capitals* (New Haven, 1973).

[3]　Le Corbusier, *Precisions*, p. 218.

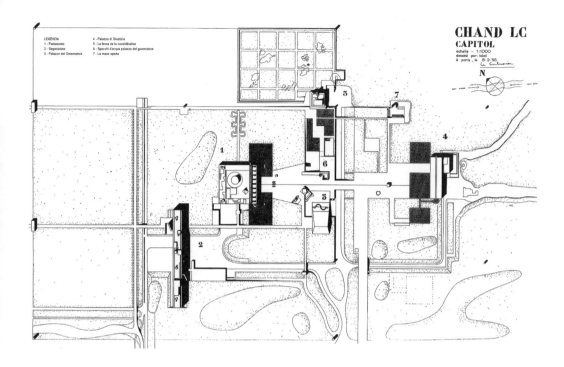

图 147（上）
勒·柯布西耶

首府建筑群，1956 年，昌迪加尔，
基地平面图

在最终规划中，纪念性建筑的
复杂组织代表了政府的不同机
构。道路和花坛等"连接组织"
从未修建，邦长宫殿（图上 3 号
区域）也未修建，当时印度总
理认为它的姿态过于专制

图 148（下）
勒·柯布西耶

秘书处与议会大楼（前方），1951—
1963 年，昌迪加尔

柯布西耶设计了一种原始的古典
世界语，充分利用了粗加工的现
浇钢筋混凝土的巨大潜力

现代世俗国家的愿望非常吻合。

　　巴西利亚这座城市必须放入巴西现代主义发展的独特背景下看待。1930 年，热图利奥·瓦加斯（Getúlio Vargas）当选为巴西总统，也就在这一年，巴西年轻一代建筑师几乎一夜之间接受了现代运动。正是柯布西耶的修辞语言吸引了巴西建筑师。它就如一种思想的力量，能立即催生出新的建筑，并赋予其流行的象征意义。许多令人印象深刻的公共建筑所使用的柯氏建筑语言已经适应了巴西的环境，其中，位于里约热内卢的教育部和公共卫生部大楼（Ministry of Education and Public Health，1936—1945）尤 为 杰 出［图 149］。这栋大楼由包括卢西奥·科斯塔（Lúcio Costa，1902—1998）、豪 尔 赫·莫 雷 拉（Jorge Moreira，1904—1992）、阿 方索·雷迪（Affonso Reidy，1909—1964）和奥斯卡·尼迈耶（Oscar Niemeyer，1907—2012）在内的团队进行设计，在设计过程中，他们与柯布西耶本人密切合作，这座建筑打破了里约热内卢街道网格通用的邻里式街区模式，成为街区中心的"对象-类型"。即便在欧洲的很多人看来，在将办公室与集体功能进行图解式分离方面，这座建筑也比柯布西耶自己设计的公共建筑更加完美地体现了其思想，因为柯布西耶自己设计的公共建筑常常受到奇形怪状的城市场地的限制。

　　18 世纪以来，巴西人就一直设想在中央高原建一座新首都，这一设想最终于 1956 年由时任巴西总统儒塞利诺·库比契克（Juscelino Kubitschek）实现。在新首都的总体规划竞赛中，卢西奥·科斯塔胜出，奥斯卡·尼迈耶被任命为政府中心的建筑师。科斯塔的规划是一个简单的示意图：它包含两条轴线，一条用于提供住所，另一条用于表达敬意，后一条轴线的一端是中央政府机构，另一端是市政机构。两条轴线交汇处是中央商业和文化设施，这个交汇处在空间上只是一个抽象的点。也许正因如此，巴西利亚看上去是一个没有中心的城市。尼迈耶主持设计的政府建筑群呈现

图 149

卢西奥·科斯塔、奥斯卡·尼迈耶与其他建筑师，勒·柯布西耶担任顾问

教育部和公共卫生部大楼，1936—1945 年，里约热内卢

这一引人注目的设计是一种新类型建筑的最纯粹的案例，柯布西耶在苏黎世未建成的人寿保险大厦项目（Rentenanstalt，1933）中就已提出这一类型。办公层的楼板从沿街立面退后，底柱架空，将整个场地让给开放的公共空间。这也是第一座使用柯布西耶遮阳板的建筑

出一种辉煌的戏剧性风格，它们具有其早期作品的所有便利性，但缺少了那种活力，其活力似乎被周围无限的景观所削弱。

　　昌迪加尔和巴西利亚都是中产阶级城市，城市经济发展所需的低收入工人被排除在外。在昌迪加尔，尽管官方否认这类工人

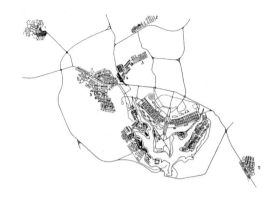

图 150
卢西奥·科斯塔

巴西利亚总体规划，1957 年

该平面图显示，原初概念整个
被未规划的卫星城发展吞没

的存在，但允许他们住在城市的间隙中；[1] 在巴西利亚，这种工人
被驱逐到规划外的卫星城，他们每天从那里通勤［图 150］。尽管
这两座城市都以现代主义和普世主义自诩，但其实它们在很大程
度上仍属于各自国家一贯的传统。

国际现代建筑协会与十次小组

"二战"后，现代运动的建筑师们默认的城市信条是由国际现
代建筑协会（CIAM）倡导的。作为现代运动的国际平台，CIAM
成立于 1928 年。此时，现代运动仍受业内大部分人士反对，但
CIAM 很快在西欧和美洲的各个国家成立了分支机构。CIAM 的首
次会议在瑞士拉萨拉兹（La Sarraz）埃莱娜·德·曼德洛特（Hélène
de Mandrot）夫人的别墅中召开，她是一位富有的艺术赞助人，曾
热情支持过装饰艺术运动，后来被勒·柯布西耶和希格弗莱德·吉

---

[1] 有关昌迪加尔概念与现实之间差距的讨论，可参见 Madhu Sarin, "Chandigarh as
a Place to Live in", in Walden (ed.), *The Open Hand*, p. 374。

迪恩说服，开始从事现代建筑事业，并于次年委托柯布西耶在法国土伦（Toulon）附近的勒普拉代设计一座住宅。[1]"二战"爆发前，CIAM 又举行了四次会议。住宅与城市主义成为这些会议讨论的焦点。早期的辩论反映了协会中的左派与自由派之间的冲突，左派将现代运动视为社会主义革命的一部分，而自由派则认为现代运动的主要目标是关于文化与技术的。1930 年以后，大部分左派成员前往苏联，CIAM 逐渐由柯布西耶和协会秘书长希格弗莱德·吉迪恩主导。

CIAM 的城市理念被总结成《雅典宪章》（*Charte d'Athènes*），在 1942 年由柯布西耶发表。当时法国被德国占领，柯布西耶对 CIAM 第四次会议——1933 年在从马赛驶往雅典的纳粹党卫军帕特里斯号（Patris）航船上召开——未出版的会议文件进行精心编辑，形成了《雅典宪章》。《雅典宪章》的大部分内容是对几乎所有人都能接受的常识的重申，但其记述笔调是严格理性主义和分析性的，并以一个分类体系为基础，将城市功能分为四类：生活、工作、休闲和交通。这种分类显得无懈可击，是一种针对复杂城市问题而采用的笛卡尔式的和形式主义的方法，但"二战"后新加入 CIAM 的成员对此感到难以接受。

虽然《雅典宪章》体现了这样的思想，但如我们所见，柯布西耶自己逐渐远离了其早期的理性主义。不过，他从未完全放弃理性主义。正是这种模糊性，使他在"二战"后的一代建筑师中仍扮演着重要角色。这一代建筑师认为，生于 20 世纪初的第二代现代建筑师们轻视了柯布西耶的思想。柯布西耶与 CIAM 的年轻成员形成了某种联盟。从 1953 年在法国普罗旺斯艾克斯（Aix-en-Provence）小城举行的第九次 CIAM 会议起，这些年轻成员（在柯布西耶的默许下）开始在会议讨论中占据主导。1954 年，在荷兰

---

[1] Gubler, *Nationalisme et Internationalisme dans l'Architecture Moderne de la Suisse*, pp. 145–152.

多恩小组（Doorn Group）明确拒绝《雅典宪章》之后，CIAM 委员会委托一个扩大的多恩小组来组织第十次 CIAM 会议。会议计划于 1956 年在杜布罗夫尼克（Dubrovnik）召开，此时，以多恩小组为基础的团体开始自称为"十次小组"。[1]

杜布罗夫尼克会议是 CIAM 最后一次旧形式的会议。由于中年一代与年轻一代建筑师在此会议期间出现了无法调和的冲突，CIAM 显然无法继续代表统一的现代运动，它被解散，并被新的"CIAM 社会和视觉关系研究小组"取代。1959 年，在新的赞助下，该小组的第一次也是唯一一次会议在荷兰奥特洛举行。正是在这次会议上，英国建筑师艾莉森·史密森（Alison Smithson，1928—1993）、彼得·史密森（Peter Smithson，1923—2003）和荷兰的阿尔多·凡·艾克（Aldo van Eyck，1918—1999）抨击了意大利的"文脉主义者"（见第 228 页）。

十次小组不仅反对《雅典宪章》，还反对新纪念性。的确，双方都希望将"社区"经验重新引入现代建筑，但新纪念性的目的是仍在理性主义的城市框架内创造社区的象征，十次小组则希望用建筑表现社区。前者认为建筑是一种中介性的表征，后者寻求一种形式和意义合一的原始语言。

在对《雅典宪章》的抨击中，史密森夫妇宣称："我们交往的层级交织成一个不断被修改的连续体，代表了人们交往的真正复杂性……我们认为，人类交往的层级应该取代《雅典宪章》的功

---

[1] 十次小组的最初成员是：来自荷兰的 J. B. 巴克马（J. B. Bakema）、阿尔多·凡·艾克、桑迪·范金克尔（Sandy van Ginkel）和汉斯·霍文斯-格雷夫（Hans Hovens-Greve），来自英国的艾莉森·史密森、彼得·史密森、W. 豪威尔（W. Howell）、G. 豪威尔（G. Howell）以及约翰·沃尔克（John Voelcker），来自法国的乔治·坎迪利斯（Georges Candilis）和沙德拉赫·伍兹（Shadrach Woods），以及来自瑞士的罗尔夫·古特曼（Rolf Gutmann）。参见 AAGS (Architectural Association General Studies) Theory and History Papers 1, "The Emergence of Team X out of CIAM" (London, 1982), compiled by Alison Smithson。

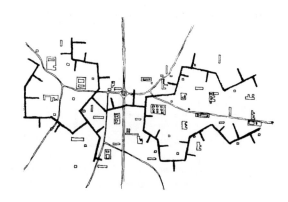

图 151

艾莉森·史密森与彼得·史密森

重新识别城市，1959 年

这个规划在概念上类似金巷，它对柯布西耶的"凸角状"住宅做了改编，以适应本地的具体情况，给人一种有机增长的感觉

能层级。"[1]对他们而言，城市社区的关键不是由代表性公共建筑组成的单独"城市核心"，而是住宅场所本身，在此可以建立核心家庭和社区之间更直接的联系。

然而，我们必须看到，尽管十次小组反对柯布西耶的理性主义城市理论，但他们正是从柯布西耶那里获得了重要灵感。其中，史密森夫妇、乔治·坎迪利斯（1913—1995）、亚历克西斯·约西齐（Alexis Josic，1921—2011）和沙德拉赫·伍兹（1923—1973）尤其如此，坎迪利斯、约西齐和伍兹都曾是柯布西耶马赛公寓设计团队的成员。史密森夫妇 1952 年参加了金巷工人住宅区（Golden Lane Workers' Housing）竞赛，他们提出的方案带有"空中街道"，并灵活适应了贫民窟的逐步拆除。从根本上看，这个方案正是对 1936 年柯布西耶为巴黎第 6 号岛（Ilôt no. 6）设计的"凸角状"住宅项目的修改。［图 151］

史密森夫妇认为，基础设施不仅应促进社区自发形成，还应能给城市结构带来"连贯性"："城市主义的目标是可理解性，即组织的清晰性。"[2]在这方面，他们似乎承认，自发的人际交往与其

---

[1] Alison Smithson (ed.), *Team X Primer* (Cambridge, Mass., 1968), p. 78.

[2] Ibid., p. 48.

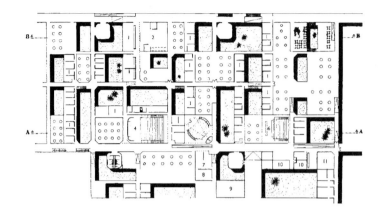

图 152

乔治·坎迪利斯、亚历克西斯·约
西齐与沙德拉赫·伍兹

自由大学，1964—1979年，柏林，
平面图

在这个项目中，规则的网格构成一
个矩阵，以便建筑的临时布局。在
规则之下，每一个部分都是平等和
自由的。让·普鲁韦（Jean Prouvé）
的预制结构系统加强了秩序内的
自由

形式再现之间有差距。[1] 然而，在史密森夫妇看来，这个问题可以通过二元的规划策略加以克服，发展"道路和通信系统作为城市基础设施⋯⋯用'一次性'技术提供的可能性创造一种新环境，为不同功能提供不同的变化周期"。[2]

这些想法在20世纪60年代早期的一系列项目中发展成熟。比如，坎迪利斯、约西齐和伍兹合作研究出了具有流通网络的方案，不同功能的体积可随机连接流通网络。这些网络或为树状，如1961年图卢兹–勒–米拉伊（Toulouse-le-Mirail）项目或卡昂埃鲁维尔（Caen Hérouville）项目所示；或为网格状，如1964—1979年柏林自由大学所示［图152］。更早的一个项目同样体现了流通网络的定义，这个项目是阿尔多·凡·艾克1957—1960年在阿姆斯特丹设计的孤儿院［图153］。这座孤儿院在某些方面为柏林自由大学的出现做了准备，它是一座"团式"建筑，与其所占据的空间是一种同构关系。尽管如此，在该孤儿院中，我们看到的不是

---

[1]　这让人想起20世纪初德国的威廉·狄尔泰、格奥尔格·西美尔和其他生命哲学（Lebensphilosophie）支持者所面临的困境。例如，参见 Georg Simmel, "The Conflict of Modern Culture" (1918), in Levine (ed.), *Georg Simmel*, pp. 375–393。

[2]　Smithson (ed.), *Team X Primer*, p. 48, 52.

图 153
阿尔多·凡·艾克

孤儿院，1957—1960 年，阿姆斯特丹，平面图

该平面图显示了在这个项目中，许多半自治的"房子"如何被统一在一个"树状"环形结构中，以形成一个社区

固定的基础设施与随机的填充物之间的辩证关系，而是重复的外部形式与自由跨越其边界的内部空间之间的辩证关系。这种关系创造出凡·艾克所说的"之间空间"（in-between space）和"门槛"（thresholds），通过它们，孤儿院的私人空间和公共空间连接起来。

系统理论

到 20 世纪 50 年代末，十次小组探讨的城市思想存在两种概念模型。第一种是以"社区"概念和知觉心理学为基础的社会理论的综合。[1] 这些思想常隐含在伍兹、史密森夫妇和凡·艾克使用的"树状"和"门槛"的隐喻中。但是，十次小组大部分作品背

---

[1]   Maurice Merleau-Ponty, *Phenomenology of Perception* (London, 1962, 1989).

后所隐含的是另一种概念模型，即"二战"以来在人文科学领域逐渐流行的"系统理论"。系统理论试图将自我调节的一般原则应用于机器、心理学和社会——实际上，是应用到所有"组织化的"整体。系统理论认为工具技术将取代所有其他趋势，以此信念为基础，它将社会视为旨在维持"动态平衡"的信息系统——一个去中心化的整体，没有哪个层级能够居于控制地位。[1]

虽然这两种概念模型与理性主义不同，因为他们是有机的和整体的（即它们不能被机械地分解成单独的部分），但是它们之间仍相互冲突。第一种模型回顾已经远去的以手工艺为基础的社区和文化的"整体性"；第二种模型展望一个开放结构的资本主义世界，在其中民主、个人主义、商品化和消费观念不受任何先在文化规范的阻碍。这种冲突也许影响了史密森夫妇。不过，他们晚期作品中的某些犹豫不决体现出，他们也没有完全解决这一冲突。

20 世纪 50 年代后期，系统理论的各方面，尤其是控制论进入了建筑话语。瑞典与芬兰结构主义和巨型结构运动都认为它们适用于现代大众社会的复杂设计问题。一种"控制论的"、自我调节的元素被引入城市和大型建筑的概念化方法中。现在，用户不再被给予预先决定的空间模式，至少在理论上，他们获得了可以改变自己的微环境，并决定自己的行为模式的方法。

荷兰结构主义

1952 年，荷兰建筑师维姆·范博德格拉文（Wim van Bodegraven）

---

[1]　关于"系统理论"的更多内容，可参见本书《延伸阅读》部分。

图 154
皮特·布洛姆与约普·范斯蒂格特

"儿童村"设计方案，1962 年

在这个荷兰结构主义的开篇之作
中，凡·艾克的累积"房子"的
概念在三维上被系统化，形成一
个更有序的社区

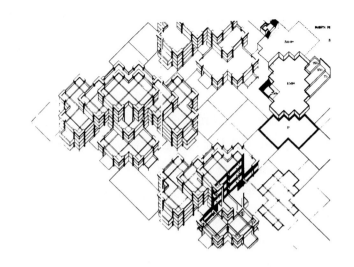

强调建筑师有必要创造一种形式结构，这种形式结构可以随时间而
变化，却能保持其连贯性和"意义"。[1] 范博德格拉文强调的这种
必要性，以及凡·艾克孤儿院中心秩序和局部自由的叠加，都曾是
荷兰"结构主义"这一新趋势的灵感来源。荷兰结构主义始于皮
特·布洛姆（Piet Blom，1934—1999）和约普·范斯蒂格特（Joop
van Stigt，1934—2011）1962 年获得罗马大奖的"儿童村"（Village
of Children）设计。在这个设计方案中，秩序与灵活性、中心性与
分散性的结合是通过一套预制系统来实现的，这套预制系统允许根
据一套规则来组合同一的、可识别的单元［图 154］。这一基本思
想被赫尔曼·赫茨伯格（Herman Hertzberger，1932— ）和其他荷
兰建筑师进一步发展，并在 20 世纪 60 年代和 20 世纪 70 年代被
广泛应用于荷兰建筑实践中。[2]

---

[1]　Wim van Heuvel, *Structuralism in Dutch Architecture* (Rotterdam, 1992), p. 15.

[2]　荷兰结构主义者声称与克洛德·列维-斯特劳斯（Claude Lévi-Strauss）的结构
　　人类学有密切关系，在系统论的整体论上两者共通：两者都假设存在独立于
　　主体的客观存在的"结构"，但结构主义认为它们是稳定的，能建立长期的文
　　化规范，系统理论认为它们是动态的，由功能驱动。

巨型结构

巨型结构运动与荷兰结构主义同时发生，但它并不关注固定的、可识别的单元。它预设了一个缺少文化规范、不断变化的建成环境。1964 年，日本新陈代谢派创始成员槙文彦（1928— ）在其当年出版的著作中区分了三种他所谓的"集群形态"：第一种是构成形态——在其中，不同预先成形的建筑间存在固定的关系（这是达到集体形式的经典形式，包括柯布西耶设计的圣迪埃市中心和尼迈耶设计的巴西利亚市中心）；第二种是巨型结构形态——一个容纳城市所有功能的大型框架；第三种是群组形态——由类型相似的建筑单元集合而成（具有"无规划"的地方乡村的特点）。[1]

在这大致的分类中，"巨型结构形态"有一系列不同的呈现方法。可以泛泛地将其分为强调长期要素的项目与强调可变要素的项目——这一点需要注意，因为两组项目中都出现了可变要素与固定要素。我们将先讨论属于第一组的日本新陈代谢派和英国建筑电讯派（Archigram）。

新陈代谢派和建筑电讯派

新陈代谢派诞生于 1960 年东京世界设计大会，与此同时，丹下健三（1913—2005）发表了东京湾规划。在对该项目的描绘中，丹下健三使用了"细胞"和"代谢"等生物学词汇。[2] 他后来宣称这个项目是从"功能主义"到"结构化的方法"的突破，[3] 这说明他至

---

[1]　Fumihiko Maki, *Investigations in Collective Form* (St Louis, 1964).

[2]　David B. Stewart, *The Making of a Modern Japanese Architecture: 1868 to the Present* (Tokyo and New York, 1987), p. 179.

[3]　Ibid., p. 181.

少了解系统理论的某些方面。丹下健三在此项目中提议,在东京湾水面上建一个一千万人口的新城,来解决东京城市拥挤这一严重问题。该新城以一对交通轴为中心,所有公共建筑都放在这对轴线上,交通轴与可延长的次一级住宅轴相连。丹下健三曾在柯布西耶工作室工作,东京湾规划在整体结构上与柯布西耶的"光辉城市"类似。与"光辉城市"不同的是,它完全脱离了自然地形,并具有随机的、算盘式的住宅单元[图155]。另外两个项目——菊竹清训(1928—2011)同样是为东京湾设计的空中住宅,以及矶崎新(1931—2022)设计的核心筒体系——则完全打破了柯布西耶式的先例。在这两种情况下,重复的一系列多层圆柱形节点组成了基础设施。这些节点或者独立存在,或者由包含了住宅的格构梁连接[图156]。[1]

在新陈代谢派的项目中,乌托邦和实用主义方面并没有严格区分,这似乎是日本现代主义的普遍特征。英国建筑电讯派的作品则相反,在其形象上毫不掩饰乌托邦和世界末日感。这个小组由彼得·库克(Peter Cook,1936—)成立于1961年,它在国际上发行的大幅简报,巩固了巨型结构运动的国际形象。如插入式城市(Plug-in City,1964)这类方案的丰富图像有多种来源,包括太空漫画、流行科幻小说、波普艺术、石油冶炼厂和水下研究的技术,以及菊竹清训的圆柱形塔楼等新陈代谢派项目。运用现成与流行的图像,是对约定俗成将建筑看作一个"上层阶级"学科的有意攻击——是"低级艺术"对建筑的圣域,尤其是现代运动本身的入侵。建筑电讯派对细节近乎痴迷的描绘,直率的折衷主义图像,以及从外部对项目的呈现,令他们的绘图与圣埃利亚的《新城》(见第124页)具有一定的相似性。但是,电讯派的作

---

[1]　丹下关于东京湾竞赛的报告非常简洁地阐述了新陈代谢运动的整体目标,并展现了日本运动乌托邦和实用元素相融合的特征。Ockman (ed.), *Architecture Culture 1943–1968*, p. 327 ff.

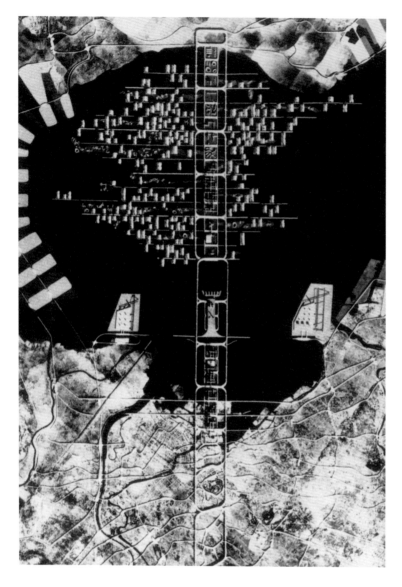

图 155
丹下健三

东京湾规划，1960 年

与柯布西耶的"光辉城市"类似，这个项目以公共建筑作为脊骨，在其两侧插入住房，并可以向外扩展。只是，在柯布西耶的"光辉城市"规划中，这类住房是预先确定的，而在这里是不确定的。只有巨型结构是可控的，微型结构可以自我调节

品中存在一种反讽，这种反讽似乎经过精心设计，以防作品营造的技术环境过于具有威胁性［图 157］。[1]

---

[1]　Antoine Picon, *La Ville Territoire des Cyborgs* (Paris, 1998), p. 74.

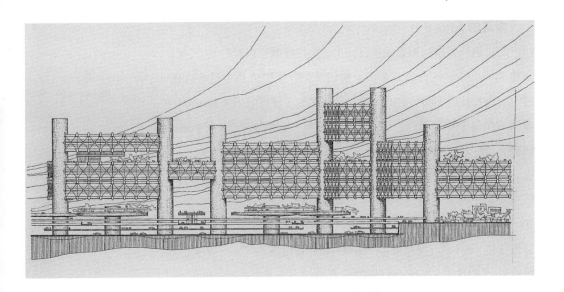

图 156
矶崎新

核心筒体系，1960 年

这个项目有一个巨大的类似分子结构的模型

图 157
建筑电讯派

插入式城市设计图，1964 年

在这个项目中，兼收并蓄的类型在一个无限的网状结构中互相连接

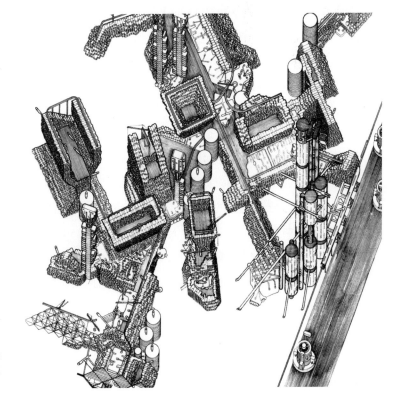

游戏的人

第二组巨型结构形态的项目，主要关注控制论机器的能力，以使建成环境能够进行自我调节，换句话说，使建成环境适应居住其中的人类社区不断变化的欲望。这一思想在建筑电讯派和新陈代谢派的作品中是隐含的，但是在塞德里克·普莱斯（Cedric Price，1934—2003）、尤纳·弗里德曼（Yona Friedman，1923—2019）、迈克尔·韦布（Michael Webb，1937— ）和被称为"康斯坦特"的康斯坦特·安东·纽文休斯（Constant Anton Nieuwenhuys，1920—2005）的作品中，它成了核心问题。对所有这些设计师而言，主导思想就是"游戏"。康斯坦特在谈到其新巴比伦城（1956—1974）时曾说道："游戏的人（Homo Ludens）的环境首先是灵活的、可变的，位置或情绪的任何变化，以及任何行为模式都是可能的。"[1]

塞德里克·普莱斯的娱乐宫（Fun Palace，1961）——受剧院经理琼·利特尔伍德（Joan Littlewood）委托，与结构工程师弗兰克·纽比（Frank Newby）和控制论专家戈登·帕斯克（Gordon Pask）共同合作设计——由于缺乏资金而流产，但是大部分技术细节已经准备妥当。迈克尔·韦布的"罪恶中心"（Sin Centre，1957—1962）再现了一个处于欲望跃动状态的有机结构的诱人形象。尤纳·弗里德曼在他为空间城市（Spatial City，1960—1962）规划绘制的印象派式绘画中，提出了一个完全缺乏技术细节的方案，即一个悬挂在巴黎上空的多层金属框架，其中"可用的体积占据了基础设施的空隙，其安排符合人民的意愿"［图 158］。[2]

在巨型结构主义者中，康斯坦特有意识地与 20 世纪早期先锋派——未来主义、构成主义和风格派建立联系，因而其作品显得

---

[1] Reyner Banham, *Megastructure: Urban Futures of the Recent Past* (London and New York, 1976), p. 81.

[2] Ibid., p. 60.

图 158
尤纳·弗里德曼

空间城市设计图，1960—1962 年

一个显得特别轻盈的七层开敞
建筑悬浮在地面上，地面的交
通和公园不受任何影响，该建
筑的背景是曼哈顿

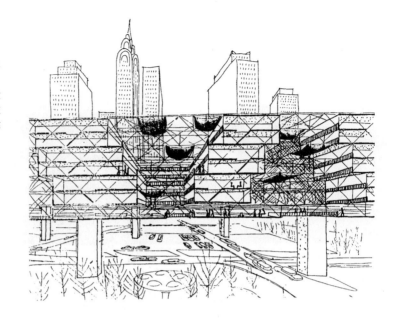

很独特。作为眼镜蛇画派（COBRA）的成员，康斯坦特于 1957
年加入了居伊·德波（Guy Debord）的情境主义国际（Situationist
International）。[1] 正是在这种背景下，他开始创作描绘新巴比伦
城（该名字是由德波建议的）的系列模型和绘画，1960 年他与
德波断绝关系之后，这个系列又延续了十年。[2] 新巴比伦城试图
赋予建筑形式以情境主义的漂移（dérive）和城市"心理-地理"
（psycho-geographical）地图概念。其主要概念可以追溯到 1953 年
（发表于 1958 年）一篇题为《新都市主义的处方》（"Formulary
for a New Urbanism"）的文章，该文章由字母主义国际（Lettrist

---

[1] 情境主义者受到马克思主义社会学家亨利·列斐伏尔关于城市的著作的影响。参
     见 Henri Lefebvre, "The Right to the City", 1967, reprinted in Ockman (ed.), *Ar-*
     chitecture Culture 1943–1968, p. 427 ff.

[2] 康斯坦特的模型的一个特征是，它们的结构按照模型本身的比例设计，而不是
     按照它们代表的建筑的比例设计。这表明这些模型出自受过雕塑家和画家训练
     的人之手，而不是建筑师之手。

图 159
康斯坦特

新巴比伦城基本单元视图，1971
年

康斯坦特的表现没有建筑电讯
派或弗里德曼那么生动，呈现
出一个更特别和更不妥协的形
象，这也是一个完全机械化的
空间世界的形象

International）成员吉勒·伊万（Gilles Ivain）撰写——署名为伊
万·切奇格洛夫（Ivan Chtcheglov）。[1]

　　康斯坦特的城市［见图 143、图 159］是基于对现代社会的长
远预测。他在文章中预言了一个世界，在其中自然将完全被技术
所取代，固定的社区被游牧人群取代，工作被休闲所取代。在他
构想的城市里，生产和机械运输（据说破坏了现有城市社会生活）
在地面进行，而所有的社会生活，可以在一个由底层架空柱支撑
的巨大结构中，毫无阻碍地自由展开。这个结构是一个包含所有
生活与社会功能的连续多层空间，它将形成一个网络，最终覆盖
整个地球，它也将在控制论机器的帮助下被人们不断重建。这个
永久性结构，就像柯布西耶阿尔及尔规划中的高架桥，是一连串
固定的楼板，构成了城市的"地面层"（不像塞德里克·普莱斯的
娱乐宫，其地板可以移动）。人群可以随意地从城市的一个地方迁
徙到另一个地方，社群将不断形成和重组。由于工作已经被取消，
人们将生活在一个完全审美化的环境中，进行创造性社交互动和

---

[1]　Ockman (ed.), *Architecture Culture 1943–1968*, p. 167 ff.

富有想象力的游戏。然而，与康斯坦特宣称的意图相反，这个审美乌托邦给人的主要印象是无聊和幽闭恐怖。它就像一个没有出口标志，看不到尽头的购物中心。此外，尽管社会生活处于不停躁动的状态，但经济和治理就如工业生产一样，似乎消失于一种自动化的完美状态中。它描绘了一个额叶被切除的世界，在其中，权力和冲突都已被根除。

　　无论巨型结构强调一种相对固定的基础设施，还是自我调节、响应式的填充物，它们都基于一个主导思想——将城市视为一个开放的网络或网络系统，其内容可以根据内部动态发展。这与《雅典宪章》倡导的传统笛卡尔模式相反。在传统模式中，城市由相对独立单元组成的封闭层级构成，这些独立单元受中心控制；而巨型城市呈现为一个不可分割的、有机的、自我调节的整体。当抽象概念被具体化，并被赋予某种建筑形象时，问题似乎就出现了。这一想法立即被披上乌托邦或反乌托邦的外衣——取决于这个系统隐藏的机制被解读为良性还是邪恶。比如，很容易将康斯坦特的新巴比伦城视为后工业的资本主义世界的寓言，在其中，尽管不可见的网络能够有效维持和复制自身，却不再受任何理性目的的指导。

© Angelo Hornack Library, London

第十二章
美式和平：美国建筑 1945—1965

一般认为，1932 年纽约现代艺术博物馆举办的展览，以及随之出版的《国际风格》（*The International Style*）一书，是现代运动被介绍进入美国的重要事件。《国际风格》由菲利普·约翰逊（Philip Johnson）与亨利-罗素·希区柯克合著，该书将现代运动阐述为风格演变的产物，淡化了其所包含的进步的社会内容。此种写作倾向，可能与当时美国与欧洲不同的文化和政治状况有关。

1910 年至 1930 年，欧洲社会和文化发生前所未有的剧变。自由主义政府发动了全面的社会改革，尤其是在公共住房领域。与此同时，先锋派运动席卷艺术领域，并且受到少数有影响力的文化精英支持。此时期的美国，鲜有这种社会进步思想与艺术先锋派平行发展的情形。20 世纪 20 年代和 30 年代的美国田园城市居住区，如由克拉伦斯·斯坦（Clarence Stein）和亨利·赖特（Henry Wright）设计的纽约森尼赛德花园（Sunnyside Gardens）、新泽西拉德伯恩（Radburn）和华盛顿附近的格林贝尔特（Greenbelt），基本仍属于工艺美术运动传统。与 20 世纪 20 年代欧洲先锋派有渊源的项目很少，比如，阿尔弗雷德·卡斯特纳（Alfred Kastner）与奥斯卡·斯托诺罗夫（Oskar Stonorov）设计的位于费城的卡尔·麦克利住宅（Carl Mackley Houses）。由于对先锋派和社会改革之间的联系缺乏认知，希区柯克和约翰逊强调现代运动的纯风格方面也就不足为奇了。但是，也有其他声音出现，比如，与"国际风格"展览同期，纽约现代艺术博物馆举办了一个社会住宅展，由

图 160（左页）
密斯·凡·德·罗

西格拉姆大厦（Seagram Building），1954—1958 年，纽约

建筑评论家刘易斯·芒福德与其助手凯瑟琳·鲍尔（Catherine Bauer）策展，展览中包含了工艺美术运动和德国新客观主义的案例。

刘易斯·芒福德在20世纪20年代的写作，仍带有威廉·莫里斯式拒绝现代技术的印记。但是，至20年代末，他越来越受到苏格兰城市学家帕特里克·格迪斯（Patrick Geddes）比较乐观的进化论的影响。在格迪斯看来，当前所处的文明"旧技术"（paleotechnic）阶段，将让位给"新技术"（neotechnic）阶段，在这个"新技术"阶段，电力将取代煤成为动力的来源，生物法则将取代机械法则。在参观了1932年魏玛德国的新住宅之后，芒福德开始确信这个新技术阶段正在形成。他的著作《技术与文明》（*Technics and Civilization*，1934）和《城市文化》（*The Culture of Cities*，1938）包含了他新的哲学思想。[1]

芒福德在德国旅行的同伴凯瑟琳·鲍尔是一位年轻作家，两年前她曾参观恩斯特·梅的新法兰克福，用她自己的话说，这使其"从一个美学家转变为住房改革者"。她将在德国旅行搜集的资料写成《现代住宅》（*Modern Housing*，1934）一书后，成了美国社会住宅领域公认的最重要的专家。鲍尔意识到（与芒福德不同），美国社会住宅的成功取决于基层政治行动。1934年，她成为费城劳工住房联盟（Philadelphia Labor Housing Conference）主任，该联盟由建筑师奥斯卡·斯托诺罗夫和袜业工会（Hosiery Workers Union）的约翰·埃德尔曼（John Edelman）成立，他们的目的是创造一个劳工赞助的住房合作社，不过，最后以失败告终。

当时罗斯福政府正在寻求方法来减轻大萧条带来的影响，对欧洲社会思想普遍开放的态度正是其"新政"的特点。芒福德和鲍尔对德国住宅运动的热情必须放在此背景下看待。不过，两次

---

[1]　在他后来的著作《城市发展史》（*The City in History*，1961）中芒福德又回到了他以前的悲观主义。

世界大战间这股跨越大西洋的思想潮流，并不仅仅从东向西流动。尤其是在 20 世纪 20 年代早期，美国工人生活水平之高，令西欧和苏联的改革者羡慕。于是，他们也试图将美国思想运用到各种改革和重建项目中。美国的技术和生产管理被欧洲工业模仿，成为现代运动早期的重要参照。[1]

"二战"后，世界局势发生根本性变化。欧洲受到战争破坏，美国在战争中崛起，成为全球主导力量，也成为贫穷欧洲的债权国。尽管罗斯福新政开创的一些福利计划仍在运作，但当时人们对美国资本主义充满信心。世界各国建筑专业领域都接受了现代建筑，但在欧洲和美国，人们对现代建筑的追求是在完全不同的政治环境下进行的。在战后欧洲福利国家中，不论是正统还是修正主义版本的现代建筑，都成为公共项目的标准。在这种氛围下，不论政府部门还是私人事务所的建筑师们，都开始研究大规模建筑生产的问题。比如，20 世纪 40 年代末，英国赫特福德郡（Hertfordshire）议会实施了一项以预制模块化系统为基础的学校项目。[2] 在整个欧洲，现代建筑和福利国家多有联系，这推动了十次小组和巨型结构运动的实验（见第 264、272 页）。

在同一时期的美国，现代建筑最重要的发展是在私营部门。甚至公共项目也由私人机构赞助（即便有联邦或政府帮助），这往往会抑制（尽管没有完全消除）受意识形态驱动的现代主义的发展。然而，正是因为美国与欧洲建筑生产的条件不同，它们之间

[1]   关于 1890 年至 1945 年间，美国与欧洲进步法案之间的关系，参见 Daniel T. Rodgers, *Atlantic Crossings: Social Politics in a Progressive Age* (Cambridge, Mass., 1998)。

[2]   关于赫特福德郡的学校项目，参见 Richard Llewellyn-Davies and John Weeks, "The Hertfordshire Achievement", in *Architectural Review*, June 1952, pp. 367–372；以及 D. Ehrenkrantz and John D. Day, "Flexibility through Standardisation", in *Progressive Architecture*, vol. 38, July 1957, pp. 105–115。

才仍然保持很强的相互影响。在欧洲，美国的影响主要表现在两方面：首先是技术，它强化了现代主义的理性主义传统；其次是与传统背道相驰的快速变化与流行的文化形式。

本章将有三个重要主题：第一，个人住宅，尤其是案例研究住宅计划（Case Study House Program）；第二，企业办公楼；第三，对现代主义理性主义的评论，消费主义的压力，以及对公共象征建筑的探索。

案例研究住宅计划

在20世纪20年代西欧现代运动的诞生中，个人住宅起了重要作用。但是，在"二战"结束后的20年里，欧洲家庭住房主要局限于政府住宅项目，它们多是城市或新兴城镇的高层公寓或联排式住宅。美国的情况相反，为了满足白人中产阶级家庭加速从城市迁往外围郊区的需求，大部分新住房都是由私人开发商开发的大型郊区居住区。[1] 同时，临时家庭住房有很大市场，从朴素、预先设计的住房到豪华、定制设计的住房，应有尽有。

住房市场的风格趋势受各利益方复杂博弈的影响。相关的利益方包括贷款机构、建筑业、专业和文化利益集团。纽约现代艺术博物馆等博物馆和《建筑实录》（*Architectural Record*）等专业杂志试图推广现代住宅设计，但是成效不大。1951年，《建筑实

---

[1] 1956年的《州际公路法》（*Interstate Highways Act*）大大加速了郊区的发展。该法案规定新建约66000千米公路，90%由联邦补贴。这是美国道路建筑商协会——通用汽车（General Motors）在其中形成了最大的团体——十年频繁游说的结果。参见 Reinhold Martin, *Architecture and Organization: USA c.1956* (PhD dissertation, Princeton University, 1999), chapter 4, p. 260。

录》对《住宅与庭院》(*House and Garden*)杂志赞助的创意之家（House of Ideas）进行了评论，认为其"融合了国际式风格的简明线条与牧场式住宅（Ranch House Style）的随意开放"。这个设计代表了一种"简单直接的"现代主义，它不受理论束缚，在 20 世纪 50 年代的美国受到一定欢迎。[1]

在这场现代主义与住房市场的邂逅中，加利福尼亚州南部地区的范例起了关键作用。20 世纪初，格林兄弟公司（Greene and Greene）设计的甘布尔住宅（Gamble House，1907—1908）和欧文·吉尔（Irving Gill，1870—1936）设计的道奇住宅（Dodge House，1914—1916）就已经显示出洛杉矶乐于接受创新居住建筑的特点。20 世纪 20 年代，洛杉矶的这一传统仍在延续，这在弗兰克·劳埃德·赖特的洛杉矶住宅、奥地利裔建筑师鲁道夫·辛德勒（Rudolph Schindler，1887—1953）和理查德·诺伊特拉（Richard Neutra，1892—1970）的作品中均有体现。比如，辛德勒（在 1923—1925 年）和诺伊特拉（在 1927—1929 年）为菲利普·洛弗尔医生（Dr Philip Lovell）分别设计建造的令人赞叹的住宅。

正是在"二战"后的洛杉矶，人们做了一个充满活力的尝试——案例研究住宅计划，试图影响战后住房的高端市场，使其向现代建筑方向发展。案例研究住宅计划由约翰·恩坦扎（John Entenza）发起，他是一位现代艺术与建筑的业余爱好者，1938 年，他成为《艺术与建筑》(*Arts and Architecture*)杂志的所有者和编辑，并将该杂志变成先锋派的代言人。在 1944 年 7 月出版的一期《艺术与建筑》中，恩坦扎与摄影师兼平面设计师赫伯特·马特（Herbert Matter），建筑师兼设计师蕾·伊姆斯（Ray Eames，

---

[1]　关于 20 世纪 50 年代和 60 年代的美国住宅，可参见 Mark Jarzombek, "Good-Life Modernism and Beyond: The American House in the 1950s and 1960s, a Commentary", in *The Cornell Journal of Architecture*, 4, 1991, pp. 76–93。

1912—1988）与查尔斯·伊姆斯（Charles Eames，1907—1978）夫妇，埃罗·沙里宁（Eero Saarinen，1910—1961），还有理查德·巴克敏斯特·富勒（Richard Buckminster Fuller，1895—1983）一起发表了一份宣言，呼吁将战时技术用于解决战后住房问题。赫伯特·马特制作发布的宣言拼贴画表明，他们对未来主义和构成主义图形很熟悉，但是将重点放在机器、人类神经系统和分子结构之间的类比上。该宣言依据战后美国技术，改造了包豪斯和勒·柯布西耶的思想。在定义战后住宅应该依据的原则时，它宣称：

> 住宅是服务的工具。服务的程度真实存在，且能被测量。它们不取决于品位，不应该以其建筑设计来表现自己。事实上，房子的服务整合得越好，人们越不容易意识到它运作的物理方式。厨房、浴室、卧室、杂用间和储藏室将从工业化的预制系统中受益最大。在生活娱乐区，变化是一种合理的个人偏好。设计师必须懂得，住宅必须提供什么才能满足家庭成员的生理和心理需求。[1]

该宣言以乐观、实证主义的语气来宣传其信念：一种以心理规律为基础的艺术和以科学方法为基础的建筑，将带来一种与现今时代相协调的统一文化。宣言的目标不是社会革命，而是美学革命，从开明的中产阶级开始，向大众渗透。然而，宣言不仅有美学议题，还有道德和社会议题：它所倡导的独特美学是透明的、"真实"的，与理性公正的社会秩序理想不可分割。预制技术，结合标准化和可选择性，将使新的美学原则适合每一个人。它与欧洲现代运动，以及刘易斯·芒福德、凯瑟琳·鲍尔等社会改革者的不同之

---

[1] Charles Eames, John Entenza, and Herbert Matter, "What is a House?", in *Arts and Architecture*, July 1944.

处在于，它所设想的统一文化与以市场为基础的资本主义是兼容的。

为了实现这一雄心勃勃的计划，恩坦扎委托或选定现代建筑师在加利福尼亚州南部建造系列郊区住宅，来建立新的居住建筑的"案例研究"，这些建筑师包括威廉·沃斯特（William Wurster，1895—1973）、拉尔夫·拉普森（Ralph Rapson，1914—2008）和理查德·诺伊特拉。尽管这些住宅各不相同，但也有许多共同特征，而且这些特征并非都源自宣言中倡导的理论。一开始，它们几乎都是平屋顶的单层房屋。它们的平面是开放和非正式的，一般有两个核心区，客厅和卧室彼此远离；大面积使用玻璃，令室内向室外开放；为了满足经济性的要求而采用立方体的简洁形式，冲淡了如画的气质。几乎所有住宅都有未抹灰的砖砌壁炉——令人回想起前工业时代。这种布局反映出某种仪式化的郊区生活方式——非理性和循规蹈矩，而非其理论宣称的理性和自由。尽管使用了隐含预制与机械化的形式，但大多数房屋都用木框架砌块建造，平面布局的灵活性得益于美国传统建筑技术，也得益于新技术和新材料。

1950 年前后，案例研究住宅经历显著变化，这一变化首先显现在拉斐尔·索里亚诺（Raphael Soriano，1904—1988）、克雷格·埃尔伍德（Craig Ellwood，1922—1992）和皮埃尔·凯尼格（Pierre Koenig，1925—2004）设计的住宅［图 161］中。在这些住宅中，模块化建造和预制加工成为新的关注点。这些房子更多被视为装配系统，而非传统意义上的"设计"。讨论钢铁和玻璃建筑开始变得可能。几乎所有这时的住宅都有钢框架，其结构和装配方法变得清晰可见，平面变得简单，更少如画风味。意大利杂志《多莫斯》（Domus）在讨论克雷格·埃尔伍德在 1954 年至 1955 年设计的 17 号住宅时，曾写道："事实上，我们在这里看不到组织布局上的创新，也看不到空间处理、结构或材料上的创新，只有对细节的处理，完美的安装和材料，这些使得该建筑显得更

图 161
皮埃尔·凯尼格

案例研究住宅 21 号，1958 年，
洛杉矶

这栋住宅拥有宽阔的景观视野，
将内部和外部空间、私人生活和
无限崇高感结合在一起。尽管该
住宅大部分是预制的，但它特别
适合该场地的地形特征

加深刻和具体。"[1]

　　1945 年至 1949 年间修建的两座案例研究住宅，与早期阶段
的其他住宅有一定区别，它们在许多方面预示了第二阶段的发展。
这两座住宅分别为：由查尔斯·伊姆斯和埃罗·沙里宁为约翰·恩
坦扎设计的案例研究住宅 9 号，以及由伊姆斯夫妇为他们自己
设计的案例研究住宅 8 号。[2] 这两栋房子坐落于太平洋帕利塞德
（Pacific Palisades）同一块土地上。查尔斯·伊姆斯和埃罗·沙里
宁相识于 1937 年，当时伊姆斯是克兰布鲁克艺术学院（Cranbrook
Academy of Art）的研究员，埃罗·沙里宁的父亲埃利尔·沙里宁
是这所学院的设计者与院长。20 世纪 40 年代早期，伊姆斯和沙里

[1]　"La Casa 1955 di 'Arts and Architecture'", in *Domus*, 320, July 1956, p. 21.

[2]　有关伊姆斯夫妇，参见 John Neuhart, Marilyn Neuhart, and Ray Eames, *Eames Design: The Work of the Office of Charles and Ray Eames* (New York, 1989); "An Eames Celebration", in *Architectural Design*, September 1966。

© Taylor Simpson

宁常常合作，尤其在模制胶合板家具设计方面——伊姆斯是这方面的重要先驱。恩坦扎住宅只有一层，平面呈正方形。从外观看，这座房子显得中性，让人捉摸不透；其品质体现在其室内，巧妙地校准以适应单身审美家的需求。

伊姆斯住宅更引人注目［图 162］。它被设计成两层，这在案例研究住宅中显得独一无二。它是一个由钢铁和玻璃构成的箱子，其中一长边紧靠陡峭路堤，另一长边通向长满桉树的起伏场地。它的比例和柯布西耶的雪铁龙住宅类似，两者都在一端有一个可从卧室阳台俯瞰到的两层高起居空间。但是，相较雪铁龙住宅而言，伊姆斯住宅旋转了 90 度，空白侧墙成为正面。它是添加而成的，不像柯布西耶的房子那样是一个整体。细长的钢框架被吸收到住宅表皮中；无个性的工厂标准玻璃网格，让人想起传统日本住宅的障子，隐藏了室内杂乱、感性、恋物的空间——与其他案例研究住宅的清冷惯例大不相同。毫无疑问，伊姆斯住宅的确以某种方式回应了工艺美术传统。其卓越之处在于，通过原厂构件达到了其效果，没有丝毫多愁善感。

企业办公楼

"二战"后美国建筑最伟大的成就也许是创立了一种现代企业办公大楼类型，并被全世界模仿。斯基德莫尔、奥因斯和梅里尔（SOM）是这一发展的领导者。1936年，纳撒尼尔·奥因斯（Nathaniel Owings，1903—1984）和路易斯·斯基德莫尔（Louis Skidmore，1897—1962）在芝加哥成立了一间建筑公司，约翰·O.梅里尔（John O. Merrill，1923—2014）于1939年正式成为其合伙人。"二战"期间，SOM 接受委托，为"曼哈顿计划"原子弹研发而在田纳西州规划设计了橡树岭（Oak Ridge），因此声名鹊起。"二战"后，SOM 发展为一家多人合伙的庞大公司，首先在芝加哥和纽约设置了工作室，后来又在旧金山和俄勒冈州波特兰增设了工作室。

SOM 修建的第一座高层办公楼是纽约的利华大厦（Lever House，1951—1952）[图 163]。它是最早实现了密斯和柯布西耶战前对玻璃摩天大楼设想的四座美国建筑之一，其余三座分别是：彼得罗·贝卢斯基（Pietro Belluschi，1899—1994）在俄勒冈波特兰设计的公平人寿保险公司大厦（Equitable Life Assurance Building，1944—1947）；由柯布西耶担任顾问，华莱士·哈里森（Wallace Harrison，1895—1981）设计的联合国秘书处办公大楼（United Nations Secretariat，1947—1950）；密斯在芝加哥设计的湖滨公寓（Lake Shore Drive Apartments，1948—1951）。[1] 事实上，上述名单中还应增加一座，即由柯布西耶担任顾问，卢西奥·科斯塔和奥斯卡·尼迈耶等建筑师组成的团队在里约热内卢设计的

---

[1] William H. Jordy, *American Buildings and their Architects Vol.5: The Impact of European Modernism in the Mid-Twentieth Century* (New York, 1972), p. 232.

战前教育部和公共卫生部大楼（见第 263 页）。

　　在场地设计上，利华大厦与里约热内卢教育部和公共卫生部
大楼类似，可能就借鉴自它。[1]利华大厦是纽约曼哈顿第一座对用
地边界进行退让的建筑，但与里约热内卢的大楼不同，其塔楼是

---

[1]　Henry-Russell Hitchcock, "Introduction", in Skidmore, Owings and Merrill,
　　　Architecture of Skidmore, Owings and Merrill 1950–1962 (New York, 1963).

从一个底层架空的三层外围庭院体块中建起的。并且，其整个表面使用统一玻璃幕墙，在这一点上，它追随的是密斯式而非柯布西耶式的原型。事实上，从1952年开始，密斯就对SOM有着主导性的影响。由于SOM公司去中心化的办公组织模式和经验主义的设计方法，其作品在细节上表现出相当大的变化。不过，这些变化发生在一组严格的功能参数范围内：空间规划的极大灵活性，部件的最大标准化和所有系统的模块化协调[1]，空调调控温度，密封的全玻璃幕墙，全天人工照明，进深很深的办公空间。

SOM公司是现代主义历史上的一个新现象。现代运动中理性主义一派所追求的匿名性第一次得以实现。由于技术和专业效率与简洁、一致的美学相结合，SOM能够将现代主义理性主义和发达资本主义与企业官僚制度的野心结合起来［图164、图165］。在他们的作品中，现代建筑——或至少是其中一个令人信服的版本——在冷战和"军工复合体"的政治结构中变为常态。

SOM在其组织规模与匿名性上也许很独特，但它是"二战"后企业办公大楼修建热潮的一部分，许多建筑师都参与其中。在这股热潮中，埃罗·沙里宁的作品尤其令人感兴趣。埃罗·沙里宁曾是其父亲埃利尔·沙里宁的合伙人，直到1950年其父亲去世。埃罗从父亲身上继承了一种信念，即个体创意建筑师的崇高使命感。他还坚持布扎体系的准则，即一座建筑的形式应该表达其特质。这一准则指导他在其父亲去世后接手密歇根州沃伦（Warren）的通用汽车技术中心（General Motors Technical Center，1948—1956）［图166］设计时，发展出一种包含并推广了通用汽车公司的技术、风格和企业理念的建筑。该设计极具创新性。比如，将汽车中的氯丁橡胶垫圈应用到建筑

---

[1] 据罗伯特·海因奇斯（Robert Heintches）口述说明：事实上，由于机械服务业在空间上缺乏灵活性，完全的模块化协调从未实现。

图 164
SOM

美国空军学院（US Air Force Academy），1954—1962 年，科罗拉多州斯普林斯（Springs）

这个建筑群显示了"无修辞的建筑"对于权力的修辞表征的适应性

© Hedrich Blessing

图 165
SOM

联合碳化物大厦（Union Carbide Building），1957—1960 年，纽约

SOM 大厦的室内，模块化协调既是企业办公的手段也是其含义

© Ezra Stoller

中，为产品销售大厅穹顶安装"流明天花板"，在每个部门建筑的山墙上使用明亮的釉面砖颜色编码。在组织层面，该设计促进和表现了通用汽车公司分散控制和灵活的公司政策。5 英尺[1]的通用网格允许部件的互换性和规划的灵活性，而在立面上，该模块在窗框中不断重复，但牺牲了结构的表达。办公园区围绕一个人工湖组织，被设计成可以从行驶的汽车上看到。沙里宁从父亲的青年风格派的背景中继承了表达功能主义的倾向，但具有讽刺意味的是，这使得他创作出了一种理性主义匿名的范本设计。[2]

图 166
埃罗·沙里宁

通用汽车技术中心，1948—1956 年，密歇根州沃伦

沙里宁最初的设计带有一定的表现主义风格，以使建筑适应分散化和灵活性要求。各部门通过颜色编排来区分

---

[1] 约 1.5 米。——译注

[2] 有关埃罗·沙里宁通用汽车技术中心的介绍，参见 Martin, *Architecture and Organization*, chapter 12。从长远来看，通用汽车的造型政策对美国汽车工业来说几乎是一场灾难。

密斯·凡·德·罗在美国

在企业办公大楼的发展中，密斯·凡·德·罗在美国的作品同时占据着核心和外围位置：占据核心位置是指，密斯在芝加哥设计的伊利诺伊理工学院（Illinois Institute of Technology，1940—1956）和湖滨公寓为 SOM 和沙里宁的企业办公大楼设计提供了基本的形式语法；占据外围位置是指，密斯对其客户的迫切需求保持一定的淡然。密斯为伊利诺理工学院做的第一个规划是古典的，带有两个相同的、对称的礼堂［图 167］，延续了其在德国的作品——如 1937 年在克雷费尔德设计的丝绸业办事处（Silk Industry Offices）——的布局特点。当发现路网不能改动，密斯修改了布局，将一个缜密的组织，变为矩形建筑物的集合，以符合美国路网的抽象特征［图 168］。密斯的所有精力都投入发现和完善与他所认为的"时代意志"相对应的类型上，一旦他获得一个典型解决方案，就简单地重复它。在 SOM 的作品中，相同的理性模式通常会因项目的不同而在细节上有所改变，但对密斯而言，个人解

图 167
密斯·凡·德·罗

伊利诺伊理工学院，1939 年，芝加哥，初步方案

这种布局形成一个封闭的等级制度。在建成方案中，所有建筑都被简化为矩形，只有极少对等级秩序的表示。这种对美国路网逻辑的让步，为密斯随后所有作品奠定了基调

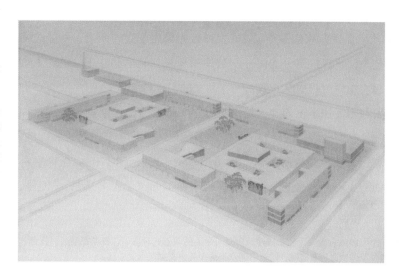

图 168

密斯·凡·德·罗

伊利诺伊理工学院，1945—1946
年，芝加哥，校友馆

密斯的伊利诺伊理工学院抽象而
有新古典主义的简朴，对 20 世纪
50 年代的美国建筑产生了巨大影
响，尤其是对企业办公大楼的设
计，以及 SOM 和沙里宁的作品

决方案与典型解决方案之间没有区别。一个相关的例子是他在玻
璃幕墙上使用工字梁。湖滨公寓最先采用了这些元素，功能之一
是为窗户提供部分加固——被模糊地视为竖框和柱子。这让人想
起同样模糊的垂直元素——沙利文的温莱特大厦（见第 42 页）和
埃利尔·沙里宁的《芝加哥论坛报》办公室。密斯的工字梁是一
种具有明确结构内涵的部件，但是同时，它也具有明显的装饰性，
焊接在现存结构的表面［见图 160、图 169、图 170］。密斯宣称
创造了一个匿名的方言，否定柯布西耶的"个人主义"，[1] 但是，

---

[1]　1959 年 5 月，在伦敦建筑协会与学生的非正式对话中，密斯提到，尽管他非
　　　常钦佩柯布西耶，但他不同意他的个人主义和纪念式手法。

图 169
密斯·凡·德·罗

西格拉姆大厦，1954—1958 年，
纽约

工字形的窗框创造了一种装饰
表面，它是对大厦立面的半结
构化处理，这可以追溯到沙利
文的温莱特大厦。注意照明的
天花板网格，其立面单元被延
伸到建筑主体

他的极少形式仍然是修辞性的，并且谈及高雅艺术传统的残留，
尽管它们拒绝历史和现代性的任何和解。

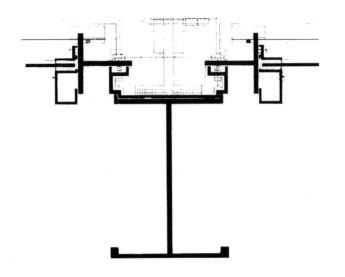

图 170
密斯·凡·德·罗

西格拉姆大厦，1954—1958 年，
纽约，大样图

在此幕墙的大样图中，可以清楚
看到，工字梁竖框起着补充、装
饰的作用

逆流

　　我们必须看看 20 世纪 50 年代开始出现的一些逆流。它们在
不同层级都很活跃，常被推向相反的方向。有一些是学院社会学
家或记者所做的对美国社会的广泛分析；还有一些是由设计师或
建筑师所做的尝试，试图纠正他们所见到的现代主义艺术和建筑
理论中的不足。

法团主义批评

　　密斯精心发展出唯心主义哲学，他对日常生活的琐碎不屑一
顾，而赞成对时代精神的纯粹表达，与企业纪律的世俗要求完全
一致——这个纪律被 SOM 按自身条件不加批判地接受。但这种企
业纪律，受到社会学家的批判，如大卫·理斯曼（David Riesman）
在《孤独的人群》（*The Lonely Crowd*，1950）中，以及威廉·H. 怀
特（William H. Whyte）在《组织人》（*The Organisation Man*，1956）

中。他们将企业视为去人性化的集体，为人制造一种新的"受人支配"的性格，使之紧张地服从（企业）同事的意见。这些批判与 19 世纪晚期德国社会学家如格奥尔格·西美尔的截然不同。对于西美尔而言，个人主义（厌倦型）是一个防御机制，用来应对以金钱为基础的经济体系中共同体的缺失；对于理斯曼和怀特来说，个人主义是美国一个主要的优点，这一优点受到企业盲从主义的威胁。

对法团主义的批判还上升到了更加政治的层面。C. 赖特·米尔斯（C. Wright Mills）在《权力精英》（*The Power Elite*，1956）中看到了一种新的、阴险的极权主义的迹象，它出现在企业资本主义本质性的权力分散中——这在企业、军队和政府的多重联系中非常明显。米尔斯的悲观主义并没有影响另一位社会学家塔尔科特·帕森斯（Talcott Parsons），对后者而言，现代政治权力的网状结构是一个表现良好、自我调节的社会系统的征兆，必然导致个人为有机整体而做出牺牲（见"系统理论"，第 269 页）。

超越理性主义：欲望和社区

可见，案例研究住宅和 SOM 的企业办公大楼代表了一种理想时刻，在这一时刻，战后美国政治和技术乐观主义，与标准现代主义建筑的文化哲学相符合。但是也有商业和工业潮流威胁到这一思想意识。20 世纪 20 年代晚期，当通用汽车公司打破福特传统，改变生产周期以适应不同淘汰速度时，对主流现代主义文化设想的挑战已经开始了。汽车底盘淘汰较慢，因为它遵循技术演变规律；车体淘汰快，因为它遵循时尚潮流的变动。[1]

将"款式"引入汽车行业，为诺曼·贝尔·格迪斯（Norman

---

[1]　当代英国人对 20 世纪 50 年代美国汽车设计的看法，参见 Reyner Banham, "Vehicles of Desire", in *Art*, September 1955, reprinted in Mary Banham et al. (eds), *A Critic Writes: Essays by Reyner Banham* (Berkeley, 1996)。

Bel Geddes）、雷蒙德·罗维（Raymond Loewy）和亨利·德雷夫斯（Henry Dreyfuss）等整整一代美国工业设计师奠定了步调，他们试图将包豪斯的"好设计"（good design）原则与市场需求协调一致。艺术理论家和教师乔治·凯佩斯（György Kepes）建议将格式塔心理学原则应用到广告中，以对抗现代生活的无定形。[1] 欧内斯特·迪希特（Ernest Dichter）在他的著作《欲望策略》（The Strategy of Desire，1960）中谈到了设计师的双重责任：理解社会与大众心理，支持大众品位。[2] 尽管如此，一旦市场成为现代文化的参与者，制造联盟与包豪斯在整个设计领域（从商品到建筑）建立普遍的品位标准的理想，显然将难以为继。理查德·汉密尔顿（Richard Hamilton）等英国波普艺术家对这一点就非常清楚，汉密尔顿将广告融入高雅艺术，讽刺性地使用无意识的驱动力，此种无意识驱动力正是如乔治·凯佩斯等包豪斯传统捍卫者所试图升华的。

在这一谱系的建筑端，有人试图将被主流理性主义抛弃的纪念性重新引入建筑界。SOM 和埃罗·沙里宁为企业设计的作品在精神上明显是理性主义的，然而，这并没有阻止他们在适当的时候引入"象征性"建筑，如 SOM 在科罗拉多斯普林斯为美国空军学院设计的表现主义礼拜堂（Cadet Chapel，1954—1962）。事实上，沙里宁变得越来越着迷于每一座建筑的"个性"表达。这可以在他设计的麻省理工学院（MIT）礼堂和礼拜堂（1950—1955），耶鲁大学学生宿舍（1958—1962）和爱德怀德机场（Idlewild Airport，现"肯尼迪国际机场"）环球航空公司（TWA）航站楼（1956—1962）中见到［图 171］。

---

[1] 关于乔治·凯佩斯颇有影响力的美学哲学，参见 Martin, *Architecture and Organization*, chapter 2。

[2] Arthur J. Pulos, *The American Design Adventure 1940–1975* (Cambridge, Mass., 1988), p. 268.

图 171（右页上）
埃罗·沙里宁

肯尼迪国际机场 TWA 航站楼，1956—1962 年，纽约

在后期作品中，沙里宁在方法上日益倾向于表现主义，试图抓住每一个项目的本质"特征"

图 172（右页下）
爱德华·达雷尔·斯通

美国大使馆，1954 年，新德里

这件作品是 20 世纪 50 年代美国新古典主义的代表作

© Ezra Stoller

　　20世纪50年代晚期，许多现代主义建筑师转向新帕拉迪奥主义（Neo-Palladianism），包括TAC（格罗皮乌斯的事务所）、菲利普·约翰逊、约翰·约翰森（John Johansen）、爱德华·达雷尔·斯通（Edward Durrell Stone）[图172]和山崎实。新帕拉迪奥主义通常表现为，采用对称的平面和对现代主义的轻盈和通透的"庞贝式"[1]解读——就像当时在欧洲和亚洲国家的首都涌现出的许多美国大使馆一样。

[1]　庞贝壁画中的建筑样式，立柱被拉长并被缥缈化。

路易斯·康

与目前提到的建筑师的作品相比，对于路易斯·康的作品，主流现代主义评论的态度更加微妙，也更加激进。尽管如此，我们若将路易斯·康的作品放入由希格弗莱德·吉迪恩、何塞普·路易·塞特和其导师乔治·豪所发起的新纪念性运动这一背景中，便能对其有更好的理解。[1] 在职业生涯早期，康积极参加了住房改革运动，并在 1940 年至 1947 年间，作为首席设计师先后与乔治·豪和奥斯卡·斯托诺罗夫合作，致力于政府住房项目。他对刘易斯·芒福德、保罗·古德曼（Paul Goodman）、珀希瓦尔·古德曼（Percival Goodman）和汉娜·阿伦特（Hannah Arendt）等人的社群主义思想很认同，也与他们一样相信，社会需要能够激发人们产生共同目标和民主参与感的公民建筑。

1947 年，路易斯·康开始独立执业，几年后，他的作品开始完全背离公认的现代主义传统。他的新作品似乎融合了维奥莱-勒-迪克的思想，以及新古典主义的思想——尤其可追溯到 19 世纪早期理论家卡特勒梅尔·德坎西（Quatremère de Quincy）的著作，这两种思想都包含在他曾经接受的学院传统训练中。一方面，他被维奥莱-勒-迪克的结构理性主义所吸引，另一方面，他相信不变的形式或类型。[2]

---

[1] 参见 Louis Kahn, "Monumentality", typed transcript, 14 November 1961, published in Zucker (ed.), *New Architecture and City Planning*, pp. 577–588。这篇文章展示了康对于"纪念性"的观点与希格弗莱德·吉迪恩的有多么相近。

[2] 20 世纪 50 年代初，英语国家的建筑师对古典主义产生了共同的兴趣，部分原因是 1949 年鲁道夫·维特科尔（Rudolf Wittkower）出版的《人文主义时代的建筑原理》（*Architectural Principles in the Age of Humanism*）。康、史密森夫妇和维特科尔的学生科林·罗（Colin Rowe）也都有这方面的兴趣。Henry Millon, "Rudolf Wittkower's *Architectural Principles in the Age of Humanism* and its Influence on the Development of Modern Architecture", in *Journal of the Society of Architectural Historians*, 31, 1972, pp. 83–89.

在路易斯·康看来，从自然中发现的柏拉图式几何学表明了这两种传统的融合，就如恩斯特·黑克尔（Ernst Haeckel）和达西·温特沃斯·汤普森（D'Arcy Wentworth Thompson）的著作中所描述的。[1] 理查德·巴克敏斯特·富勒、罗伯特·勒·里克莱斯（Robert Le Ricolais，1894—1977）、康拉德·瓦克斯曼（Konrad Wachsmann，1901—1980）对这些几何学也有兴趣，他们的多面体空间框架结构在20世纪50年代初极大影响了路易斯·康的建筑——康将空间框架称为"空心石"（hollow stones）。

路易斯·康对现代主义的批判始于对"自由平面"的摒弃。他认为，密斯·凡·德·罗和勒·柯布西耶以不同方式阐释的自由平面将形式与结构分离，打开了一片只有主观直觉才能填补的空白。他说："密斯的敏感在于应对强加结构秩序，而缺少灵感……柯布西耶……焦躁地穿过秩序，匆忙赶往形式。"[2] 在1954—1955年的阿德勒住宅（Adler House）[图173]和德沃尔住宅（DeVore House）与1955年的特伦顿更衣室（Trenton Bath House）这几个项目中，路易斯·康取得突破，开启了独特的秩序原则。这几个项目都由相同的"房间"（rooms）组合而成，将建筑简化为最原始的意义单元。在随后的项目中，这些单元以各种方式被组织起来：如拥挤的团块，如珠串，如随机的簇，或如若干小空间围绕一个中心空间。通常，最

---

[1]　Ernst Haeckel, *Art Forms in Nature* (New York, 1974), originally published 1899–1904; D'Arcy Wentworth Thompson, *On Growth and Form* (Cambridge, 1961), originally published 1917. 伦敦当代艺术学院（Institute of Contemporary Art）的两个展览：1951年的"关于生长与形式"（"On Growth and Form"）和1953年的"生活与艺术的平行"（"Parallel of Life and Art"）证明了这些思想在当时的流行。然而，汤普森的毕达哥拉斯模型仅适用于总体生物形式的水平，而不适用于生物化学的水平。因此，这种模型对生物学中的形式问题给出了片面的描述。Joseph Needham, "Biochemical Aspects of Form and Growth", in Lancelot Law Whyte (ed.), *Aspects of Form* (London, 1951).

[2]　David B. Brownlee and David G. De Long, *Louis I. Kahn: In the Realm of Architecture* (New York, 1991), p. 58.

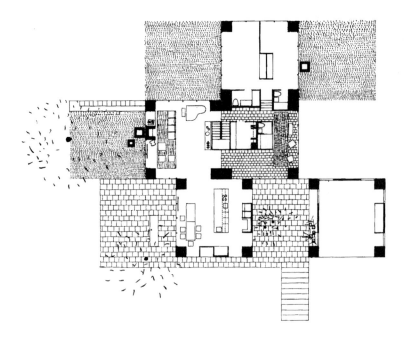

图 173
路易斯·康

阿德勒住宅，1954—1955 年，费城，
平面图

该平面图显示，住宅如何被分成
五个相同的结构单元，以适应不
同的功能。其组织是自由的，是
否相邻根据流线的需要决定

重要的元素是房间–空间（room-space）本身。就如康所说："穹顶生
成的空间，与随后由墙分割而成的空间是不同的空间——一个房间
必须是一个构造实体，或是一个构造系统的有序部分。"[1]

　　康对结构的有机主义和古典主义的双重拥护——作为一个整
体，前者尚未出现，后者已经消逝——超越了这种一般模式。特
伦顿犹太社区中心（Jewish Community Center，1954—1959）[图
174] 这一未建成项目表现出了这两种趋势。形式与功能之间出现
了一种新的主观关系。建筑形式不再像在功能主义中那样与不变
的因果关系相对应。二元网格被建立，其中唯一固定的等级关系
是积极（被服务）和消极（服务）空间之间的等级关系。除此之
外，其中可以插入任何功能组合。

　　在建筑方案适应这一先验系统时，柏拉图式秩序和环境秩

---

[1]　Brownlee and De Long, *Louis I. Kahn*, p. 58.

图 174
路易斯·康

犹太社区中心，1954—1959 年，
特伦顿，平面图

结构单元组织在二元网格中。有
两种类型的空间：基本（被服
务）空间和次要（服务）空间。
只能依据网格线分区，并且分区
是可根据布置要求选择的。为了
形成超大空间，柱子被省略，但
是屋顶形式仍保持不变

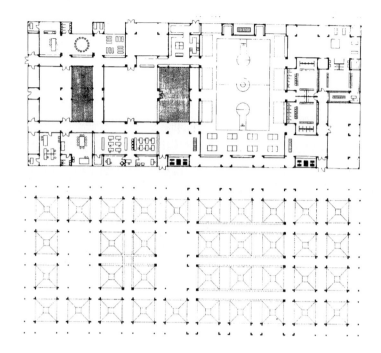

序之间出现了新的张力。[1] 在设计宾夕法尼亚大学（University of Pennsylvania）理查德森医学研究楼（Richards Medical Research Laboratories，1957—1965）［图 175］时，康很难将有着高技术要求的方案与此系统协调起来。[2] 在加利福尼亚州拉荷亚（La Jolla）索尔克生物研究所的设计中，康解决了这个问题，他将大部分功

[1]　关于康的犹太社区中心和密斯在芝加哥伊利诺伊理工学院未建成的图书馆和行政大楼之间深入的比较，参见 Colin Rowe, "Neoclassicism and Modern Architecture II", *The Mathematics of the Ideal Villa and Other Essays* (Cambridge, Mass., 1982)。康的犹太社区中心与阿尔多·凡·艾克和荷兰结构主义者的作品非常相似。荷兰建筑师与康一样对维奥莱-勒-迪克的结构理性主义感兴趣，这种兴趣是贝尔拉赫传给他们的。但是，他们也和他一样，渴望回到不可简化的房屋式建筑单元（见第十一章）。相互影响的程度（如果有的话）尚不清楚。

[2]　Jordy, *American Buildings and their Architects Vol.5*, pp. 407–426; Reyner Banham, *The Architecture of the Well Tempered Environment* (Chicago, 1969), pp. 246–255.

能集中在两个巨大的、灵活的棚屋中，并将象征表达限制在面对广场的固定行政阁楼（这与芝加哥世界博览会的一个展馆类似）。

另一些极端例如位于罗切斯特（Rochester）的唯一神派教堂（First Unitarian Church，1961）[图 176]和位于孟加拉国达卡（Dhaka）的国民议会大厦（National Assembly Building，1962—1983）[图 177、图 178]，[1]次级空间围绕一个中心体积，就如拜占庭教堂和集中式文艺复兴教堂。在罗切斯特建筑的最终版本中，对称性被环境的、"世俗"的压力扭曲。但是，在达卡国民议会大厦，整体的几何表达是不间断的；没有任何环境因素扰乱严格的等级秩序。对于康而言，很明显，达卡国民议会大厦具有强烈的宗教内涵。我们无法再找到民主社会实践与其早期城市设计特有的象征形式之间的联系。

现代运动一开始，两个主导且对立的概念之间就已出现裂隙：一方面是有机表达，另一方面是规范化和标准化。阿道夫·贝内对"功能主义"和"理性主义"的区分，勒·柯布西耶提出的自由平面概念，还有密斯·凡·德·罗在美国时期试验的常规建筑围护结构和其可变内容的错位，都仅仅是对更普遍的分歧所做的具体的、临时的表达。

路易斯·康也是从这一分歧出发的，不管其作品被认为是源自维奥莱-勒-迪克还是源自古典传统。只是，他朝着一个不同的方向在发展。与此同时，十次小组也在探索这一方向，并且，柯布西耶的马赛公寓以及其他战后作品对居住单元的强调，也预示

---

[1] 关于康的公共象征性建筑的概念，参见 Sarah Williams Ksiazek, "Architectural Culture in the 1950s: Louis Kahn and the National Assembly Complex in Dhaka", in *Journal of the Society of Architectural Historians*, 52, December 1993, pp. 416–435; "Critiques of Liberal Individualism: Louis Kahn's Civic Projects 1947–1957", in *Assemblage*, 31, 1996, pp. 56–79。

图 175
路易斯·康

宾夕法尼亚大学理查德森医学研究楼，1957—1965 年，费城

路易斯·康将服务与被服务原则运用在多层建筑中。事实证明，实验室苛刻的技术要求与路易斯·康的形式系统很难融合

© Grant Mudford

图 176
路易斯·康

唯一神派教堂，1961 年，纽约罗切斯特，平面图

在这栋建筑中，依据经验需求，次要空间围绕教堂大厅布置。路易斯·康避免了严格的古典对称

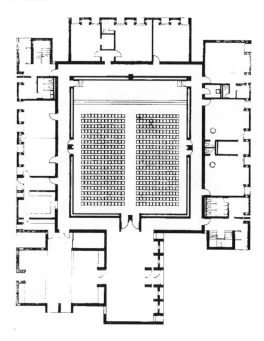

© Naquib Hossain

图 177（左页）
路易斯·康

国民议会大厦，1962—1983 年，
达卡

纯净的体块上有几何形开口，避
免了风格的指涉。这座建筑具有
纪念性和封闭性，暗示宗教而非
世俗意义

图 178
路易斯·康

国民议会大厦，1962—1983 年，
达卡，平面图

从这张平面图可以看出，服务空
间如何被均衡地安排在议会会议
大厅周围

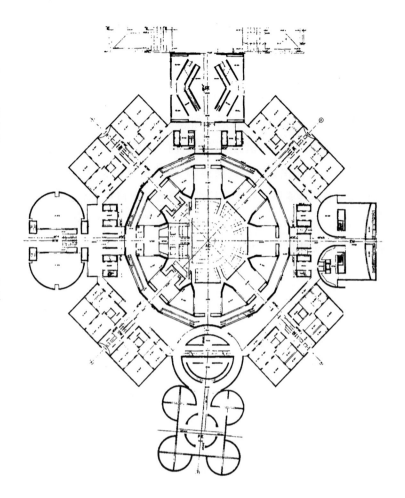

了这一方向。在此方向上，路易斯·康比柯布西耶走得更远，对康
而言，只有在结构单元与居住空间单元一致时，建筑才具有意义。
这使得自由平面失效，并产生出一个新问题：理想秩序和环境秩序
不再按照自由平面的逻辑独立发展，二者现在陷于一种辩证关系，
引导人们关注卓越的建筑价值和现代经济的偶然性之间的冲突。

至少在以下这一方面，路易斯·康可以被确定地归入现代主
义传统：他试图创造一种能代表新的政治道德秩序的建筑。在为
这一目标努力的过程中，他为一个古老问题——如何用一个看上

去崭新的建筑重申永恒的建筑真理——找到了令人吃惊的新表述。

这一努力一方面将现代运动带到顶点，另一方面加剧了现代运动内部已有的危机。理性功能主义在战后美国似乎曾获得新生，不过，到 20 世纪 60 年代，其原则似乎无法应对错综复杂的晚期资本主义。关于统一的和普遍的新建筑的乌托邦式诺言变得越来越不可信。如果说此时期仍然存在一种"时代精神"，那便是一种自相矛盾的多元主义"时代精神"。现代主义仍将存续，但只有在它放弃总体性主张，并经过持续的自我消解过程之后才能实现。矛盾的是，基于对超越秩序的信念的路易斯·康的作品，是这种新兴的不确定性状态的主要推动力量之一。

Timeline

时间线

时 间	艺 术 与 建 筑	事 件
1890	威廉·勒巴隆·詹尼，博览会商店，芝加哥 尤利乌斯·朗本，《作为教育家的伦勃朗》 威廉·莫里斯，《乌有乡消息》（News from Nowhere）	亨利克·易卜生（Henrik Ibsen），《海达·高布乐》（Hedda Gabler） 南达科他州伤膝河苏族印第安人遭大屠杀 爱丁堡福斯大桥（Forth Bridge）竣工 赫尔曼·何乐礼（Herman Hollerith）发明打孔卡片制表机，随后创立 IBM
1891	安东尼·高迪，圣家族教堂耳堂立面开始修建，巴塞罗那 丹尼尔·伯纳姆与约翰·韦尔伯恩·鲁特，蒙纳德诺克大楼，芝加哥	惠特科姆·贾德森（Whitcomb Judson）发明了拉链 杰西·W. 雷诺（Jesse W. Reno）发明了自动扶梯
1892	路易斯·沙利文，温莱特大厦，圣路易斯，以及《建筑装饰》（"Ornament in Architecture"）一文发表	弗朗索瓦·埃内比克（François Hennebique）获得钢筋混凝土系统专利 鲁道夫·狄塞尔（Rudolf Diesel）发明柴油发动机 芝加哥大学社会科学与人类学系成立
1893	维克多·霍塔，塔塞尔住宅，布鲁塞尔 奥古斯特·施马索夫（August Schmarsow），《建筑创造的本质》（Das Wesen der Architektonischen Schöpfung） 阿道夫·希尔德布兰，《视觉艺术中的形式问题》（Das Problem der Form in der bildenden Kunst） 阿洛伊斯·李格尔，《风格问题》（Stilfragen） 慕尼黑分离派创立 爱德华·蒙克（Edvard Munch），《呐喊》（Skrik）	芝加哥世界博览会（哥伦布纪念博览会）举办 托马斯·A. 爱迪生（Thomas A. Edison）发明电影放映机

时　间	艺　术　与　建　筑	事　件
1894	伯纳姆公司，信托大厦，芝加哥 亨利·范德维尔德，《艺术的纯化》	克劳德·德彪西（Claude Debussy），《牧神午后序曲》（Prélude à l'Après-Midi d'un Faune） 古列尔莫·马可尼（Guglielmo Marconi）发明无线电报 法国发生军官阿尔弗雷德·德雷福斯（Alfred Dreyfus）被以间谍罪诬告的"德雷福斯事件" 中日甲午战争爆发
1895	亨利·范德维尔德，勃洛梅沃夫公馆，布鲁塞尔乌克勒 西格弗里德·宾在巴黎开设新艺术画廊	卢米埃尔（Lumière）兄弟首次使用电影机放映机公映电影 威廉·康拉德·伦琴（Wilhelm Conrad Röntgen）发现 X 射线 约瑟夫·汤姆森（Joseph Thomson）发现电子 H.G.威尔斯（H.G.Wells），《时间机器》（The Time Machine） 伦敦政治经济学院成立
1896	路易斯·沙利文，《高层办公楼的艺术化思考》 奥托·瓦格纳，《现代建筑》（Moderne Architektur） 亨利·柏格森，《物质与记忆》（Matière et Mémoire）	亨利·贝克勒尔（Henri Becquerel）发现天然放射性现象 第一届现代奥运会举行
1897	阿尔弗雷德·利西瓦克在德国发起艺术教育运动 德国手工艺联合工坊在慕尼黑成立 维也纳分离派创立	埃米尔·涂尔干（Émile Durkheim），《自杀论》（Le Suicide: Étude de Sociologie） 简·亚当斯在芝加哥建立赫尔之家 西奥多·赫茨尔（Theodor Herzl）召开第一次犹太复国主义代表大会 伊万·巴甫洛夫（Ivan Pavlov）进行经典条件反射实验

时 间	艺 术 与 建 筑	事 件
1898	安东尼·高迪，古埃尔领地教堂开工，巴塞罗那 埃克托·吉马尔，贝朗热公寓，巴黎 奥托·瓦格纳，珐琅屋，维也纳 德累斯顿工坊成立	H. G. 威尔斯，《世界大战》(*War of the Worlds*) 美西战争爆发 玛丽·居里（Marie Curie）与皮埃尔·居里（Pierre Curie）发现镭
1899	卡尔·克劳斯在维也纳创办讽刺杂志《火炬》 索尔斯坦·凡勃仑，《有闲阶级论》 维克多·霍塔，人民之家，布鲁塞尔 德国修建达姆施塔特艺术家聚居区	中国爆发义和团运动 南非爆发第二次布尔战争 西格蒙德·弗洛伊德（Sigmund Freud），《梦的解析》(*Die Traumdeutung*)
1900	埃克托·吉马尔，巴黎地铁站	巴黎举办世界博览会 马克斯·普朗克（Max Planck）提出量子理论 约翰·罗斯金去世
1901	弗兰克·劳埃德·赖特，《机器时代的手工艺》演讲，芝加哥 阿洛伊斯·李格尔，《晚期罗马艺术产业》(*Spätrömische Kunstindustrie*)	首次跨大西洋无线电报传输成功 胜利留声机公司（Victor Talking Machine Company）成立 英国维多利亚女王去世 澳大利亚各殖民地组成联邦
1902	费迪南德·阿芬那留斯在德国成立丢勒联盟 贝内代托·克罗齐（Benedetto Croce），《作为表现科学和一般语言学的美学的理论》(*Estetica come scienza dell'espressione e linguistica generale*)	威利斯·H. 开利（Willis H. Carrier）发明了空调
1903	奥古斯特·佩雷，富兰克林街 25 号（25 Rue Franklin）公寓，巴黎 格奥尔格·西美尔，《大都市与精神生活》("Die Grosstädte und das Geistesleben") 维也纳工坊成立 亨德里克·贝尔拉赫，阿姆斯特丹证券交易所	埃米琳·潘克赫斯特（Emmeline Pankhurst）组建英国妇女社会和政治联盟（Women's Social and Political Union） 莱特（Wright）兄弟实现首次动力飞机飞行 福特汽车公司（Ford Motor Company）在底特律成立
1904	赫尔曼·穆特修斯，《英国住宅》(*Das Englische Haus*) 家乡保护同盟在德国成立	伊莎多拉·邓肯（Isadora Duncan）在柏林创立现代舞学校 日俄战争开始

时 间	艺 术 与 建 筑	事 件
1905	保罗·梅伯斯，《1800 年的建筑》 野兽派出现在巴黎秋季沙龙 表现主义者在德累斯顿成立桥社 阿尔弗雷德·施蒂格利茨（Alfred Stieglitz）与 爱德华·斯泰肯（Edward Steichen）在纽约开 设摄影分离派小画廊	阿尔伯特·爱因斯坦（Albert Einstein）提出了 狭义相对论
1906	波格丹诺夫在俄罗斯创立无产阶级文化协会	厄普顿·辛克莱（Upton Sinclair），《屠场》（The Jungle）
1907	德意志制造联盟在慕尼黑成立 彼得·贝伦斯被任命为 AEG 设计顾问 阿道夫·路斯，卡特纳酒吧，维也纳 密斯·凡·德·罗，里尔住宅，波茨坦 巴勃罗·毕加索与乔治·布拉克（Georges Braque）在巴黎开创立体主义	俄国 1905 年革命失败 威廉·詹姆斯（William James），《实证主义》（Pragmatism） 亨利·亚当斯，《亨利·亚当斯的教育》（The Educatian of Henry Adams）
1908	阿道夫·路斯《装饰与罪恶》 恩斯特·路德维希·凯尔希纳（Ernst Ludwig Kirchner），《街道，德累斯顿》（Street, Dresden） 威廉·沃林格，《抽象与移情》	乔治·索雷尔，《论暴力》 青年土耳其党人革命
1909	丹尼尔·伯纳姆与 E. H. 本内特，芝加哥城市规划 雷蒙德·昂温，《城市规划实践》（Town Planning in Practice） 谢尔盖·佳吉列夫（Sergei Diaghilev）在巴黎创立俄罗斯芭蕾舞团 菲利波·托马索·马里内蒂，《未来主义宣言》 彼得·贝伦斯，AEG 透平机车间，柏林 新艺术家协会（Neue Künstlervereinigung）在慕尼黑成立	彼得·邬斯宾斯基，《第四维度》（The Fourth Dimension） 第一部新闻片诞生 路易·布莱里奥（Louis Blériot）飞越英吉利海峡

时 间	艺 术 与 建 筑	事 件
1910	赫尔瓦特·瓦尔登在柏林创立表现主义评论杂志《狂飙》 瓦斯穆特关于弗兰克·劳埃德·赖特的两本书中的第一本在欧洲出版	伊戈尔·斯特拉文斯基（Igor Stravinsky），《火鸟》（L'Oiseau de Feu） 阿诺德·勋伯格制定了表现主义无调性音乐系统 布尔共和国统一为南非
1911	瓦尔特·格罗皮乌斯在德国发表《纪念性艺术与工业建筑》演讲 第一届青骑士艺术展，慕尼黑 未来主义展览，米兰 阿道夫·路斯，"路斯楼"，维也纳 瓦西里·康定斯基，《艺术中的精神》	弗雷德里克·泰勒（Frederick Taylor），《科学管理原理》（The Principles of Scientific Management） 罗阿尔德·阿蒙森（Roald Amundsen）到达南极点
1912	伯纳姆公司，康韦大厦，芝加哥 米哈伊尔·拉里奥诺夫（Mikhail Larionov）与娜塔莉亚·冈察洛娃（Natalia Goncharova）在俄罗斯创立了辐射主义（Rayonism） 瓦尔特·格罗皮乌斯，法古斯工厂，阿尔费尔德 马塞尔·杜尚（Marcel Duchamp），《下楼梯的裸体》（Nude Descending a Staircase）	泰坦尼克号沉没 非洲人国民大会（African National Congress）在南非成立 古斯塔夫·马勒（Gustav Mahler），《第九交响曲》（9. Sinfonie）首演
1913	卡西米尔·马列维奇在俄罗斯发起至上主义运动	伊戈尔·斯特拉文斯基的《春之祭》（Le Sacre du Printemps）首演 马塞尔·普鲁斯特（Marcel Proust）出版《追忆似水年华》（À La Recherche du Temps Perdu）第一卷 尼尔斯·玻尔（Niels Bohr）发展了量子力学
1914	安东尼奥·圣埃利亚，《新城》 德意志制造联盟展，科隆 保罗·歇尔巴特，《玻璃建筑》 乔治·德·契里柯，《一条街上的忧郁和神秘》（Mistero e malinconia di una strada） 勒·柯布西耶，多米诺体系	温德姆·刘易斯（Wyndham Lewis）与埃兹拉·庞德（Ezra Pound）在伦敦创办了《爆炸》（BLAST）杂志，并开创了漩涡主义（Vorticism） 奥匈帝国弗朗茨·斐迪南（Franz Ferdinand）大公在塞尔维亚遇刺后，"一战"爆发 巴拿马运河开通

时　间	艺　术　与　建　筑	事　件
1915	海因里希·沃尔夫林（Heinrich Wölfflin），《艺术史原理》（*Kunstgeschichtliche Grundbegriffe*） 阿尔弗雷德·施蒂格利茨、马塞尔·杜尚与弗朗西斯·毕卡比亚（Francis Picabia）在纽约创办《291》杂志	D. W. 格里菲斯（D. W. Griffith），《一个国家的诞生》（*The Birth of a Nation*） 阿尔伯特·爱因斯坦发表广义相对论
1916	雨果·鲍尔（Hugo Ball）在苏黎世创立了伏尔泰酒馆（Cabaret Voltaire）并开始了达达运动	M. H. J. 舍恩梅克斯，《造型数学原理》 爱尔兰复活节起义
1917	亨利·范德维尔德，《现代建筑美的原则》 《风格》杂志首次在荷兰出版 柏林达达运动诞生	达西·温特沃斯·汤普森，《关于生长与形式》 布尔什维克在俄国夺取政权 美国参加"一战"
1918	十一月小组和艺术劳工委员会（AFK）在德国成立 风格派宣言	奥斯瓦尔德·斯宾格勒（Oswald Spengler），《西方的没落》（*Der Untergang des Abendlandes*） "一战"结束 苏俄内战开始
1919	瓦尔特·格罗皮乌斯在魏玛建立包豪斯 不知名建筑师展览，柏林 布鲁诺·陶特，《阿尔卑斯建筑》	《凡尔赛条约》签署 柏林斯巴达克团工人起义 国际联盟成立 爱尔兰独立战争 欧内斯特·卢瑟福（Ernest Rutherford）成功人工分裂原子
1920	汉斯·珀尔齐希，萨尔茨堡节日剧院（Salzburg Festspielhaus）项目 弗拉基米尔·塔特林，第三国际纪念碑项目 布鲁诺·陶特创办《晨光》杂志 勒·柯布西耶与阿梅德·奥占芳在巴黎创办《新精神》杂志 第一届国际达达艺术博览会，柏林	罗伯特·维内（Robert Wiene），《卡里加里博士的小屋》（*Das Cabinet des Dr. Caligari*） 英国在巴勒斯坦建立犹太国家 美国赋予妇女选举权 列宁开始推行新经济政策（NEP） 首次商业广播 西格蒙德·弗洛伊德，《超越快乐原则》（*Jenseits des Lustprinzips*）

时　间	艺　术　与　建　筑	事　件
1921	瓦西里·卢克哈特，人民剧院项目 特奥·范杜斯伯格搬到魏玛 左翼构成主义者第一工作组在莫斯科成立	路德维希·维特根斯坦，《逻辑哲学论》（Logisch-Philosophische Abhandlung） 卡雷尔·恰佩克（Karel Čapek）在剧本《罗素姆万能机器人》（R.U.R.）中创造了"机器人"一词
1922	奥托·巴特宁，星辰教堂项目 阿道夫·贝内，《艺术，手工艺和技术》 《芝加哥论坛报》大厦竞赛方案 勒·柯布西耶，当代城市 达达—构成主义会议，魏玛 阿道夫·路斯，鲁费尔住宅，维也纳 阿列克谢·甘，《构成主义》 埃尔·利西茨基在柏林出版《物体》杂志 汉斯·里希特、埃尔·利西茨基与维尔纳·格拉夫在柏林创办杂志《G：元素造型及其材料》 拉兹洛·莫霍利—纳吉参加柏林苏俄主题艺术展 乔瓦尼·穆齐奥，卡·布鲁塔公寓，米兰	英国广播公司（BBC）成立 F. W. 茂瑙（F. W. Murnau），《诺斯费拉图》（Nosferatu） 阿诺德·勋伯格在《钢琴组曲》（Suite für Klavier）中首次采用十二音体系。 T. S. 艾略特（T. S. Eliot），《荒原》（Waste Land） 詹姆斯·乔伊斯（James Joyce），《尤利西斯》（Ulysses） 苏联成立 德国外交部长瓦尔特·拉特瑙（Walther Rathenau）遇刺身亡 土耳其"凯末尔改革"
1923	"艺术与技术：新的联合"展览，魏玛包豪斯 阿道夫·贝内撰写《现代功能建筑》（1926年出版） 勒·柯布西耶，《走向新建筑》 密斯·凡·德·罗，莱辛住宅项目 特奥·范杜斯伯格与科内利斯·范埃斯特伦作品展，巴黎 尼古拉·拉多夫斯基创立新建筑师协会（ASNOVA）	恩斯特·卡西尔（Ernst Cassirer）出版了《符号形式哲学》（Philosophie der Symbolischen Formen）三卷中的第一卷 格奥尔格·卢卡奇（György Lukács），《历史与阶级意识》（Geschichte und Klassenbewusstsein） 列昂·托洛茨基，《文学与革命》 德国发生恶性通货膨胀 霓虹灯广告牌被推广 赖纳·马利亚·里尔克（Rainer Maria Rilke），《杜伊诺哀歌》（Duineser Elegien） 雷内·克莱尔（René Clair）以《间奏曲》（Entr'acte）开创超现实主义电影 费尔南·莱热与达德利·墨菲（Dudley Murphy），《机械芭蕾》（Ballet Mécanique）

时 间	艺 术 与 建 筑	事 件
1924	赫里特·里特维尔德，施罗德住宅，乌得勒支 罗伯特·马莱-史蒂文斯，别墅模型 瑞士杂志《ABC》开始出版 莫伊谢伊·金兹堡，《风格与时代》 安德烈·布勒东（André Breton），《超现实主义宣言》（*Manifeste du Surréalisme*） 埃里希·门德尔松，爱因斯坦天文台，波茨坦	鲁道夫·施泰纳创立人智学会 托马斯·曼（Thomas Mann），《魔山》（*Der Zauberberg*） 斯大林在苏联执政
1925	装饰艺术博览会，巴黎 包豪斯迁往德绍 恩斯特·梅被任命为美因河畔法兰克福的城市建筑师 新客观主义展览，曼海姆 当代建筑师协会（OSA）成立	查理·卓别林（Charlie Chaplin），《淘金记》（*The Gold Rush*） 谢尔盖·爱森斯坦（Sergei Eisenstein），《战舰波将金号》（*Battleship Potemkin*） 约翰·多斯·帕索斯（John Dos Passos），《曼哈顿中转站》（*Manhattan Transfer*） F. 斯科特·菲茨杰拉德（F. Scott Fitzgerald），《了不起的盖茨比》（*The Great Gatsby*） 美国猴子案件 阿尔班·贝尔格（Alban Berg），《沃采克》（*Wozzeck*） 阿道夫·希特勒（Adolf Hitler），《我的奋斗》（*Mein Kampf*）
1926	阿道夫·路斯，查拉住宅，巴黎 汉斯·迈耶与汉斯·维特韦尔，彼得学校，巴塞尔 埃尔·利西茨基，"普鲁恩"，汉诺威 玛格丽特·许特-利霍茨基，法兰克福厨房 七人小组在米兰成立 伊利亚·戈洛索夫，工人俱乐部，莫斯科	弗里茨·朗（Fritz Lang），《大都会》（*Metropolis*） 约翰·洛吉·贝尔德（John Logie Baird）、C. F. 詹金斯（C. F. Jenkins）与德奈什·米哈伊（Dénes Mihály）发明了电视 玛莎·葛兰姆（Martha Graham）创立舞蹈团
1927	德国制造联盟赞助的展览，魏森霍夫住宅区，斯图加特 保罗·舒尔策-瑙姆堡，《建筑基础知识》 伊万·列昂尼多夫，列宁图书馆学研究所，莫斯科	马丁·海德格尔（Martin Heidegger），《存在与时间》（*Sein und Zeit*） 第一部有声电影《爵士歌手》（*The Jazz Singer*）诞生 查尔斯·林德伯格（Charles Lindbergh）首次独自跨大西洋飞行

时 间	艺 术 与 建 筑	事 件
1928	希格弗莱德·吉迪恩，《法国建筑，钢铁建筑，钢筋混凝土建筑》（*Bauen in Frankreich, Bauen in Eisen, Bauen in Eisenbeton*） 国际现代建筑协会（CIAM）第一次会议在瑞士拉萨拉兹举行 拉兹洛·莫霍利-纳吉，《从材料到建筑》（*Von Material zu Architektur*） 阿道夫·路斯，莫勒住宅，维也纳 瓦尔特·格罗皮乌斯，柏林西门子城 鲁道夫·施泰纳，歌德堂，多尔纳赫	贝尔托·布莱希特（Bertolt Brecht）与库尔特·魏尔（Kurt Weill），《三毛钱歌剧》（*Die Dreigroschenoper*） 安德烈·布勒东，《娜嘉》（*Nadja*） 英国赋予妇女平等投票权 苏联第一个五年计划 亚历山大·弗莱明（Alexander Fleming）发现青霉素
1929	莫伊谢伊·金兹堡，纳康芬住宅，莫斯科 密斯·凡·德·罗，世博会德国馆，巴塞罗那 现代艺术博物馆在纽约成立 亨利-罗素·希区柯克，《现代建筑：浪漫主义和重组》 约翰内斯·布林克曼与伦德特·科内利斯·范德弗鲁格特，范内尔工厂，鹿特丹	路易斯·布努埃尔（Luis Buñuel）与萨尔瓦多·达利（Salvador Dali），《一条安达鲁狗》（*Un Chien Andalou*） 吉加·维尔托夫（Dziga Vertov），《持摄影机的人》（*Chelovek s kinoapparatom*） 欧仁·弗雷西内（Eugène Freyssinet）开发预应力混凝土 卡尔·曼海姆（Karl Mannheim）、《意识形态与乌托邦》（*Ideologie und Utopie*） 雨果·埃克纳（Hugo Eckener）环球飞行 华尔街股市崩盘标志着"大萧条"的开始
1930	阿道夫·路斯，穆勒住宅，布拉格 埃里克·贡纳尔·阿斯普隆德，斯德哥尔摩工业艺术展览建筑 密斯·凡·德·罗，图根哈特住宅，布尔诺 恩斯特·梅与汉斯·迈耶移居苏联	何塞·奥尔特加·伊·加塞特（José Ortega y Gasset），《大众的反叛》（*La rebelión de las masas*） 路易斯·布努埃尔，《黄金时代》（*L'Age d'or*） 甘地在印度发起"食盐进军" 罗伯特·梅拉特（Robert Maillart），萨尔基那山谷桥（Salginatobel Bridge），瑞士 第一届世界杯足球比赛
1931	勒·柯布西耶，萨伏伊别墅，普瓦西 柏林建筑博览会 萨尔瓦多·达利，《记忆的永恒》（*La persistencia de la memoria*）	弗里茨·朗，《M 就是凶手》（*M*） 纽约乔治·华盛顿大桥（George Washington Bridge）竣工

时 间	艺 术 与 建 筑	事 件
1932	德绍包豪斯关闭 纽约现代艺术博物馆举办"国际风格：1922 年以来的建筑"（"The International Style: Architecture since 1922"）展览 洛克菲勒中心（Rockefeller Center）在纽约开业	奥尔德斯·赫胥黎（Aldous Huxley），《美丽新世界》（*Brave New World*） 瑞典社会民主党掌权 巴斯夫（BASF）与 AEG 在德国开发磁带记录技术
1933	勒·柯布西耶，"光辉城市" 勒·柯布西耶，巴黎庇护城 阿尔瓦·阿尔托，结核病疗养院，帕米欧 埃米尔·考夫曼（Emil Kaufmann），《从勒杜到勒·柯布西耶》（*Von Ledoux bis Le Corbusier*） 超现实主义杂志《弥诺陶洛斯》（*Minotaure*）在巴黎创刊	亚历山大·科耶夫（Alexander Kojève），开始在巴黎讲授黑格尔 安德烈·马尔罗（André Malraux），《人的境遇》（*La Condition Humaine*） 阿道夫·希特勒就任德国总理 美国国会通过"罗斯福新政"
1934	社会主义现实主义被指定为苏联的官方风格 约翰·杜威（John Dewey），《艺术即经验》（*Art as Experience*） 亨利·福西永（Henri Focillon），《艺术形式的生命》（"Vie des Formes"） 赫伯特·里德（Herbert Read），《艺术与工业》（*Art and Industry*）	科尔·波特（Cole Porter），《一切皆有可能》（*Anything Goes*） 刘易斯·芒福德，《技术与文明》 阿诺德·汤因比（Arnold Toynbee），《历史研究》（*The Study of History*）第一卷 毛泽东领导红军开始长征
1935	密斯·凡·德·罗，哈贝住宅，马格德堡 J. J. P. 奥德，《荷兰与欧洲的新建筑》 马切洛·皮亚琴蒂尼，罗马大学 弗兰克·劳埃德·赖特设计流水别墅（Fallingwater），宾夕法尼亚州奔熊溪（Bear Run）	胡佛水坝（Hoover Dam）在美国科罗拉多州竣工 莱妮·里芬斯塔尔（Leni Riefenstahl），《意志的胜利》（*Triumph des Willens*）

时 间	艺 术 与 建 筑	事 件
1936	尼古拉斯·佩夫斯纳（Nikolaus Pevsner），《现代运动的先驱者》（Pioneers of the Modern Movement，1949 年再版改名为 Pioneers of Modem Design，即《现代设计的先驱者》） 朱塞佩·特拉尼，法西斯大楼，科莫	查理·卓别林，《摩登时代》（Modern Times） 法国人民阵线上台 西班牙内战开始 BBC 推出电视服务 艾伦·图灵（Alan Turing）提出"图灵机" 约翰·梅纳德·凯恩斯，《就业、利息和货币通论》（General Theory of Employment, Interest and Money）
1937	希特勒在慕尼黑举办"堕落艺术"展（Die Ausstellung "Entartete Kunst"） 巴勃罗·毕加索，《格尔尼卡》（Guernica）	美国飞行员阿梅莉亚·埃尔哈特（Amelia Earhart）在太平洋上空失踪 让·雷诺阿（Jean Renoir），《大幻影》（La Grande Illusion）
1938		德国发生袭击犹太人的"水晶之夜" 英国、法国、德国和意大利缔结《慕尼黑协定》 乔治·英曼（George E. Inman）领导开发的荧光灯开始投入市场
1939	克莱门特·格林伯格（Clement Greenberg），《先锋与媚俗》（Avant-garde and Kitsch） 欧文·潘诺夫斯基（Erwin Panofsky），《图像学研究》（Studies in Iconology） 阿尔瓦·阿尔托，玛利亚别墅，诺尔马库	德国入侵波兰，"二战"爆发 纽约世界博览会
1940	汉斯·霍夫曼（Hans Hofmann）的《春天》（Spring）标志着美国抽象表现主义的开端	罗伯特·M. 佩奇（Robert M. Page）发明了雷达 美国塔科马海峡大桥（Tacoma Narrows Bridge）垮塌
1941	希格弗莱德·吉迪恩，《空间·时间·建筑》	奥森·威尔斯（Orson Welles），《公民凯恩》（Citizen Kane） 日本轰炸夏威夷珍珠港，美国参加"二战"
1942	罗马世博会规划但并未开展	恩里科·费米（Enrico Fermi）在"曼哈顿计划"期间创造了第一个人造核反应堆

时 间	艺 术 与 建 筑	事 件
1943		让–保罗·萨特（Jean-Paul Sartre），《存在与虚无》（L'Être et le Néant）
1944	帕特里克·阿伯克龙比，大伦敦规划	德国研制 V–2 火箭 盟军诺曼底登陆
1945	布鲁诺·赛维，《走向有机建筑》	约翰·冯·诺依曼（John von Neumann）提出了可编程计算机的理论 罗伯托·罗西里尼（Roberto Rossellini），《罗马，不设防的城市》（Rome, città aperta） 德国投降，"二战"欧洲战场战斗结束 美国向日本投下原子弹 联合国成立
1946	诺尔联合公司（Knoll Associates）成立 马里奥·里多尔菲，《建筑师指南》	英国《新城法》（New Towns Act） 第一台现代电子数字计算机 ENIAC 诞生
1947	第一个莱维敦郊区开发项目（Levittown su-burban tract）在纽约长岛启动 新经验主义运动在瑞典开始 拉兹洛·莫霍利–纳吉，《运动中的视觉》（Vision in Motion） 杰克逊·波洛克（Jackson Pollock）开始创作滴画	印度独立 关税及贸易总协定（GATT）在日内瓦签订 查克·叶格（Chuck Yeager）以超声速飞行 贝尔实验室（Bell Labs）的科学家发明了晶体管
1948	希格弗莱德·吉迪恩，《机械化统领》（Mechanization Takes Command） 眼镜蛇画派（COBRA）成立 汉斯·赛德尔迈尔（Hans Sedlmayr），《艺术的危机：中心的丧失》（Verlust der Mitte: Die Bildende Kunst des 19. und 20. Jahrhunderts als Symptom und Symbol der Zeit）	维托里奥·德·西卡（Vittorio De Sica），《偷自行车的人》（Ladri di biciclette） 美国制定对欧洲进行财政援助的"马歇尔计划" 共产党人在捷克斯洛伐克掌权 柏林封锁，英美以空运向西柏林提供物资 甘地被暗杀 以色列国成立 南非实行种族隔离 诺伯特·维纳（Norbert Wiener）提出控制论

时 间	艺 术 与 建 筑	事 件
1949	鲁道夫·维特科尔，《人文主义时代的建筑原理》 艾莉森·史密森与彼得·史密森，亨斯坦顿学校（Hunstanton School），诺福克 菲利普·约翰逊，玻璃屋，康涅狄格州新迦南 伊姆斯住宅，加利福尼亚州太平洋帕利塞德 意大利创建住房保险机构（INA Casa）	克洛德·列维–斯特劳斯，《亲属关系的基本结构》(Les Structures Élémentaires de la Parenté) 阿瑟·米勒（Arthur Miller），《推销员之死》(Death of a Salesman) 乔治·奥威尔（George Orwell），《1984》(Nineteen Eighty-Four) 北大西洋公约组织（NATO）成立 民主德国成立 中华人民共和国成立
1950	布鲁诺·赛维，《现代建筑史》 让·杜布菲（Jean Dubuffet）的 Le Métafisyx（女士的身体）成为"原生艺术"的代表	大卫·理斯曼，《孤独的人群》 朝鲜战争爆发
1951	英国艺术节（Festival of Britain），伦敦 勒·柯布西耶等人开始昌迪加尔的规划 E. H. 贡布里希（E. H. Gombrich），《木马沉思录》("Meditations on a Hobby Horse")	黑泽明，《罗生门》 马歇尔·麦克卢汉（Marshall McLuhan），《机器新娘》(The Mechanical Bride) 商业销售的计算机诞生
1952	勒·柯布西耶，集合公寓，马赛 阿尔瓦·阿尔托，市政厅，珊纳特赛罗 独立团体（Independent Group）在伦敦创立 米歇尔·塔皮耶（Michel Tapié），《另类艺术》(Art Autre) 理查德·巴克敏斯特·富勒，测地圆顶（geodesic dome）	萨缪尔·贝克特（Samuel Beckett），《等待戈多》(Waiting for Godot) 约翰·凯奇（John Milton Cage Jr.），《4分33秒》(4'33'') 美国试验氢弹"常春藤麦克"(Ivy Mike)爆炸成功
1953	迈耶·夏皮罗（Meyer Shapiro），《论风格》("Style")	埃德蒙·希拉里（Edmund Hillary）与丹增·诺尔盖（Tenzing Norgay）登上珠穆朗玛峰顶峰 弗朗西斯·H. C. 克里克（Francis H. C. Crick）与詹姆斯·D. 沃森（James D. Watson）发现DNA的双螺旋结构
1954	马里奥·里多尔菲与卢多维科·夸罗尼，蒂布蒂诺住宅区，罗马	第一次印度支那战争法国战败 阿尔及利亚民族解放战争开始 美国加利福尼亚州迪士尼乐园开始建设

时间	艺术与建筑	事件
1955	罗伯特·劳森伯格（Robert Rauschenberg）的《床》（*The Bed*）开创了美国波普艺术	弗拉基米尔·纳博科夫（Vladimir Nabokov），《洛丽塔》（*Lolita*） 乔纳斯·索尔克（Jonas Salk）宣布开发出可接种的脊髓灰质炎疫苗
1956	卢西奥·科斯塔与奥斯卡·尼迈耶开始巴西利亚项目 十次小组向国际现代建筑协会发起挑战 康斯坦特，新巴比伦城	美国通过《州际公路法》 尼基塔·赫鲁晓夫（Nikita Khrushchev）在苏联批判对斯大林的个人崇拜 匈牙利十月事件
1957	约恩·乌松（Jørn Utzon），悉尼歌剧院（Sydney Opera House） 情境主义国际在巴黎成立 卡洛·斯卡帕，卡诺瓦雕塑博物馆，特雷维索	罗兰·巴特（Roland Barthes），《神话修辞术》（*Mythologies*） 英格玛·伯格曼（Ingmar Bergman），《第七封印》（*Det Sjunde Inseglet*） 伦纳德·伯恩斯坦（Leonard Bernstein），《西区故事》（*West Side Story*） 杰克·凯鲁亚克（Jack Kerouac），《在路上》（*On the Road*） 苏联发射人造卫星斯普尼克1号（Sputnik 1）
1958	BBPR，维拉斯加塔楼，米兰	欧洲经济共同体（EEC）成立 德州仪器（TI）的工程师杰克·S.基尔比（Jack S. Kilby）发明了集成电路
1959	阿尔瓦·阿尔托，伏克塞涅斯卡教堂，伊马特拉 朱塞佩·萨莫纳，《城市主义与城市未来》 卢多维科·夸罗尼，圣朱利亚诺岸滩规划，梅斯特雷	弗朗索瓦·特吕弗（François Truffaut），《四百击》（*Les Quatre Cents Coups*） C. P.斯诺（C. P. Snow），《两种文化与科学革命》（*The Two Cultures and the Scientific Revolution*） 尼克松与赫鲁晓夫"厨房辩论" 菲德尔·卡斯特罗（Fidel Castro）在古巴夺取政权

时 间	艺 术 与 建 筑	事 件
1960	雷纳·班纳姆，《第一机械时代的理论与设计》（*Theory and Design in the First Machine Age*） 西格德·莱韦伦茨，圣马可教堂，毕约克哈根	让-吕克·戈达尔（Jean-Luc Godard），《精疲力尽》（*À Bout de Souffle*） 费德里科·费里尼（Federico Fellini），《甜蜜的生活》（*La Dolce Vita*） 南非沙佩维尔（Sharpeville）惨案
1961	英国建筑电讯派成立 简·雅各布斯（Jane Jacobs），《美国大城市的死与生》（*The Death and Life of Great American Cities*）	苏联宇航员尤里·加加林（Yuri Gagarin）成为第一个进入太空的人 柏林墙竖立 美国从猪湾入侵古巴失败 英国第一座公路桥塞文大桥（Severn Bridge）开始施工
1962	乔治·库布勒（George Kubler），《时间的形状》（*The Shape of Time*） 理查德·巴克敏斯特·富勒，曼哈顿中城测地圆顶项目 安迪·沃霍尔（Andy Warhol），《玛丽莲·梦露》（*Marilyn Monroe*） 路易斯·康开始建设孟加拉国达卡的首都建筑群	豪尔赫·路易斯·博尔赫斯（Jorge Luis Borges），《迷宫》（*Labyrinths*） 蕾切尔·卡森（Rachel Carson）的《寂静的春天》（*Silent Spring*）开启了一场新的环保运动 托马斯·库恩（Thomas Kuhn），《科学革命的结构》（*The Structure of Scientific Revolutions*） 古巴导弹危机
1963	罗伊·利希滕斯坦（Roy Lichtenstein），《哇！》（*Whaam!*）	托马斯·库尔茨（Thomas Kurtz）与约翰·凯梅尼（John Kemeny）开发 BASIC 语言 贝蒂·弗里丹（Betty Friedan），《女性的奥秘》（*The Feminine Mystique*） 美国总统约翰·F. 肯尼迪（John F. Kennedy）在达拉斯遇刺身亡
1964	唐纳德·贾德（Donald Judd）等人在纽约展出首批极简主义作品 伯纳德·鲁道夫斯基（Bernard Rudofsky），"没有建筑师的建筑"（"Architecture Without Architects"）展览，纽约现代艺术博物馆 乔瓦尼·米凯卢奇，圣若望教堂，佛罗伦萨	纽约世界博览会 北部湾事件 美国全面介入越南战争

时　间	艺　术　与　建　筑	事　件
1965	彼得·塞尔辛开始建造斯德哥尔摩文化馆综合体 雷纳·班纳姆，《房子不等于家》（"A House is not a Home"） 勒·柯布西耶去世	第二次印巴战争 美国向越南派遣军队 IBM 开发文字处理机

Further Reading

延伸阅读

对于希望更详细地探索各种主题的读者来说，这是一个起点。可以在牛津艺术史网站上找到更详细的书单。

基础

Manfredo Tafuri and Francesco Dal Co, *Modern Architecture* (London, 1980).

Reyner Banham, *Theory and Design in the First Machine Age* (London and New York, 1960).

Sigfried Giedion, *Space, Time and Architecture* (Cambridge, Mass., 1967).

第一章 新艺术 1890—1910

通识

Carl E. Schorske, *Fin-de-Siècle Vienna: Politics and Culture* (New York, 1980).

Donald Drew Egbert, *Social Radicalism and the Arts, Western Europe: A Cultural History from the French Revolution to 1968* (New York, 1970).

David Lindenfeld, *The Transformation of Positivism: Alexis Meinong and European Thought 1880–1920* (Berkeley and Los Angeles, 1980), chapters 1, 2, 4, and 5.

Eugènia W. Herbert, *The Artist and Social Reform: France and Belgium 1885–1898* (New Haven, 1961).

H. Stuart Hughes, *Consciousness and Society: The Reorientation of European Social Thought 1890–1930* (New York, 1961, 1977).

理论

Barry Bergdoll (ed.), *The Foundations of Architecture* (New York, 1990). 此书为维奥莱-勒-迪克《法国建筑词典》的英文摘译版。

Nikolaus Pevsner, *Some Architectural Writers of the Nineteenth Century* (Oxford, 1972).

Wolfgang Herrmann, *Gottfried Semper: In Search of Architecture* (Cambridge, Mass., 1984).

新艺术运动

Akos Moravánszky, *Competing Visions: Aesthetic Invention and Social Imagination in Central European Architecture 1867–1918* (Cambridge, Mass., 1998).

Debora L. Silverman, *Art Nouveau in Fin-de-Siècle France: Politics, Psychology and Style* (Berkeley and Los Angeles, 1989).

Frank Russell (ed.), *Art Nouveau Architecture* (London, 1979).

Jean-Paul Bouillon, *Art Nouveau 1870–1914* (New York, 1985).

Nancy Troy, *Modernism and the Decorative Arts in France: Art Nouveau to Le Corbusier* (New Haven, 1991).

Otto Wagner, *Moderne Architektur* (1896), trans. *Modern Architecture* (Los Angeles, 1988).

Stephan Tschudi Madsen, *Sources of Art Nouveau* (New York, 1955) and

Art Nouveau (New York, 1967).

建筑师个人

Alan Crawford, *Charles Rennie Mackintosh* (London, 1995).

David Dernie and Alastair Carew-Cox, *Victor Horta* (London, 1995).

Eduard F. Sekler, *Josef Hoffmann: The Architectural Work* (Princeton, 1985).

Heinz Geretsegger, *Otto Wagner 1841–1918* (New York, 1979).

Ian Latham, *Joseph Maria Olbrich* (New York, 1988).

Ignasi de Solà-Morales, *Antoni Gaudí* (New York, 1984).

Klaus-Jürgen Sembach, *Henry van de Velde* (New York, 1989).

Pieter Singelenberg, *H. P. Berlage* (Utrecht, 1972).

第二章 有机主义与古典主义：芝加哥 1890—1910

入门阅读

Frank Lloyd Wright, "The Art and Craft of the Machine" (catalogue of the 14th Annual Exhibition of the Chicago Architectural Club, 1901), reprinted in Bruce Brooks Pfeiffer (ed.), *Frank Lloyd Wright: Collected Writings Vol. 1* (New York, 1992).

Frank Lloyd Wright, "In the Cause of Architecture", *The Architectural Record*, 1908, reprinted in Brooks Pfeiffer (ed.), *Frank Lloyd Wright: Collected Writings Vol. 1*.

Frank Lloyd Wright, *An Autobiography* (New York, 1977).

Louis Sullivan, *The Autobiography of an Idea* (New York, 1956).

——, *Kindergarten Chats and Other Writings* (New York, 1965).

通识

Caroline van Eck, *Organicism in Nineteenth-Century Architecture: An Inquiry into its Theoretical and Philosophical Background* (Amsterdam, 1994).

Donald Drew Egbert, "The Idea of Organic Expression in American Architecture", in Stow Persons, *Evolutionary Thought in America* (New Haven, 1950).

Fiske Kimball, *American Architecture* (New York, 1928).

Lewis Mumford, *The Brown Decades* (New York, 1931).

Montgomery Schuyler, *American Architecture and Other Writings* (Cambridge, Mass., 1961).

芝加哥学派

Heinrich Klotz, "The Chicago Multistorey as a Design Problem", in John Zukowsky (ed.), *Chicago Architecture* (Chicago, 1987).

Leonard K. Eaton, *American Architecture Comes of Age* (Cambridge, Mass., 1972).

Mario Manieri-Elia, "Toward the'Imperial City': Daniel Burnham and the City Beautiful Movement", in Giorgio Ciucci, Francesco Dal Co, Mario Manieri-Elia and Manfredo Tafuri, *The American City: From the Civil War to the New Deal* (Cambridge, Mass., 1979), originally published as *La Città Americana della Guerra Civile al New Deal* (Laterza, 1973).

William H. Jordy, *American Buildings and their Architects Vol. 4: Progressive and Academic Ideals at the Turn of the Twentieth Century* (New York, 1972).

社会改革与家庭住房

Gwendolyn Wright, *Moralism and the Model Home: Domestic Architecture and Cultural Conflict in Chicago 1873–1913* (Chicago, 1980).

弗兰克·劳埃德·赖特与草原学派

Giorgio Ciucci, "The City in Agrarian Ideology and Frank Lloyd Wright:

Origins and Development of Broad Acres", in *The American City* (Cambridge, Mass., 1979).

H. Allen Brooks, *The Prairie School: Frank Lloyd Wright and His Midwest Contemporaries* (Toronto, 1972).

Henry-Russell Hitchcock, *In the Nature of Materials:The Buildings of Frank Lloyd Wright 1887–1941* (New York, 1942).

Leonard K. Eaton, *Two Chicago Architects and their Clients: Frank Lloyd Wright and Howard Van Doren Shaw* (Cambridge, Mass., 1969).

Neil Levine, *The Architecture of Frank Lloyd Wright* (Princeton, 1996).

Norris Kelly Smith, *Frank Lloyd Wright: A Study in Architectural Content* (Watkins Glen, 1979).

建筑师个人

Mario Manieri-Elia, *Louis Henry Sullivan* (New York, 1996).

Narciso Menocal, *Architecture as Nature: The Transcendentalist Idea of Louis Sullivan* (Madison, 1981).

Robert C. Twombly, *Louis Sullivan: His Life and Work* (New York, 1986).

Thomas Hines, *Burnham of Chicago: Architect and Planner* (Oxford, 1974).

第三章 文化与工业：德国 1907—1914

通识

Donald I. Levine (ed.), *Georg Simmel on Individuality and Social Forms* (Chicago, 1971).

Fritz Stern, *The Politics of Cultural Despair* (New York, 1965).

George L. Mosse, *The Crisis in German Ideology* (New York, 1964).

Louis Dumont, *German Ideology: From France to Germany and Back* (Chicago, 1994).

Norbert Elias, *The Civilizing Process* (Oxford, 1993).

美学

Harry Francis Mallgrave and Eleftherios Ikonomu, *Empathy, Form and Space: Problems of German Aesthetics 1873–1893* (Los Angeles, 1994).

Michael Podro, *The Manifold of Perception: Theories of Art from Kant to Hildebrand* (Oxford, 1972), and *The Critical Historians of Art* (New Haven, 1982).

Mitchell Schwarzer, *German Architectural Theory and the Search for Modern Identity* (Cambridge, 1995).

德意志制造联盟

Francesco Dal Co, *Figures of Architecture and Thought* (New York, 1990).

Frederic J. Schwartz, *The Werkbund: Design Theory and Mass Culture before the First World War* (New Haven, 1996).

Joan Campbell, *The German Werkbund: The Politics of Reform in the Applied Arts* (Princeton, 1978).

Marcel Franciscono, *Walter Gropius and the Creation of the Bauhaus in Weimar* (Urbana, Ill., 1971).

Mark Jarsombek, "The Kunstgewerbe, the Werkbund, and the Aesthetics of Culture in the Wilhelmine Period", *Journal of the Society of Architectural Historians*, 53, March 1994, p.7–9.

风格与意识形态

Heinrich Tessenow, "House Building and Such Things", in Richard Burdett and Wilfred Wang (eds), *9H*, no. 8, 1989, "On Rigour".

Reyner Banham, *A Concrete Atlantis* (Cambridge, Mass., 1986), chapter 3. 此章讨论了法古斯工厂。

Stanford Anderson, *Peter Behrens and a New Architecture for the Twentieth Century* (Cambridge, Mass., 2000).

Stanford Anderson, "The Legacy of German Neoclassicism and Biedermeier: Tessenow, Behrens, Loos, and Mies", *Assemblage,* 15, p 63–87.

Tilmann Buddensieg, *Industriekultur: Peter Behrens and the AEG, 1907–1914* (Cambridge, Mass., 1984).

第四章 瓮与便壶：阿道夫·路斯 1900—1930

入门阅读

Adolf Loos, *Ins Leere Gesprochen,* trans. *Spoken into the Void* (Cambridge, Mass., 1982).

通识

Carl E. Schorske, *Fin-de-Siècle Vienna: Politics and Culture* (New York, 1980), chapters 2, 6, and 7.

Otto Wagner, *Moderne Architektur* (1896), trans. *Modern Architecture* (Los Angeles, 1988).

阿道夫·路斯作品相关

Beatriz Colomina, *Privacy and Publicity: Modern Architecture as Mass Media* (Cambridge, Mass., 1994).

Benedetto Gravagnuolo, *Adolf Loos: Theory and Works* (New York, 1982).

Burkhardt Rukschcio and Roland Schachel, *La Vie et l' Œuvre de Adolf Loos* (Brussels, 1982).

Ludwig Münz and Gustav Künstler, *Adolf Loos: Pioneer of Modern*

Architecture (Vienna, 1964; London, 1966).

Massimo Cacciari, *Architecture and Nihilism: On the Philosophy of Modern Architecture* (New Haven, 1993).

Max Risselada (ed.), *Raumplan versus Plan Libre* (New York, 1988).

Panayotis Tournikiotis, *Adolf Loos* (Princeton, 1994).

Yahuda Safran and Wilfred Wang (eds), *The Architecture of Adolf Loos: An Arts Council Exhibition* (London, 1985).

第五章 表现主义与未来主义

表现主义

入门阅读

Bruno Taut, *Alpine Architektur* (Hagen, 1919), trans. *Alpine Architecture* (New York, 1972).

——, *Die Stadtkrone* (Jena, 1919).

——, *Ein Wohnhaus* (Stuttgart, 1927).

——, *1920–1922 Frühlicht: Eine Folge für die Verwirklichung des neuen Baugedankens* (Berlin, 1963).

Paul Scheerbart, *Glasarchitektur* (Berlin, 1914), trans. *Glass Architecture* (New York, 1972).

通识

Donald E. Gordon, *Expressionism: Art and Idea* (New Haven, 1987).

Joan Weinstein, "The November Revolution and the Institutionalization of Expressionism in Berlin", in R. Hertz and N. Klein (eds), *Twentieth Century Art Theory: Urbanism, Politics and Mass Culture* (New York, 1990).

Marcel Franciscono, *Walter Gropius and the Creation of the Bauhaus in Weimar* (Urbana, Ill., 1971).

Rose-Carol Washton Long (ed.), *German Expressionism: Documents from the End of the Wilhelmine Period to the Rise of National Socialism* (New York, 1993).

Rosemary Haag Bletter, "The Interpretation of the Glass Dream: Expressionist Architecture and the History of the Crystal Metaphor" in the *Journal of the Society of Architectural Historians*, 40, no. 1, 1981, pp. 20–43.

Walter H. Sokel, *The Writer in Extremis: Expressionism in Twentieth Century German Literature* (Stanford, 1959).

Wolfgang Pehnt, *Expressionist Architecture* (New York, 1979).

建筑师个人

Iain Boyd Whyte, *Bruno Taut and the Architecture of Activism* (Cambridge, 1982).

未来主义

入门阅读

Umbrio Apollonio (ed.), *Futurist Manifestos* (London, 1973).

通识

Adrian Lyttelton, *The Seizure of Power: Fascism in Italy 1919–1929* (New York, 1973), chapter 14.

Caroline Tisdall and Angelo Bozzolla, *Futurism* (Oxford, 1973).

Marjorie Perloff, *The Futurist Moment: Avant-garde, Avant-guerre and the Language of Rupture* (Chicago, 1986).

建筑师个人

Esther Da Costa Meyer, *The Work of Antonio Sant'Elia: Retreat into the Future* (New Haven, 1995).

Sanford Quinter, "La Città Nuova, Modernity and Continuity", in *Zone*, 1986, pp. 81–121.

第六章 荷兰与俄罗斯的先锋派

荷兰

入门阅读

Theo van Doesburg, *On European Architecture: Complete Essays from Het Bouwbedrijf 1924–1931* (Boston, 1990).

通识

Carel Blotkamp (ed.), *De Stijl: The Formative Years* (Cambridge, Mass., 1982).

Carsten-Peter Warncke, *The Ideal as Art: De Stijl 1917–1931* (Cologne, 1994).

H. L. C. Jaffé, *De Stijl 1917–1931: The Dutch Contribution to Art* (Cambridge, Mass., 1986).

Jan Molema, *The New Movement in the Netherlands 1924–1936* (Rotterdam, 1996).

Nancy Troy, *The De Stijl Environment* (Cambridge, Mass., 1983).

Yve-Alain Bois, "The De Stijl Idea", *Painting as Model* (Cambridge, Mass., 1990).

建筑师个人

Evert van Straaten, *Theo van Doesburg: Painter and Architect* (The Hague, 1988).

俄罗斯

入门阅读

El Lissitzky, *Russia: An Architecture for World Revolution* (Cambridge,

Mass., 1970; original: Vienna, 1930).

Moisei Ginsburg, *Style and Epoch* (Cambridge, Mass., 1982).

通识

Anatole Kopp, *Town and Revolution: Soviet Architecture and City Planning 1917–1935* (New York, 1970).

Catherine Cooke, *The Russian Avant-garde: Theories of Art, Architecture and the City* (London, 1995).

Christina Lodder, *Russian Constructivism* (New Haven, 1983).

Hugh D. Hudson Jr., *Blueprints and Blood: The Stalinization of Soviet Architecture* (Princeton, 1994).

Jean-Louis Cohen, "Architecture and Modernity in the Soviet Union 1900–1937", in *A+U* (1991, part 1, no. 3, pp. 46–67; part 2, no. 6, pp. 20–41; part 3, no. 8, pp. 13–19; part 4, no. 10, pp. 11–21).

Kenneth Frampton, "The New Collectivity: Art and Architecture in the Soviet Union 1918–1932" in Kenneth Frampton, *Modern Architecture: A Critical History* (London, 1982).

Manfredo Tafuri and Francesco Dal Co, "The Avant-garde, Urbanism and Planning in Soviet Russia", in Manfredo Tafuri and Francesco Dal Co, *Modern Architecture* (London, 1980).

O. A. Shvidkovsky, *Building in the USSR 1917–1932* (London, 1971).

Selim O. Khan-Magomedov, *Pioneers of Soviet Architecture* (New York, 1987).

Stephen Bann, *The Tradition of Constructivism* (London, 1974).

建筑师个人

S. Frederick Starr, *Melnikov: Solo Architect in a Mass Society* (Princeton, 1978).

第七章 回归秩序：勒·柯布西耶与法国现代建筑 1920—1935

勒·柯布西耶著作

Le Corbusier, *Œuvre Complète*, vol. 1 1910–1929, vol. 2 1929–1934, vol. 3 1934–1938 (Zurich).

——, *Vers une Architecture* (Paris, 1923), trans. *Towards a New Architecture* (London, 1927).

——, *Urbanisme* (Paris, 1925), trans. *The City of Tomorrow* (London, 1929).

——, *L'Art Décoratif d'Aujourd' hui* (Paris, 1925), trans. *The Decorative Art of Today* (London, 1987).

——, *Précisions sur un Etat Présent de l'Architecture et de l' Urbanisme* (Paris, 1930), trans. *Precisions* (Cambridge, Mass., 1991).

——, *La Ville Radieuse* (Editions de l'Architecrure d'Aujourd'hui, 1933), trans. *The Radiant City* (London, 1964).

——, *Aircraft* (London, 1935).

——, *Quand les Cathédrales Etaient Blanches* (Paris, 1937), trans. *When the Cathedrals Were White* (London, 1947).

——, *Le Voyage d'Orient* (Paris, 1966), trans. *Journey to the East* (Cambridge, Mass., 1987).

其他入门阅读

Sigfried Giedion, *Bauen in Frankreich, Bauen in Eisen, Bauen in Eisenbeton* (Leipzig, 1928), trans. *Building in France, Building in Iron, Building in Ferro-concrete* (Los Angeles, 1995).

关于勒·柯布西耶

Brian Brace Taylor, *Le Corbusier: The City of Refuge, Paris 1929–1933* (Chicago, 1987).

H. Allen Brooks, *Le Corbusier's Formative Years* (Chicago, 1997).

Jean-Louis Cohen, *Le Corbusier and the Mystique of the USSR:Theories and Projects for Moscow 1928–1936* (Princeton, 1992).

Nancy Troy, *Modernism and the Decorative Arts in France: Art Nouveau to Le Corbusier* (New Haven, 1991), chapters 2, 3, and 4.

Norma Evenson, *Le Corbusier: The Machine and the Grand Design* (New York, 1969).

Robert Fishman, *Urban Utopias in the Twentieth Century* (Cambridge, Mass., 1977), Part III, chapters 18–28.

Stanislaus von Moos, *Le Corbusier: Elements of a Synthesis* (Cambridge, Mass., 1979), originally published as *Le Corbusier, Elemente einer Synthese* (Zurich, 1968).

Timothy Benton, *The Villas of Le Corbusier 1920–1930* (New Haven, 1987).

其他建筑师个人

Brian Brace Taylor, *Pierre Chareau: Designer and Architect* (Cologne, 1992).

Dominique Deshoulières, *Robert Mallet-Stevens: Architecte* (Brussels, 1980).

第八章 魏玛德国：现代的辩证法 1920—1933

入门阅读

Adolf Behne, *Der Moderne Zweckbau* (Munich, 1926, written in 1923), trans. *The Modern Functional Building* (Los Angeles, 1996).

Theo van Doesburg, *On European Architecture: Complete Essays from*

Bouwbedrijf, 1924–1931 (Basel, 1990), 88 ff.

这两本书都讨论了功能主义和理性主义的争论，并深入介绍了当时的建筑讨论。

通识

John Willett, *Art and Politics in the Weimar Period: The New Sobriety 1917–1933* (New York, 1978).

Manfredo Tafuri, *The Sphere and the Labyrinth: Avant-gardes and Architecture from Piranesi to the 1970s* (Cambridge, Mass., 1987), chapters 4 and 7.

Rose-Carol Washton Long (ed.), *German Expressionism: Documents from the End of the Wilhelmine Period to the Rise of National Socialism* (New York, 1993), part 4.

包豪斯

Gillian Naylor, *The Bauhaus Reassessed* (London, 1985).

Marcel Franciscono, *Walter Gropius and the Creation of the Bauhaus in Weimar* (Urbana, Ill., 1971).

社会住宅

Barbara Miller Lane, *Architecture and Politics in Germany 1918–1945* (Cambridge, Mass., 1968).

Richard Pommer and Christian Otto, *Weissenhof 1927 and the Modern Movement in Architecture* (Chicago, 1991).

亦可见：Tafuri, *The Sphere and the Labyrinth,* chapter 7。

密斯·凡·德·罗

Franz Schulze, *Mies van der Rohe: A Critical Biography* (Chicago,

1985).

Fritz Neumeyer, *The Artless Word: Mies van der Rohe on the Building Art* (Cambridge, Mass., 1991) 此书包含密斯所有文章的抄本。

Ignasi Sola Morales, "Mies van der Rohe and Minimalism", in Detlef Mertins (ed.), *The Presence of Mies* (Princeton, 1994).

Richard Padovan, "Mies van der Rohe Reinterpreted", in *UIA: International Architect*, issue 3, 1984, pp. 38–43.

Robin Evans, "Mies van der Rohe's Paradoxical Symmetries", *AAFiles*, 19, Spring 1990.

Wolf Tegethoff, *Mies van der Rohe: The Villas and Country Houses* (New York, 1985).

《ABC》杂志

Claude Schnaidt (ed.), *Hannes Meyer: Buildings, Projects, and Writings*, bilingual German and English edition (Switzerland, 1965).

其他建筑师

F. R. S. Yorke, *The Modern House* (London, 1934, 1962).

第九章 从理性主义到修正主义：意大利建筑 1920—1965

Adrian Lyttelton, *The Seizure of Power: Fascism in Italy 1919–1929* (New York, 1973).

Dennis Doordan, *Building Modern Italy: Italian Architecture 1914–1936* (Princeton, 1988).

Manfredo Tafuri, *History of Italian Architecture 1944–1985* (Cambridge, Mass., 1989).

Richard Etlin, *Modernism in Italian Architecture 1890–1940* (Cambridge, Mass., 1991). 此书包含九百派和理性主义运动。

Vittorio Gregotti, *New Directions in Italian Architecture* (London, 1968).

第十章 新古典主义、有机主义与福利国家：斯堪的纳维亚建筑 1910—1965

丹麦与瑞典

Claes Caldenby, Jöran Lindvall, and Wilfred Wang (eds), *20th Century Architecture, Sweden* (Munich, 1998).

Jorgen Sestoft and Jorgen Christiansen, *Guide to Danish Architecture 1, 1000–1960* (Copenhagen, 1995).

Kenneth Frampton, "Jörn Utzon: Transcultural Form and the Tectonic Metaphor", *Studies in Tectonic Culture* (Cambridge, Mass., 1995).

Kim Dircknick, *Guide to Danish Architecture 2, 1960–1995* (Copenhagen, 1995).

Simo Paavilainen (ed.), *Nordic Classicism 1910–1930* (Helsinki, 1982).

建筑师个人

Claes Dymling (ed.), *Architect Sigurd Lewerentz* (Stockholm, 1997).

Eva Rudberg, *Sven Markelius, Architect* (Stockholm, 1989).

Felix Solaguren-Beascoa de Corral, *Arne Jacobsen Works and Projects* (Barcelona, 1989).

Stuart Wrede, *The Architecture of Erik Gunnar Asplund* (Cambridge, Mass., 1980).

Wilfred Wang et al., *The Architecture of Peter Celsing* (Stockholm, 1996).

芬兰

Malcolm Quantrill, *Finnish Architecture and the Modernist Tradition* (London, 1995).

Kirmo Mikkola, *Architecture in Finland in the 20th Century* (Helsinki, 1981).

Taisto Makela, "Architecture and Modern Identity in Finland" in Marianne Aav (ed.), *Finnish Modern Design: Utopian Ideals and Everyday Realities* (New Haven, 1998).

建筑师个人

Göran Schildt, *Alvar Aalto: The Early Years, The Decisive Years, and The Mature Years* (New York, 1984–1991).

Karl Fleig (ed.), *Alvar Aalto* (Zurich, 1963), vols. 1 and 2. 阿尔托文章全集。

Paul David Pearson, *Alvar Aalto: And the International Style* (New York, 1978).

第十一章 从勒·柯布西耶到巨型结构：城市幻想 1930—1965

通识

H. Allen Brooks (ed.), *Le Corbusier* (Princeton, 1987).

Le Corbusier, *Œuvre Complete* (Zurich, 1929–1970), vols. 2–7.

Stanislaus von Moos, *Le Corbusier: Elements of a Synthesis* (Cambridge, Mass., 1979).

新纪念性

Christine C. and George R. Collins, "Monumentality: A Critical Matter in Modern Architecture", in *Harvard Architectural Review*, vol. 4, no. 4, 1985, pp. 15–35.

Sigfried Giedion, Josep Lluis Sert, and Fernand Léger, "Nine Points on Monumentality", reprinted in Joan Ockman (ed.), *Architecture Culture 1943–1968* (New York, 1993), pp. 29–30.

昌迪加尔与巴西利亚

James Holston, *The Modernist City: An Anthropological Critique of Brasilia* (Chicago, 1989).

Norma Evenson, *Chandigarh* (Berkeley and Los Angeles, 1966) and *Two Brazilian Capitals* (New Haven, 1973).

Madhu Sarin, "Chandigarh as a Place to Live in", in Russell Walden (ed.), *The Open Hand* (Cambridge, Mass., 1977).

国际现代建筑协会与十次小组

AAGS (Architectural Association General Studies), Theory and History Papers 1, "The Emergence of Team X out of CIAM" (London, 1982).

Alison Smithson (ed.), *Team X Primer* (Cambridge, Mass., 1968).

Eric P. Mumford, *The CIAM Discourse of Urbanism 1928–1960* (Cambridge, Mass., 2000).

Le Corbusier, *La Charte d'Athènes* (1942), trans. *The Athens Charter* (New York, 1973).

Oscar Newman, *CIAM '59 in Otterlo* (Stuttgart, 1961).

系统理论

Jean-François Lyotard, *The Postmodern Condition:A Report on Knowledge* (Minneapolis, 1983).

Ludwig von Bertalanffy, *General Systems Theory:Foundations, Development, Applications* (London, 1968).

Norbert Wiener, *The Human Use of Human Beings: Cybernetics and Society* (London and Boston, 1950).

荷兰结构主义与巨型结构

David B. Stewart, *The Making of a Modern Japanese Architecture: 1868 to the Present* (Tokyo and New York, 1987), chapters 7 and 8.

Hilde Heynen, "New Babylon: The Antinomies of Utopia", in *Assemblage*, 29, April 1996, pp. 25–39.

Reyner Banham, *Megastructure: Urban Futures of the Recent Past* (London and New York, 1976).

Wim van Heuvel, *Structuralism in Dutch Architecture* (Rotterdam, 1992).

情境主义

Elisabeth Sussman (ed.), *On the Passage of a Few People Through a Rather Brief Moment in Time: The Situationist International 1957–1972* (Cambridge, Mass., 1989).

Libero Andreotti and Xavier Costa (eds), *Situationists: Art, Politics, Urbanism* (Barcelona, 1996).

Mark Wigley, *Constant's New Babylon: The Hyper-Architecture of Desire* (Rotterdam, 1998).

第十二章 美式和平：美国建筑 1945—1965

通识

Arthur J. Pulos, *The American Design Adventure 1940–1975* (Cambridge, Mass., 1988).

Donald Albrecht (ed.), *World War II and the American Dream: How Wartime Building Changed a Nation* (Washington, D.C., 1995).

Joan Ockman (ed.), *Architecture Culture 1943–1968* (New York, 1993).

William H. Jordy, *American Buildings and their Architects Vol. 5: The Impact of European Modernism in the Mid-Twentieth Century* (New York, 1972).

政治与社会背景

C. Wright Mills, *The Power Elite* (Oxford, 1956, 2000).

David Riesman, *The Lonely Crowd* (New Haven, 1950).

Daniel T. Rodgers, *Atlantic Crossings: Social Politics in a Progressive Age* (Cambridge, Mass., 1998).

Herbert Croly, *The Promise of American Life* (Cambridge, Mass., 1965), originally published 1909.

案例研究住宅计划

Charles Eames, John Entenza, and Herbert Matter, "What is a House?" in *Arts and Architecture*, July 1944.

Elizabeth A. T. Smith (ed.), *Blueprints for Modern Living: History and Legacy of the Case Study Houses* (Cambridge, Mass., 1989).

查尔斯·伊姆斯

John Neuhart, Marilyn Neuhart, and Ray Eames, *Eames Design: The Work of the Office of Charles and Ray Eames* (New York, 1989).

埃罗·沙里宁

Eero Saarinen, *Eero Saarinen on His Work* (New Haven, 1968).

SOM

Skidmore, Owings and Merrill, *Architecture of Skidmore, Owings and Merrill 1950–1962* (New York, 1963).

密斯·凡·德·罗

Detlef Mertins (ed.), *The Presence of Mies* (Princeton, 1994).

Fritz Neumeyer, *The Artless Word: Mies van der Rohe on the Building Art* (Cambridge, Mass., 1991).

Philip C. Johnson, *Mies van der Rohe* (New York, 1947).

路易斯·康

David B. Brownlee and David G. De Long, *Louis I. Kahn: In the Realm of Architecture* (New York, 1991).

Sarah Williams Ksiazek, "Architectural Culture in the 1950s: Louis Kahn and the National Assembly Complex in Dhaka", in *Journal of the Society of Architectural Historians,* vol. 52, December 1993, p. 416–435.

——, "Critiques of Liberal Individualism: Louis Kahn's Civic Projects 1947–1957", in *Assemblage*, 31, 1996, p. 56–79.

Acknowledgements

致谢

很多朋友（认识的或不认识的）对本书的撰写做出了贡献。感谢让-路易·科恩、埃丝特·达·科斯塔·迈耶（Esther Da Costa Meyer）、胡贝特·达米什（Hubert Damisch）、哈尔·福斯特（Hal Foster）、雅克·居布莱、罗伯特·古特曼（Robert Gutman）、迈克尔·J. 刘易斯（Michael J. Lewis）、萨拉·林福德（Sarah Linford）、史蒂文·A. 曼斯巴赫（Steven A. Mansbach）、阿尔诺·迈耶（Arno Mayer）、盖伊·诺登森（Guy Nordensen）、安托万·皮康（Antoine Picon）和马克·威格利（Mark Wigley），感谢他们对各章节的阅读和评论。感谢玛丽·麦克劳德（Mary McLeod），她阅读了全部手稿，并提出了宝贵建议。还要感谢约翰·法纳姆（John Farnham）和詹·比尔塞尔（Can Bilsel），在本书准备的关键时刻，他们提供了实际的和思想上的帮助。此外，感谢牛津大学出版社的我的编辑西蒙·梅森（Simon Mason）和凯瑟琳·里夫（Katherine Reeve），感谢他们的建议和鼓励。最后，感谢普林斯顿大学图书馆的弗朗西斯·陈（Frances Chen）和其同事，感谢他们一直以来的友好和帮助。

在准备本书的过程中，我获得了西蒙·古根海姆（Simon Guggenheim）基金会的慷慨支助，并成为华盛顿国家画廊视觉艺术研究中心的塞缪尔·H. 克雷斯（Samuel H. Kress）奖金高级研究员，在此深表感谢。

文
景

Horizon

社 科 新 知　　文 艺 新 潮

现代建筑

[美] 艾伦·科洪 著　姚俊 译

出 品 人：姚映然
责任编辑：李夷白
营销编辑：高晓倩
封扉设计：安克晨

出　　品：北京世纪文景文化传播有限责任公司
　　　　　（北京朝阳区东土城路8号林达大厦A座4A　100013）
出版发行：上海人民出版社
制　　版：北京印艺启航文化发展有限公司
印　　刷：北京启航东方印刷有限公司

开 本：787mm×1092mm　1/16
印 张：23　　字 数：253,400
2024年9月第1版　　2024年9月第1次印刷
定 价：128.00元
ISBN：978-7-208-18869-3 / TU·33

图书在版编目（CIP）数据

现代建筑 / (英) 艾伦·科洪 (Alan Colquhoun) 著；
姚俊译. —— 上海：上海人民出版社，2024
书名原文：Modern Architecture
ISBN 978-7-208-18869-3

Ⅰ.①现… Ⅱ.①艾…②姚… Ⅲ.①建筑艺术 – 西
方国家 – 现代 Ⅳ.①TU-861

中国国家版本馆CIP数据核字(2024)第079154号

本书如有印装错误，请致电本社更换 010-52187586

社科新知　文艺新潮　|　与文景相遇

微信公众号　　微　博　　豆　瓣

bilibili　　抖　音　　小红书